動画 CD-ROM 付

Windows アニメーションと Matlab で学ぶ

メカトロニクスと制御工学

茨城大学 教授
岡田 養二

法政大学 教授
渡辺 嘉二郎

養賢堂

本書に掲載の下記のソフトウェアの名称は，
それぞれの会社の商標あるいは登録商標です．
Windows ················ Microsoft Corporation
Matlab, Simulink ········ The Math Works Inc.
Borland C ················ Borland International Inc.
dSPACE ················ dSPACE GmbH

まえがき

　今日，多くの機械はコンピュータ制御されて動いている．身近にある機械を考えても，自動車やカメラ，家庭電気製品は数個から数十個のコンピュータで，機械の持つ最高の性能を発揮するように制御される．これらはいわゆるメカトロニクスの一種で，制御理論に従って動くように制御される．

　著者は，永らく大学で制御工学を教え，理論的な考え方や設計手法を教えるだけではなく，それをどのように使うかを示さなければ理解してもらえないことを感じていた．また，抽象的な制御理論に興味を持ってもらうには，動画アニメーションがきわめて効果的なことも感じていた．そこで本書では，付属のCD-ROMにWindows上で動くアニメーションプログラムとビデオを含ませ，制御理論への興味と理解を向上することを計画している．この中には，簡単なロボットのビデオや，著者が開発したシミュレーションプログラム，リッカチ方程式の解法や状態方程式のシミュレーションを含み，それらに基づいたアニメーションが示される．ビデオや動画は，特に授業で説明する際の助けになるような配慮を考えており，アニメーションだけで理解するようには作っていないので，教科書と併用して勉学してほしい．

　制御理論を勉強するには，メカトロニクスを前提に考えるのが最もわかりやすい．機械を思ったように動かすことは，制御を具体的に考えることができ，かつ楽しみながら勉強できる．本書では，第1章でメカトロニクスと制御の概略を述べ，第2章と第3章でメカトロニクスの基本的な構成要素を説明する．この中で，DCモータサーボ系とそれを使ったサーボ機構について説明する．また，インターフェースカードの動作とその制御について述べる．

　第4章以降は，制御理論である．これらにも動画アニメーションがあり，理論解析に基づいたデモンストレーションがある．これらの解析は，本書で独自に開発されたプログラムを使ってアニメーションを示している．しかし最近では，実際の制御問題を解析・設計する際には，専用のソフトウェアを使うことが多い．その代表的な例が，Matlabである．そこで付属のCD-ROMには，各章の例題などで，簡

単な解析のための m ファイルを収めている.

プログラムの操作と Matlab ファイル

本書の付属の CD - ROM には，理解を助ける動画アニメーションと，いくつかの制御計算例の Matlab 用 m ファイルが収められている．動画アニメーションプログラムは，実行ファイル形式になっているので，Windows 98/2000/XP コンピュータで動作する．CD - ROM の mech.exe をダブルクリックすれば，プログラムの実行が開始する．操作は，マウスとキーボードから行うことができる．このプログラムは特別なソフトを必要としないので，ハードディスクにコピーすれば，より高速に実行することができる．アニメーションに必要なファイルは，mech.exe, CW3220.DLL および Video ディレクトリとその中のファイルである．これらを，Windows コンピュータの同一ディレクトリにコピーして，実行してほしい．

Matlab 用の m ファイルは，CD - DOM の中の chp 4, chp 5, ⋯ , chp 9 ディレクトリの中に収められている．これは，Matlab を持っている方のみ使うことができるが，多くの制御計算を行う方の標準的なソフトウェアとなっているので参考に加えた．本文の解析結果の図の多くは，収録された Matlab ファイルによって求められている．これに関する説明は，必用に応じて本文で触れる．また，基本的なコマンドに関しては，回答ディレクトリの中のファイル Matlab 概要.doc に収めている．

Matlab は，機能が豊富で制御系解析の中心となっているが，高価な欠点がある．これが使えない方のために，いくつかのフリーソフトが開発されている．その一つが Octave で，学生諸君は勉学のため，Octave をインストールして使うことができる．Octave は，次のホームページからダウンロードできる．

http://www.octave.org/

Octave は，Matlab にきわめて似た機能を持っているが，命令が多少異なっているので，本書で収録しているプログラムは，そのままでは動かないことに注意しなければならない．

演習問題と解答について

　各章の最後には，理解を助けるための演習問題がある．これらの演習問題の回答は，本書には収録されていない．著書の定価を抑えるため、回答は付属 CD-DOM の中に収められている．回答そのものは 回答.doc に，プログラムの回答は p2-6.c に収めている．

2003 年 4 月

岡田　養二

目　次

第1章　メカトロニクスと制御　1
- 1.1　制御系の分類　2
- 1.2　メカトロニクスとコンピュータ制御　5
- 1.3　なぜフィードバックを使うか　6
- 1.4　MatlabとdSPACE　7

第2章　電子回路とコンピュータ　9
- 2.1　機械運動要素　9
- 2.2　電気回路要素　10
- 2.3　能動回路　14
- 2.4　論理回路　21
- 2.5　コンピュータ　30
  - 2.5.1　数体系　30
  - 2.5.2　コンピュータの構成　32
- 2.6　インターフェースとプログラミング　34
  - 2.6.1　プログラム言語　34
  - 2.6.2　インターフェース　36
- 2.7　dSPACEによる機械制御　41
- 2.8　演習問題　44

第3章　アクチュエータとセンサ　47
- 3.1　アクチュエータ　47
- 3.2　電磁駆動力の発生原理　48

- 3.3 ステッピングモータ 50
  - 3.3.1 ステッピングモータの構造と駆動方式 50
  - 3.3.2 ステッピングモータの回転特性 52
  - 3.3.3 開ループ制御系の構成と脱調 54
- 3.4 サーボモータ 55
  - 3.4.1 リニアモータ 56
  - 3.4.2 直流 (DC) モータ 57
  - 3.4.3 交流 (AC) モータ 59
- 3.5 運動変換機構 60
  - 3.5.1 減速機構 60
  - 3.5.2 回転-直動変換機構 61
- 3.6 流体サーボ機構 61
  - 3.6.1 空圧サーボ 61
  - 3.6.2 油圧サーボ 62
- 3.7 センサ 63
  - 3.7.1 ポテンショメータ (位置センサ) 64
  - 3.7.2 非接触ギャップセンサ 65
  - 3.7.3 速度センサ 66
  - 3.7.4 力センサ,加速度センサおよび圧力センサ 67
  - 3.7.5 ディジタルエンコーダ 68
  - 3.7.6 ディジタル制御系の構成例 70
- 3.8 演習問題 71

第4章 制御系解析の基礎　　73

- 4.1 線形ダイナミカルシステム 73
- 4.2 ラプラス変換 75
  - 4.2.1 複素数と複素関数 75
  - 4.2.2 フーリエ級数とフーリエ変換 77
  - 4.2.3 ラプラス変換 81

	4.2.4　部分分数展開	84
4.3	伝達関数とブロック線図	88
	4.3.1　伝達関数	88
	4.3.2　基本的な伝達関数	89
	4.3.3　ブロック線図	90
	4.3.4　ブロック線図の等価変換	91
4.4	状態方程式	95
	4.4.1　状態方程式の定義	95
	4.4.2　伝達関数と状態方程式の関連	96
4.5	離散時間システムの伝達関数	100
	4.5.1　サンプリング	101
	4.5.2　z 変換	102
	4.5.3　逆 z 変換	104
	4.5.4　z 変換を利用した差分方程式の解法	104
4.6	離散時間系の伝達関数と状態方程式	105
	4.6.1　パルス伝達関数	105
	4.6.2　離散時間状態方程式	105
4.7	演習問題	106

第5章　制御系の応答　　109

5.1	フィードバック制御系の特性	109
5.2	制御系の過渡応答特性	111
	5.2.1　入力信号	111
	5.2.2　一次系の過渡応答	113
	5.2.3　二次系の過渡応答	113
	5.2.4　高次伝達関数の過渡応答	116
5.3	フィードバック制御系の定常偏差	117
5.4	たたみ込み積分	121
	5.4.1　インパルス応答	121

5.4.2　たたみ込み積分による応答 121
5.5　連続状態方程式の応答と離散状態方程式の対応 122
　　5.5.1　連続状態方程式の解とその性質 122
　　5.5.2　離散状態方程式の誘導 124
5.6　周波数応答 127
　　5.6.1　伝達関数と周波数応答測定実験 128
　　5.6.2　伝達関数の分解と周波数応答 130
　　5.6.3　周波数応答から定常偏差の評価 134
5.7　演習問題 136

第6章　安定解析　　139

6.1　特性根の位置と安定性 139
　　6.1.1　連続時間システム 139
　　6.1.2　離散時間システム 141
6.2　ラウス - フルビッツの安定判別法 142
6.3　周波数応答による安定判別法 146
6.4　根軌跡法 150
　　6.4.1　特性根の計算法 150
　　6.4.2　根軌跡の描き方 151
6.5　演習問題 158

第7章　フィードバック制御系の設計　　161

7.1　フィードバック制御系の設計ステップ 161
　　7.1.1　制御対象のモデル化 161
　　7.1.2　コントローラの設計 162
　　7.1.3　コントローラの実装 162
7.2　ステップ応答によるフィードバック制御系の設計 163
　　7.2.1　積分特性を持つプラント 164
　　7.2.2　むだ時間と積分特性を持つプラント 166

目　次　　　　　　　　　　　　　　　　　　　　　　　　　　　　(9)

      7.2.3　むだ時間と一次遅れ特性を持つプラント 167
      7.2.4　むだ時間を含むフィードバック制御系の安定化 168
  7.3　PID 制御 170
      7.3.1　限界感度法 171
      7.3.2　伝達関数に基づく設計 172
      7.3.3　PID コントローラ実装上の問題点 174
  7.4　周波数応答による位相進み，位相遅れ制御の設計 175
      7.4.1　位相進み制御の設計 175
      7.4.2　位相遅れ制御の設計 180
      7.4.3　進み遅れ制御 183
      7.4.4　多段進み制御 185
  7.5　根軌跡法によるコントローラの設計 187
  7.6　等価離散(パルス)伝達関数 189
      7.6.1　極ゼロマッピング 190
      7.6.2　双一次変換(Pade' 法) 191
  7.7　フィードバック補償法 192
  7.8　演習問題 195

第 8 章　状態フィードバック制御 I　　　　　　　　　　　　　199

  8.1　状態方程式 199
      8.1.1　連続系の状態方程式 199
      8.1.2　離散系の状態方程式 202
  8.2　状態方程式の性質と可制御性，可観測性 204
      8.2.1　状態方程式の対角変換 204
      8.2.2　方程式の安定性および入出力関係 205
      8.2.3　可制御性と可観測性 206
  8.3　レギュレータ 207
      8.3.1　状態フィードバックによる安定化 207
      8.3.2　最適レギュレータ 210

	8.3.3 リッカチ方程式の解	212
	8.3.4 最適系の根軌跡	214
8.4	オブザーバ	217
	8.4.1 同一次元オブザーバ	217
	8.4.2 最小次元オブザーバ	219
	8.4.3 オブザーバを併用したレギュレータ	224
8.5	演習問題	228

第9章 状態フィードバック制御 II　　231

9.1	サーボ系設計	231
	9.1.1 内部モデル原理	231
	9.1.2 サーボ系の設計 (その1)	233
	9.1.3 サーボ系の設計 (その2)	235
9.2	繰返し制御	238
9.3	外乱オブザーバを利用したサーボ系	241
9.4	フィルタを併用した(ロバスト性を考慮した)状態フィードバック	246
9.5	演習問題	249

参考文献 251

索　引 253

第1章 メカトロニクスと制御

メカトロニクス機器は，コンピュータによって制御されている．いわゆるコンピュータ制御系である．本書は，パーソナルコンピュータを使って，メカトロニクス機器を制御することを想定して，制御理論を学ぶことを目的として作られている．制御とはある目的に適合するように，対象とするものに所要の操作を加えることである．最も広く使われるのはフィードバック制御であり，基本概念を 図1.1の倒立振子の例で示す．

もともと不安定な倒立振子は，移動台車の動き x で安定化される．そのためには，振子の傾き角 θ を検出し，コントローラにフィードバックし，操作信号を作り出す．今日広く使われるコントローラ(PC)はコンピュータ(ワンボードコンピュータ)であり，本書ではパーソナルコンピュータやDSP(ディジタル・シグナル・プロセッサ)を想定している．なお，移動台車が一方向にのみ移動しないように，台車の位置 x をフィードバックすることもある．この構成では，台車を移動させるモータ(駆動アンプ)やボールねじがアクチュエータであり，台車や倒立振子が制御対象

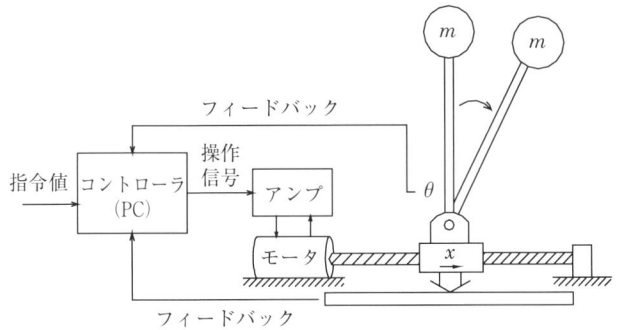

図 1.1: 倒立振子の制御系

である．図に示すように指令信号(目標値)がコントローラに入力される．倒立振子の場合には目標値は垂直に立つことであり，一定値である．目標値から出力信号である倒立振子の角度 θ へ向かって構成されるコントローラ，アンプ，モータや制御対象(倒立振子)は，前向き要素と呼ばれる．一方，x や θ を検出するセンサと，この信号をコントローラであるコンピュータに入力する構成要素は，フィードバック要素と呼ばれる．

付属の CD-ROM のアニメーションプログラムには，倒立振子の台車をキーで左右に操作し，安定化させるゲームが 1-1 に収められている．これで倒立振子の動作を確認してほしい．このプログラムの 1-2, 1-3, 1-4 にロボットのビデオが収められている．第 1 章メニュー画面の 1-2, 1-3, 1-4 をクリックすると，Media Player が起動し，ビデオが動作する．Media Player を全画面表示にすると より見やすい．これらのビデオでロボット(典型的なメカトロニクス機器)の動作を確認してほしい．なお，Windows のインストールによっては，Media Player がアニメーションプログラムからは動作しないことがある．その際は，cai ディレクトリの中の Video ディレクトリを開き，該当するムービーファイルをダブルクリックして Media Player を動作させてください．

1.1 制御系の分類

ここでは，制御系の分類を考える．制御系の分類は，制御の目的によっていく種類かが考えられている．まず，制御形式で分ける．

(1) シーケンス制御

生産現場の自動化組立ラインなどで環境の変化が無視でき，一定の作業を段階的に繰り返すような場所では，シーケンス制御と呼ばれる制御が多数採用されている．このような制御系では，フィードバックは使わずに，シーケンサと呼ばれるコントローラで段階的に操作している．これを身近な例として，自動販売機で考えてみよう．

自動販売機の動作の第一段は，投入されたお金を数え，その金額で買える商品の

1.1. 制御系の分類

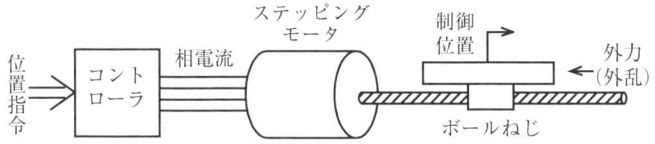

図 1.2: 開ループ(ステッピングモータ)制御系

ボタンを点灯させることである．第二段は，点灯しているボタンが押されると，その商品を出すことである．最後に投入された金額から商品価格を引き，これを返却口に返す．

シーケンス制御でできるのは段階的に操作を繰り返す制御で，機械の位置を連続的に制御するような動作はできない．従って，本書では連続的に制御量をコントロールできるフィードバック制御を中心に考える．

(2) 開ループ制御

フィードバックを使わなくとも連続的に位置制御できる系がある．図1.2に示すステッピングモータ制御系は，フィードバックなしに数値制御系(NC: Numerical Control)を構成している．このように，簡単に位置決め制御系が構成できるのは，ステッピングモータの発達があったからである．

(3) 閉ループ(フィードバック)制御

開ループ制御の最大の欠点は，外乱などによって誤差が生じても，それを自動的に打ち消す機能がないことである．一方，図1.1のフィードバック制御系は，外乱などによって生じた誤差もフィードバックされ，誤差を0にしようとする操作が常に働く．図1.1のような制御系は，信号の流れが閉じているので閉ループ制御と呼ばれる．

開ループ制御と閉ループ制御の動作を示すアニメーションは，付録のプログラムの1-5に収められている．

以上の分類は，制御形式で分けたものであるが，制御対象の物理量によって，以下のような分類も可能である．制御対象が異なると，制御の質も変わってくる．

(1) サーボ機構

これは，制御量が機械的な位置，速度，角度などで，工作機械の位置決めや，ロボットの手足の制御で使われる制御である．目標値が時々刻々と変化し，制御量がそれを追いかける制御が一般的である．われわれ機械系の研究者としては，このサーボ機構の制御に最も関心がある．

(2) プロセス制御

プロセス制御量は，温度，圧力，流量，液面高さ，濃度などの化学反応プロセスにおいて制御しなければならない物理量である．プロセスの反応速度はそれほど速くないので，時間的に遅い現象を扱うことが多い．

(3) 自動調整系

これは，例えば発電プラントなどで一定値に制御しなければならない回転速度，電圧，周波数といったものが制御対象である．細かな変動も嫌うため，時間的に速い制御動作が要求される．

次に，指令値の特性で分類する．指令値が時間的に変化するか，変化しないかで，

(1) 追従制御：ロボットや工作機械の位置決めサーボのように，入力指令値が時々刻々変化するもの，

(2) 定置制御：プロセス制御や自動調整系のように，制御量を一定値に保つ制御系，

に分類される．

最後にコントローラについて考えよう．従来使われてきたコントローラは，電気的な増幅器や油圧，空気圧の調整器などであり，内部の信号が連続的な物理量で構成される，アナログ制御であった．最近では，マイクロコンピュータやDSP (Digital Signal Processor) の発達により，コンピュータを使ったディジタル制御が主流となっている．従って，① **アナログ制御**，② **ディジタル制御** に分類することができる．この動作を示すアニメーションは，付録のプログラムの 1-6 に収められている．

1.2 メカトロニクスとコンピュータ制御

メカトロニクス(Mechanics)とは，メカニクス(Mechanics)とエレクトロニクス(Electronics)を合成した造語で，日本で作られた英語である．従って，言葉の意味としては，電気的に機械の動きを制御するサーボ機構の大部分を含む．サーボ機構との大きな違いは，この言葉のできた時期がコンピュータとパワーエレクトロニクスが発達し，産業用ロボットが普及した時期であり，コンピュータ制御された高度なサーボ機構といったイメージである．

コンピュータの小型化・高性能化，パワーエレクトロニクスの発達と，それによるメカトロニクスの普及は急速であり，産業界や一般社会に与えた影響は計り知れない．例えば，自動車を例に考えよう．エンジンの制御，4WS，アンチスキッドブレーキ(ABS)など，1台の自動車に数十個のコンピュータが取り入れられ，制御されている．写真機でも，オートフォーカスや自動露光など，多数のメカトロニクスが使われている．メカトロニクスの波に乗り遅れた共産主義社会が，崩壊してしまったといっても過言ではない．

最近の制御は，メカトロニクスとコンピュータ制御を抜きにしては語れない．本書では，第2章と第3章で，メカトロニクスとコンピュータの概要，構成機器について説明する．これをもとに制御工学に入る．付属のアニメーションプログラムで理解の助けになるように，いくつかの動画アニメーションが用意されている．

コンピュータ制御の概要を 図1.3に示す．従来のアナログ制御との大きな違いは，

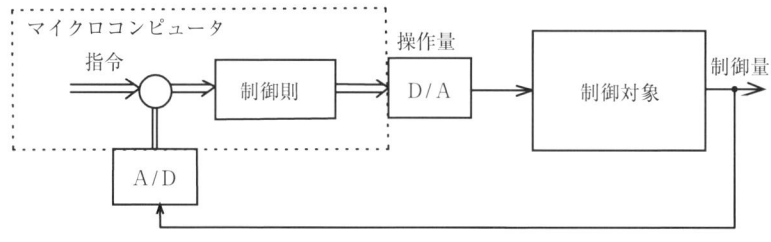

図 1.3: コンピュータ制御系

指令信号もコンピュータの内部にデータとして収納できることである．そのため，同じ動作を繰り返す数値制御やロボットのプレイバック制御に大きな威力を発揮する．また，従来のアナログ制御では困難であった制御則の適応化や学習制御など，高度な制御を実現できる．反面，信号の量子化とサンプリングが不可欠であり，アナログ制御をそのままディジタル化すると不安定化しやすい．

1.3 なぜフィードバックを使うか

　自動制御の歴史は，1784年 J. ワットが発明した蒸気機関の回転速度の自動調節器といわれている．蒸気機関にスチームを送ると，回転トルクを発生し，負荷を回転させる．そのままでは，負荷変動などで回転数は変化してしまう．そこで，図1.4に示すようにガバナによって回転速度を検出し，スチーム弁にフィードバックし，蒸気の流量を制御する．これによって一定の回転速度が得られるようになり，ワットの蒸気機関は普及した．図1.4からもわかるように，本来，速度制御が不可能な蒸気機関を速度フィードバックを使うことで一定速度運転を可能とした．これは，一般のサーボ機構についてもいえる．サーボモータといえども，モータ単独では位置決め能力はなく，操作電流に従って回転するだけである．このモータに位置フィードバックを加えると，高精度で位置決め制御を行うことができる．しかも位

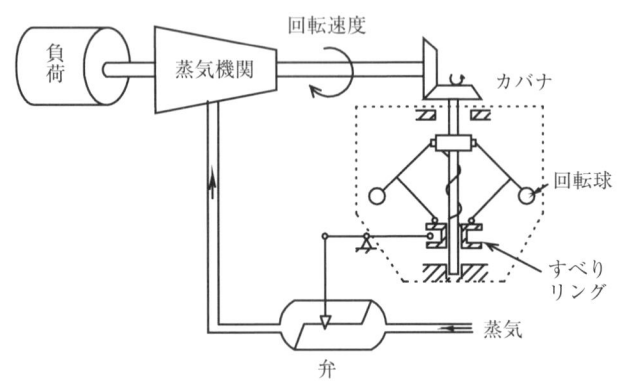

図1.4: 蒸気機関の回転速度の自動調整系

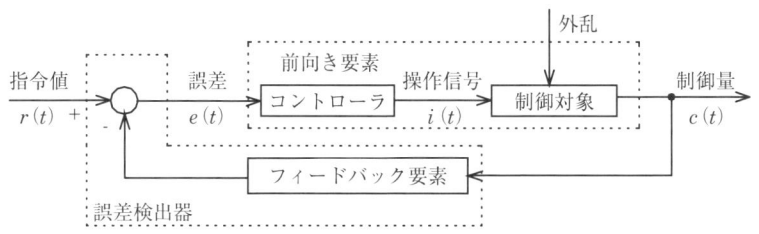

図 1.5: 基本的なフィードバック制御系の構成

置決め精度は，主にフィードバック検出器の精度で決まる．

図 1.5 に，基本的なフィードバック制御系の構成を示す．図の前向き要素は，パワーアンプやモータといったパワー増幅要素である．パワー増幅要素で高精度位置決め可能なものはほとんどない．このサーボ制御量を検出器によって精度よく検出してフィードバックすると，パワー増幅と高精度位置決めの相反する性能を両立させることが可能となる．

フィードバック制御の唯一最大の欠点は，閉ループの存在による不安定の発生である．図 1.4 のワットの蒸気機関でも不安定振動が発生し，系を安定化する研究が長く続いた．現在でも，フィードバック系の設計は，フィードバックによる制御精度や即応性の向上と，安定性とを両立させることが大切なテーマである．

1.4　Matlab と dSPACE

前にも述べたように，制御系設計には Matlab ソフトが広く使われ，威力を発揮している．本書も，いくつかの例題や，本文中の図に収める応答計算に Matlab を使って計算している．これらは，付属の CD-ROM 中の chp 4, chp 5, $\cdots$, chp 9 フォルダ中に，Matlab の m ファイルとして保存されている．

教育などでメカトロニクス実習を行う場合，DOS マシーンが主流であった頃はコンピュータに入出力ボードを取り付け，直接 C 言語などで制御プログラムを作成した．次章でも，この基本原理を学習するために，これに関する記述を入れている．コンピュータの主流が Windows に変わった現在では，Windows が実時間 OS で

はないために，コンピュータによって直接制御することは困難となった．dSPACE 社から制御用ボードコンピュータが販売され，これが低価格となったこともあり，制御を dSPACE で行うことが主となった．dSPACE は，Matlab の中の Simulink を使うことでグラフィカルにプログラムを作成することができ，プログラム作成の労力から解放される．本書でも dSPACE を前提としたメカトロニクス実習を一部の例題や問題に入れており，これらのプログラムは付属の CD‐ROM 中の dSPACE フォルダ chp2_dSPACE～chp9_dSPACE に保存されている．

第2章　電子回路とコンピュータ

本章では，メカトロニクスと制御系に現れる電子回路の概要と，コンピュータ制御で必要となる計算機，インターフェースについて概説する．最初に，電子回路との比較のために，機械運動系に関して説明する．

2.1　機械運動要素

まず，機械要素について考える．直線運動系には，図2.1に示すような，質量 m [kg]，摩擦抵抗(減衰またはダンパ) c [Ns/m]，ばね k [N/m] がある．それぞれの運動方程式は，次式となる．ここで，f を力，x, v を変位と速度とする．

$$\left. \begin{array}{l} f_m(t) = m \dfrac{d^2 x(t)}{dt^2} = m \dfrac{dv(t)}{dt} \\ f_c(t) = c \dfrac{dx(t)}{dt} = c\, v(t) \\ f_k(t) = k\, x(t) = k \displaystyle\int v(t) dt \end{array} \right\} \qquad (2.1)$$

機械運動系には，図2.2に示すような回転運動系もある．回転慣性 J [kg·m²]，回転摩擦(回転ダンパ) D [N·m·s/rad]，ねじりばね K [N·m/rad] を考えると，運動方

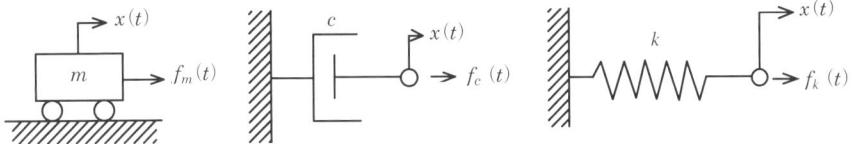

図 2.1: 直動機械運動要素

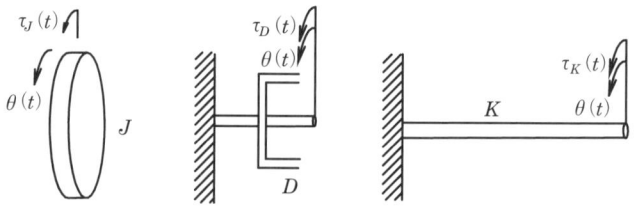

図 2.2: 回転機械運動要素

程式は次式となる.ここで,τ をトルク,θ, ν を回転角度と回転速度とする.

$$\left. \begin{array}{l} \tau_J(t) = J \dfrac{d^2\theta(t)}{dt^2} = J \dfrac{d\nu(t)}{dt} \\ \tau_D(t) = D \dfrac{d\theta(t)}{dt} = D\,\nu(t) \\ \tau_K(t) = K\theta(t) = K \displaystyle\int \nu(t)\,dt \end{array} \right\} \quad (2.2)$$

動く方向としては直動と回転の違いがあるが,運動を支配する方程式は同じ形をしていることに注意しよう.

2.2 電気回路要素

次に,電気回路要素を考える.

(1) 信号源:電気回路を駆動し,その特性を調べるためには,信号源からのテスト信号が必要である.電気回路の信号は,一般的に電圧 $e(t)$ と電流 $i(t)$ が使われる.

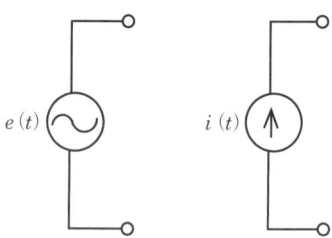

図 2.3: 電圧信号源と電流信号源

2.2. 電気回路要素

従って，信号源としても 図 2.3 に示すような電圧信号源と電流信号源がある．通常は電圧信号源を使うことが多いが，後述するアクチュエータのように，電流に比例した力を発生する装置をテストするような場合，電流信号源を考えなければならない．

(2) 2端子回路：抵抗，インダクタンス(コイル)，キャパシタンス(コンデンサ)を2端子回路として表すと，図 2.4 に示される．回路に流れる電流を $i(t)$，両端子間

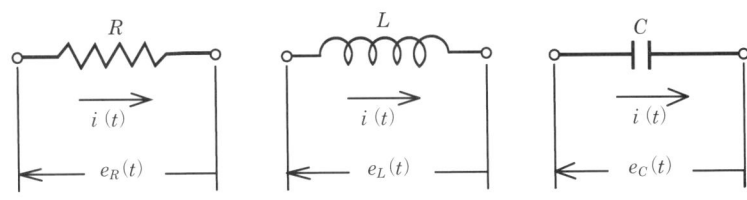

図 2.4: 電気受動素子

表 2.1: 力-電圧，速度-電流アナロジー

	電気系	直動機械系	回転機械系
変数	電圧 e [V]	力 f [N]	トルク τ [N·m]
	電流 i [A]	速度 v [m/s]	角速度 v [rad/s]
	電荷 q [C]	変位 x [m]	角変位 θ [rad]
抵抗	R [Ω] $e = Ri = R\,(dq/dt)$	ダッシュポット c [N·s/m] $f = cv = c\,(dx/dt)$	回転抵抗 [N·m·s/rad] $\tau = Dv = D\,(d\theta/dt)$
コイル	L [H] $e = L\dfrac{di}{dt}$	質量 m [kg] $f = m\dfrac{dv}{dt} = m\dfrac{d^2v}{dt^2}$	回転慣性 J [kg·m²] $\tau = J\dfrac{dv}{dt} = J\dfrac{d^2\theta}{dt^2}$
コンデンサ	C [F] $e = (1/C)\int i\,dt$	ばね k [N/m] $f = k\int v\,dt = kx$	ねじりばね K [N·m/rad] $\tau = K\int v\,dt = K\theta$

の電圧を $e(t)$ とすると,次式が成立する.

$$\left.\begin{array}{l} e_R(t) = R\,i(t) \\ e_L(t) = L\,\dfrac{di(t)}{dt} \\ e_C(t) = \dfrac{1}{C}\displaystyle\int i(t)\,dt \end{array}\right\} \qquad (2.3)$$

図 2.4 のような回路は,両端に加わる電圧と,端子間を流れる電流だけが変数である.このような回路は 2 端子回路と呼ばれる.このような R, L, C 素子と,前に説明した**機械直動素子** m, k, c, 回転素子 J, D, K との間には,アナロジー(類似)と呼ばれる回路間の相似性が成り立つ.力-電圧,速度-電流アナロジーを 表 2.1 に示す.

(3) キルヒホッフの法則:機械系の運動方程式はニュートンの法則を使って立てるように,電気回路の方程式を得るためにはキルヒホッフの法則を適用する.キルヒホッフの法則は,図 2.5 の回路網の中の任意のループに適用できる.図 2.5 において,四角で回路素子を表し,黒丸がノードと呼ばれる結合点とする.

(i) キルヒホッフの第一法則(電流則):任意のノードを考えたとき,このノードに流れ込む電流の和は流れ出す電流の和に等しい.図 2.5 のノードにおいては,流れ込む電流に関して,

$$\sum_{j=1}^{3} i_j = 0 \qquad (2.4)$$

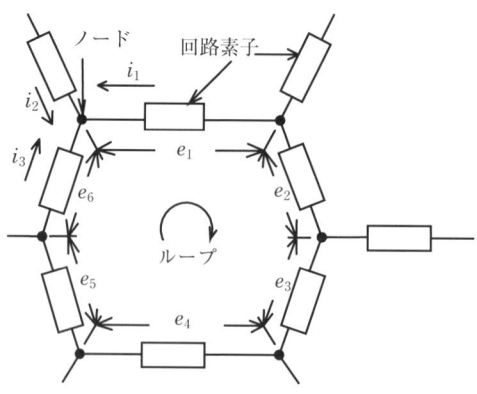

図 2.5: 一般の電気回路網

2.2. 電気回路要素

が成立する.

(ii) キルヒホッフの第二法則（電圧則）：回路の任意のループを考えたとき，ループ内にある電圧上昇の和は電圧降下の和に等しい．図 2.5 のループにおいて，回路素子の電圧 $e_1, e_2, \cdots e_i$ を考えたとき，

$$\sum_{j=1}^{6} e_j = 0 \tag{2.5}$$

次式が成立する.

(4) 4端子回路：制御系で使われる回路は，図 2.6 や図 2.7 に示すような 4 端子回路が多い．これらの回路で，$e_1(t)$ を入力電圧，$e_2(t)$ を出力電圧とし，右端からの出力電流 $i_2(t) = 0$ を仮定すると，キルヒホッフの第一法則から回路に流れる電流は $i_1(t)$ のみである．従って，キルヒホッフの第二法則を適用し，おのおの次式が成立する．

図 2.6

$$e_1(t) = R i_1(t) + \frac{1}{C} \int i_1(t) dt \tag{2.6}$$

$$e_2(t) = R i_1(t) \tag{2.7}$$

図 2.7

$$e_1(t) = R i_1(t) + \frac{1}{C} \int i_1(t) dt \tag{2.8}$$

$$e_2(t) = \frac{1}{C} \int i_1(t) dt \tag{2.9}$$

この回路のように，制御で使われる 4 端子回路は共通アース端子を持ち，R 素子と C 素子のみで構成されているので使いやすい．

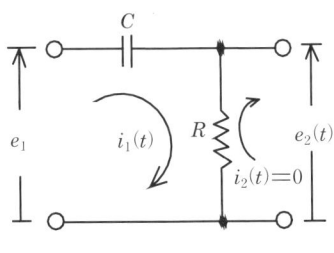
図 2.6: 近似微分回路

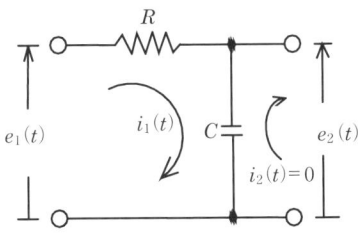
図 2.7: 近似積分回路

2.3 能動回路

受動回路のみでは複雑な伝達関数を実現することはできないし，入力パワー以上の出力パワーを得ることも不可能である．能動素子(増幅器)が使えれば，自由度は増える．

(1) 電源回路：増幅器を使うためには電源が必要である．電源には，次節で述べるTTL論理回路用に+5V，オペアンプ用に+15Vと-15Vが使われる．市販の電源を購入して使うことも多いが，商用交流電源(AC100 V)から作る場合を説明する．

図2.8は，+5V 1Aを作る電源である．商用のAC 100 Vをトランスによって使用電源よりも少し高い(定電圧を作るための余裕のため)6.3 Vまで下げ，ダイオードによって整流する．交流電圧値の表示は実効値なので，整流すると表示値の1.2

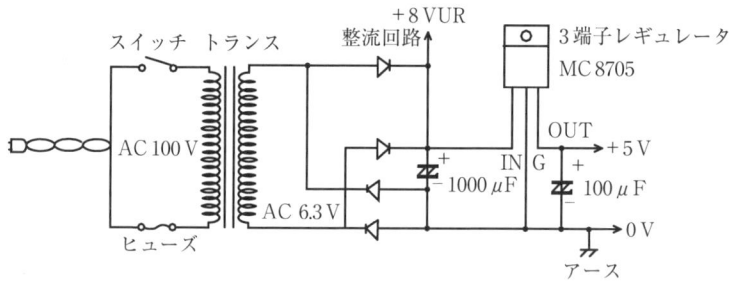

図 2.8: +5V 1A 電源回路

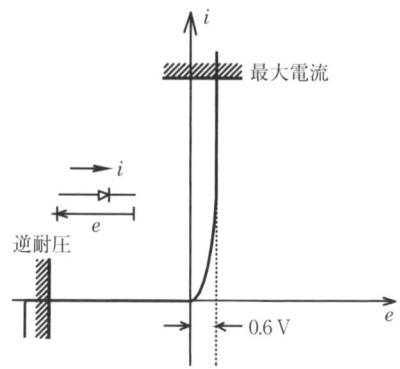

図 2.9: ダイオードの特性

2.3. 能動回路   15

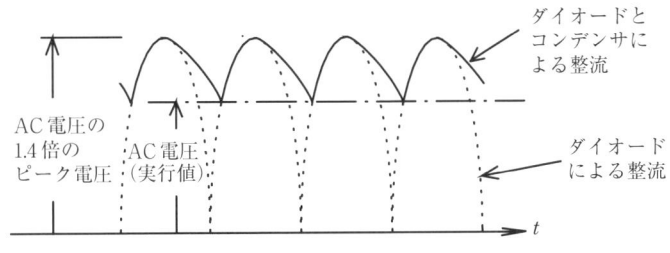

図 2.10: 整流回路内での電圧波形

〜1.4倍(使用電流で変化する)を作る．これを+8V UR(アンレギュレート)と表示する．

ダイオードの特性を 図2.9 に示す．順方向に電圧を加えると，約0.6Vの損失があるが，電流を一方向に通過させる特性がある(ただし，最大電流の制限がある)．一方，逆方向には電流を通過させない．この特性が，交流から直流を作り出す整流に使われる．ただし，最大電圧以上の電圧を加えると破壊する．

図2.8 の 4 個のダイオードが整流回路(全波整流)を構成している．この整流回路によって，図2.10 のような電圧波形が作られる．4個のダイオードは，交流(正弦波)の正の部分はそのまま通し，負の部分は反転させて図の点線のような弓なりの電圧を作る．これがコンデンサに蓄えられて，実線のような鋸波の電圧となる．図2.8 の +8V UR で示したのは，この電圧である．これが3端子レギュレータを出ると，完全に一定な +5V 電源となる．これで約20個のTTL論理素子を駆動する

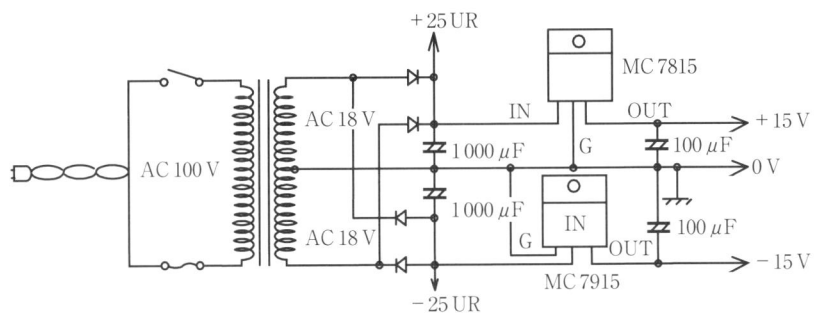

図 2.11: オペアンプとパワーオペアンプ用の電源回路

ことができる．

図 2.11 には，オペアンプ用の正負 15 V を作る電源回路を示す．この回路の 25 V UR は，後に説明するパワーオペアンプの電源としても利用することができる．従って，信号増幅用のオペアンプ (TL 081) と，パワー増幅用のオペアンプ (PA12) の双方に電力を供給できる．

(2) トランジスタ：能動回路は，トランジスタ (または FET) で作られる．近年，回路特性のよい FET に変わりつつあるが，入力信号がベース電流からゲート電圧に変わるだけで動作は似ているので，トランジスタを中心に説明する．回路記号を 図 2.12 と 図 2.13 に示す．

トランジスタ，FET ともに 2 組の相補的な素子を持っている．正電圧を加えて使う NPN 型 (FET では N チャンネル) と，負電圧で動作する PNP (FET の P チャンネル) である．加える電圧や電流の方向が反転するため，正負の電圧で動作する

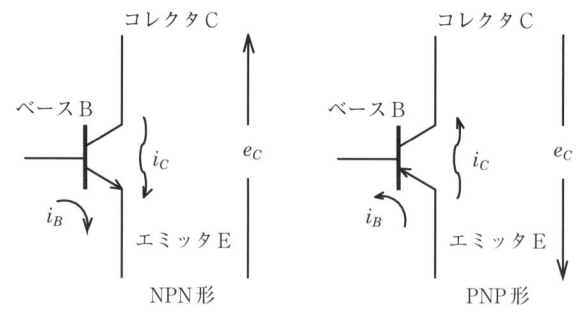

図 2.12: トランジスタ

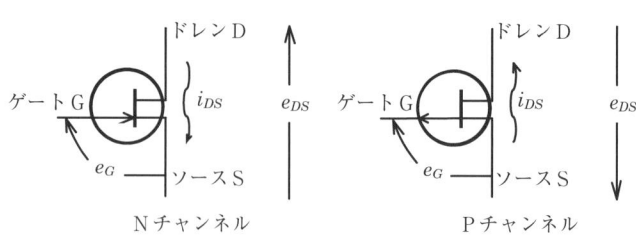

図 2.13: FET (電界効果トランジスタ)

2.3. 能動回路

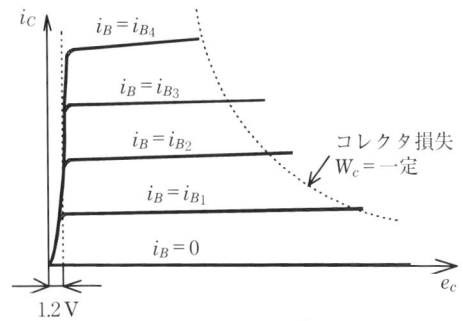

図 2.14: NPN トランジスタのコレクタ特性

増幅器を作るのに便利である．NPN トランジスタを例に動作を説明する．

図 2.14 に，NPN トランジスタのコレクタ特性を示す．コレクタ電圧は 1.2V 以上必要である．動作領域は，コレクタ電流 i_C が一定の特性を示し，電流増幅器としての特性を持つ．入力はベース電流 i_B であり，この増加の割合

$$h_{FE} = \frac{\Delta i_C}{\Delta i_B} \tag{2.10}$$

が電流増幅率となる．通常のトランジスタは，h_{FE} の値が 50〜300 であり，良好な電流増幅器となる．PNP トランジスタの場合は，i_B, i_C, e_C とも全て負に変わるが，同じような動作である．また FET の場合は，入力パラメータがゲート電圧 e_G となる．

トランジスタを複数個使うことで増幅器を製作できる．増幅回路例を 図 2.15 に示す．初段の 2SA1015 は差動増幅回路となっている．これを 2 段目の 2SC1815 が電圧増幅し，最終段の 2SA1015 と 2SC1815 がコンプリメンタリ (相補) の電流増幅段となっている．従って，アンプとしての利得は

$$e_0 = A_d (e_1 - e_2) \tag{2.11}$$

となる．ここで使われたようなコンプリメンタリとなるペアトランジスタは，メーカから供給されている．

(3) オペアンプとその応用：図 2.15 に示すような増幅回路を製作する代わりに，IC 化されたオペアンプを使うことが多くなった．ここでは，テキサスインスツルメンツ社の TL080 シリーズを取り上げ，基本特性と応用を示す．

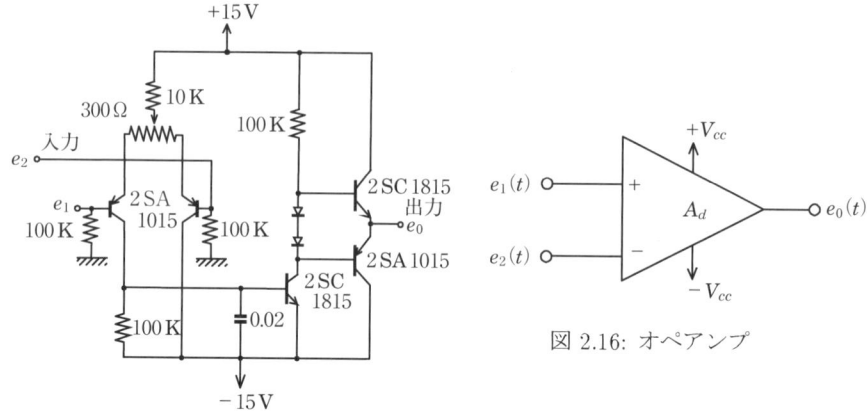

図 2.15: 増幅回路

図 2.16: オペアンプ

表 2.2: オペアンプの特性値

	理想演算増幅器	実際の増幅器の例
作動利得 A_d	∞	100 dB (10^5 倍) 以上
同相利得 A_c	0	0 dB (1 倍) 以下
入力インピーダンス Z_i	$\infty\ \Omega$	300 kΩ 以上
出力インピーダンス Z_0	0 Ω	75 Ω 以下
周波数帯域	∞	10 Hz (-3 dB)
入力換算オフセット電圧	0 V	1 mV 以下

図 2.16 にオペアンプの記号を，また表 2.2 にオペアンプの理想特性と，実際の特性の例を示す．オペアンプは，二つの入力の差を式 (2.11) に従って増幅し，増幅率 $A_d \to \infty$ となる．

以下に，オペアンプを使った基本回路 (図 2.17) と入出力関係を示す．

(a) 逆相増幅器 ［図 2.17 (a)］

$$e_0(t) = -\frac{R_2}{R_1} e_1(t) \tag{2.12}$$

この回路の動作アニメーションは，付属のプログラムの 2-1 に収められている．

(b) 正相増幅器 ［図 2.17 (b)］

$$e_0(t) = (1 + \frac{R_2}{R_1}) e_1(t) \tag{2.13}$$

2.3. 能動回路

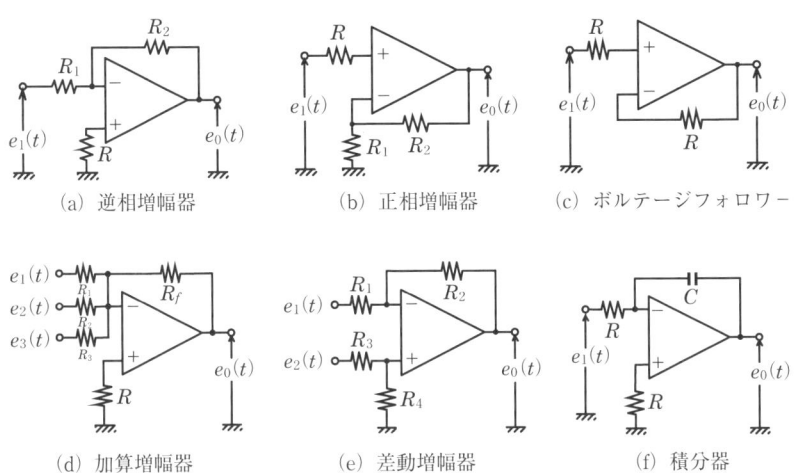

図 2.17: オペアンプを使った基本回路

(c) ボルテージフォロワー ［図 2.17 (c)］

$$e_0(t) = e_1(t) \tag{2.14}$$

図 2.17(c) に示す回路は，ゲインが 1 で，入力インピーダンスが高く出力インピーダンスが低いので，アナログなバッファとして用いられる．

(d) 加算増幅器 ［図 2.17 (d)］

$$e_0(t) = -\frac{R_f}{R_1}e_1(t) - \frac{R_f}{R_2}e_2(t) - \frac{R_f}{R_3}e_3(t) \tag{2.15}$$

(e) 差動増幅器 ［図 2.17 (e)］

$$e_0(t) = -\frac{R_2}{R_1}e_1(t) + \frac{R_4(R_1+R_2)}{R_1(R_3+R_4)}e_2(t) \tag{2.16}$$

$R_2/R_1 = R_4/R_3$ とすると

$$e_0(t) = -\frac{R_2}{R_1}[e_1(t) - e_2(t)] \tag{2.17}$$

となり，差動増幅器として使われる．

(f) 積分器 ［図 2.17 (f)］

$$e_0(t) = -\frac{1}{RC}\int e_1(t)\,dt \tag{2.18}$$

これは，入力電圧の積分に比例した出力電圧が得られる．

(g) 低周波発振回路：オペアンプの応用例として低周波発信回路を作る．正弦波の発信は難しいが，矩形波と三角波は簡単に作ることができる．正帰還(ポジティブフィードバック)アンプでホールド回路が製作できるので，その信号を積分器に入力すると，三角波発信器を製作できる．図 2.18 に，この回路を示す．可変抵抗と積分コンデンサを変えることで 0.3〜500 Hz の発信が確認された．

(4) パワーオペアンプを使った駆動回路：パワーオペアンプを使うと，モータ駆動回路などが簡単に製作できる．図 2.19 に，APEX 社のパワーオペアンプ PA 12 を使ったモータ駆動回路を示す．この回路で 25 V 3 A 程度の駆動ができる．モータのトルクは電流に比例するので，電流フィードバックのアンプとし動作させている．出力端に入っている抵抗 R_{LC} は，出力電流を制限する保護抵抗である．

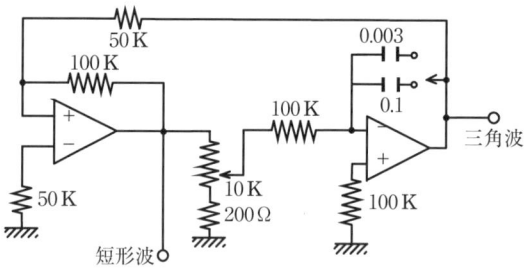

図 2.18: オペアンプを使った低周波発信回路

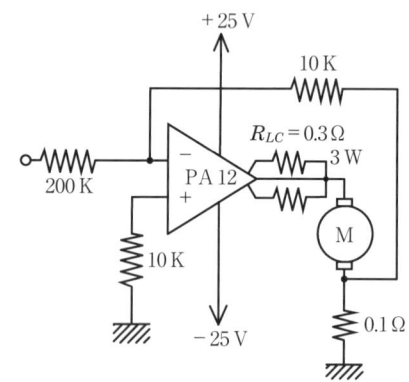

図 2.19: パワーオペアンプを使ったモータ駆動回路

2.4. 論理回路

　TL081のような信号増幅用のオペアンプは，±10V，10mA程度の出力を得るのが目的である．この出力段にコンプリメンタリパワートランジスタのエミッタフォロワ回路を接続すれば，10W程度の出力を出せるかも知れないが，図2.19のような駆動回路を使う方が一般的であろう．しかし，このようなパワーオペアンプで駆動できるのは数十Wが限界である．それ以上はパワー段での損失が大きくなり，効率の悪化と，アンプの発熱が大きくなりすぎるからである．100Wを越える駆動には，パワーFETを使ったHブリッジ回路によりパルス幅変調駆動を行う．市販のパルス幅変調アンプとしては，Copley社の4122Zなどが使われる．

2.4　論理回路

　制御系の信号の中には，ON/OFF信号やディジタル信号がある．このような信号を，今まで扱ってきたアナログ信号に対して論理信号と呼ぶ．図2.20と図2.21に，アナログ信号と論理信号の波形を示す．アナログ信号は，機械的な位置，モータの回転速度，あるいは温度，電圧などのように連続的に変化する信号である．これに対して，スイッチのON/OFF，ロボットのグリップが閉じているか，開いているかなどは，二つの値しか取らない．これらは2値論理信号と呼ばれ，ON/OFF，真/偽，1/0といった二つの状態のみを取る．

(1) 基本論理回路：論理信号を扱う回路には，TTL(Transistor Transistor Logic)やCMOS，ECL論理回路などがある．この中でTTLが最も代表的である．TTL

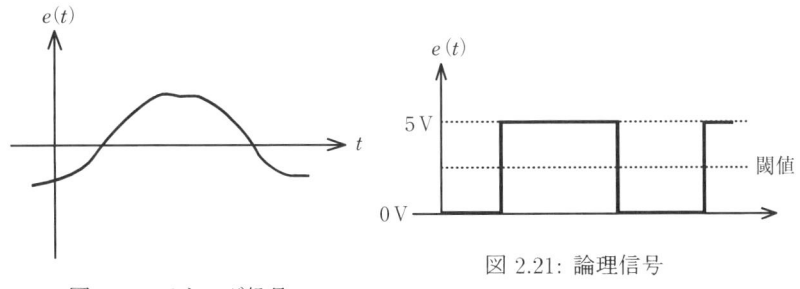

図 2.20: アナログ信号　　　　図 2.21: 論理信号

の74シリーズを使って論理回路を説明する．TTL論理回路では，ON状態が5 V，OFF状態が0 Vで図2.21のような信号を取る．ノイズで信号が乱されても，しきい(閾)値より上はON，それ以下はOFFとなるので，ノイズに強い特性を持つ．

論理信号を解析的に扱うにはブール代数が使われる．ブール代数の2値は，1と0で表され，$A=1$でON状態，$A=0$でOFF状態である．当然なことに，論理信号には，負($-$)とか，2以上の数はありえない．基本論理演算には，AND, OR, NOTの3種類がある．これらについて説明する．

ANDは論理積とも呼ばれ，ブール代数では

$$Y = A \cdot B \tag{2.19}$$

と表される．このミルの回路記号，真理値表，およびTLL 7408のピン配置を 図2.22に示す．真理値表とは，入力信号A, Bの可能な組合せに対して，論理信号の出力を示したものである．従って，論理積は，A, Bがともに1の場合のみ，出力$Y=1$となる．

ORは論理和で

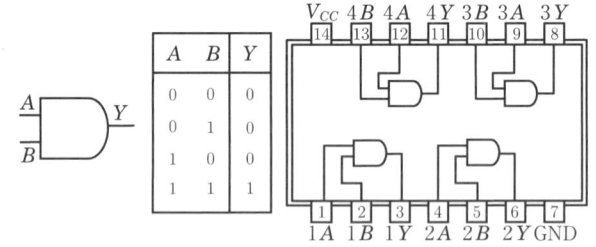

図2.22: AND回路，真理値表および7408

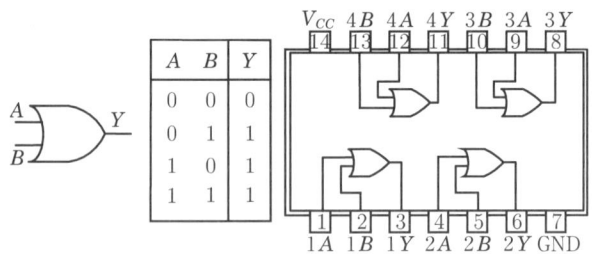

図2.23: OR回路，真理値表および7432

2.4. 論理回路

$$Y = A + B \tag{2.20}$$

を表す．OR 回路の記号，真理値表および TTL 7432 を 図 2.23 に示す．この場合は，A と B のどちらか一方が 1 であれば，出力 $Y=1$ となる．

NOT は否定であり，

$$Y = \overline{A} \tag{2.21}$$

と表す．NOT の回路記号，真理値表および TTL 7404 を 図 2.24 に示す．

2 入力の論理回路は，以上の三つを組み合わせることで作ることができるが，排他的論理和 (EXOR, 図 2.25)，論理和の否定 (NOR, 図 2.26)，論理積の否定 (NAND, 図 2.27) もよく使われる．

$$\text{EXOR} \ : \ Y = A \oplus B \tag{2.22}$$

$$\text{NOR} \ : \ Y = \overline{A + B} \tag{2.23}$$

$$\text{NAND} \ : \ Y = \overline{A \cdot B} \tag{2.24}$$

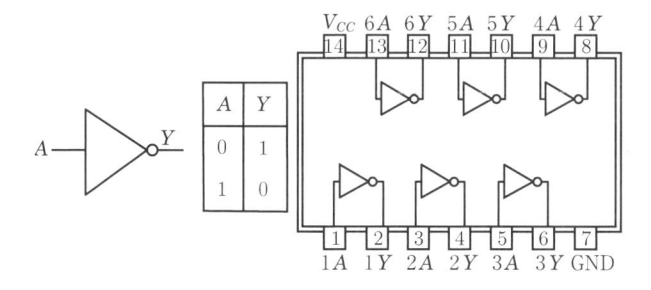

図 2.24: NOT の回路記号，真理値表および TTL7404

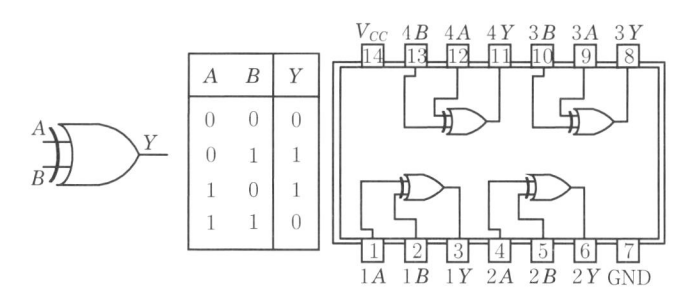

図 2.25: EXOR の回路，真理値表と 7486

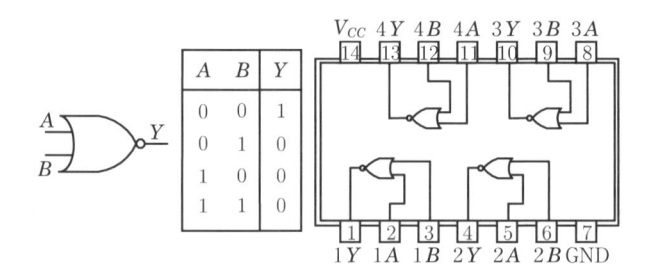

図 2.26: NOR の回路，真理値表と 7402

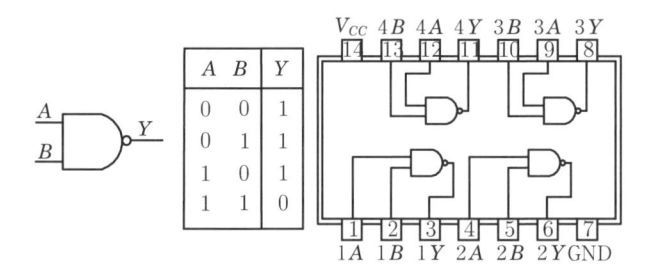

図 2.27: NAND の回路，真理値表と 7400

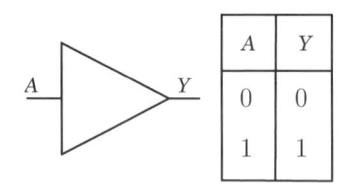

図 2.28: バッファ

基本論理回路のいくつかの動作アニメーションは，付属のプログラムの 2-2 に収められている．

1個の TTL 論理素子で，別の論理素子を駆動(入力)する場合，約 10 個が限界である．それ以上駆動したい場合や波形を整えたい場合は，図 2.28 のバッファを使う．

$$Y = A \tag{2.25}$$

(2) ブール代数：ブール代数の演算で，通常の代数と異なり注意しなければならないのは次の点である．

2.4. 論理回路

1. 変数の値は, 0 と 1 の 2 値のみである.

2. 演算の優先順位は, NOT → AND → OR である.

3. 通分や移項の演算はできない.

ブール代数の性質から, 次のような公式が導かれる.

[交換則]
$$A + B = B + A, \quad A \cdot B = B \cdot A \tag{2.26}$$

[結合則]
$$A + B + C = (A + B) + C = A + (B + C) \tag{2.27}$$

[分配則]
$$A \cdot (B + C) = A \cdot B + A \cdot C \tag{2.28}$$

$$A + B \cdot C = (A + B) \cdot (A + C) \tag{2.29}$$

[二重否定]
$$\overline{\overline{A}} = A \tag{2.30}$$

[吸収則]
$$A \cdot 1 = A, \quad A \cdot 0 = 0 \tag{2.31}$$

$$A + 1 = 1, \quad A + 0 = A \tag{2.32}$$

$$A + A \cdot B = A \tag{2.33}$$

$$A \cdot (A + B) = A \tag{2.34}$$

[べき等則]
$$A \cdot A \cdots A = A, \quad A + A + \cdots + A = A \tag{2.35}$$

[相補則]
$$A + \overline{A} = 1, \quad A \cdot \overline{A} = 0 \tag{2.36}$$

[ド・モルガン (de Morgan) の定理]

$$\overline{A+B+C+\cdots N} = \overline{A}\cdot\overline{B}\cdot\overline{C}\cdots\overline{N} \tag{2.37}$$

$$\overline{A\cdot B\cdot C\cdots N} = \overline{A}+\overline{B}+\overline{C}+\cdots\overline{N} \tag{2.38}$$

ド・モルガンの定理は，論理和と論理積が否定を通して互いに相対の関係にあることを示している．2 入力回路の動作は，付属プログラムの 2-3 に収められている．

論理演算の応用例として 2 進数の加算を考える．論理数 1 ビットでは，0 と 1 しか表せない．しかし何本 (n 本) かの論理信号線を使えば，$2^n - 1$ までの数を表すことができる．この論理信号線の各ビットの値を $A_0, A_1 \cdots A_n$（A_n が最上位ビット）とする．これに，他の論理信号線 $B_0, B_1 \cdots B_n$ を加え，和 $S_0, S_1 \cdots S_n$ を作る．最初は，最下位ビット A_0 と B_0 を加え，和 S_0 を作る．通常の (10 進数の) 加算と同様に上位への桁上がり C_0 を考えなければならない．しかし最下位では，下位からの桁上がりを考慮しなくてよい．このような加算をハーフアダー (半加算器) と

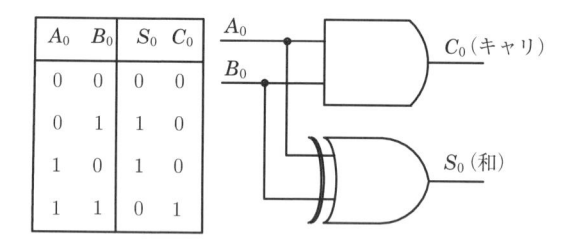

A_0	B_0	S_0	C_0
0	0	0	0
0	1	1	0
1	0	1	0
1	1	0	1

図 2.29: ハーフアダー（半加算器）

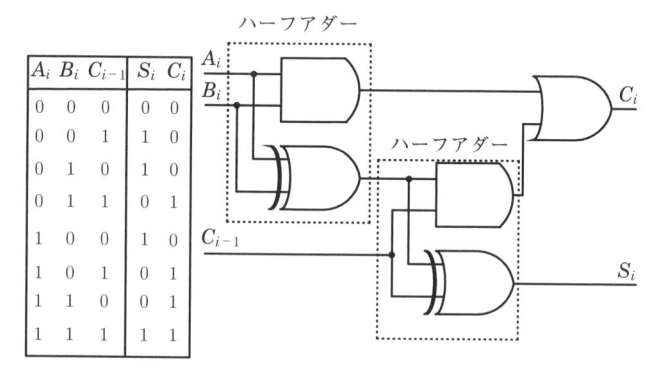

A_i	B_i	C_{i-1}	S_i	C_i
0	0	0	0	0
0	0	1	1	0
0	1	0	1	0
0	1	1	0	1
1	0	0	1	0
1	0	1	0	1
1	1	0	0	1
1	1	1	1	1

図 2.30: フルアダー (全加算器)

2.4. 論理回路

いう．半加算器の真理値表と回路を 図 2.29 に示す．

上位 (i 次) の桁では，下位からの桁上がり C_{i-1} を考慮して加算しなければならない．これをフルアダー(全加算器)という．全加算器の真理値表と加算の回路を 図 2.30 に示す．またこの動作アニメーションは，付属プログラムの 2-4 に収められている．

(3) フィリップフロップ：今まで述べてきた論理回路は，現時点の入力値で出力値が決まる．当然ながら，制御系には記憶する素子が必要になる．この動作を行うのがフリップフロップである．これらは，コンピュータのメモリやサーボエンコーダ用のカウンタなど，多くの応用がある．フリップフロップ(FF)には，RS(Reset-Set)，JK(J, K 端子による命名)，T(Trigger)，D(Delay) など，いくつかの種類がある．これらの動作は，JK フリップフロップ(JK-FF)で機能できる．ここでは，クロックでタイミングを取る JK-FF(TTL 7476)の動作を説明する．

図 2.31 に 7476 のピン配置，回路と動作の真理値表を示す．PR(プリセット)と

PR	CLR	CK	J	K	Q	$\overline{Q}$	
0	1	×	×	×	1	0	
1	0	×	×	×	0	1	
0	0	×	×	×	※	※	※Q, $\overline{Q}$の例外
1	1	⊓⌐	0	0	Q_{-1}	$\overline{Q}_{-1}$	変化なし
1	1	⊓⌐	1	0	1	0	
1	1	⊓⌐	0	1	0	1	
1	1	⊓⌐	1	1	$\overline{Q}_{-1}$	Q_{-1}	反転

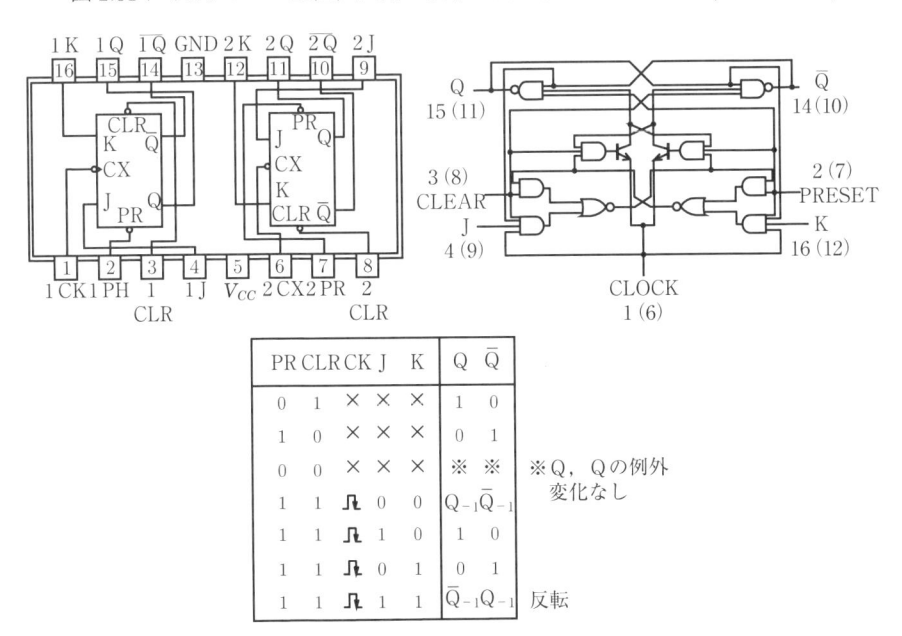

図 2.31: TTL 7476 のピン配置，回路と真理値表

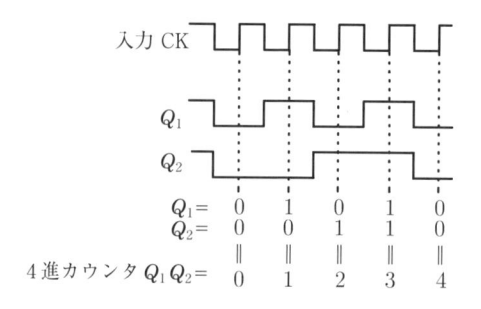

```
入力CK  ┌─┐ ┌─┐ ┌─┐ ┌─┐ ┌─┐
$Q_1$    ┌───┐   ┌───┐   ┌─
$Q_2$    ┌───────┐       ┌─

        $Q_1=$  0  1  0  1  0
        $Q_2=$  0  0  1  1  0
                ‖  ‖  ‖  ‖  ‖
4進カウンタ $Q_1Q_2=$ 0  1  2  3  4
```

図 2.32: 2個の FF の出力波形

CLR(クリア)で出力値を設定したり，CK(クロック)と J, K の組合せで，出力値を変化(反転など)させることができる．なお，この場合のクロック(CK)は，立ち下がりエッジでトリガされる．

簡単な動作例として，カウンタ分周器を取り上げる．7476には2個の JK-FF が入っている．このおのおのの PR, CLR, J, K 端子を全て high (=1) とし，1段目の CK 端子にクロックを入れる．1段目の出力は，図2.32の中央のような長方形の波形信号が得られる．周期は入力パルスの2倍となり，周波数は1/2に分周されたことがわかる．この Q_1 を2段目の FF の CK に入力すると，その出力 Q_2 は図2.32の下段のような波形となり，元の入力波形の1/4の周波数に分周される．

図2.32の波形について別の見方をしてみよう．図の縦の点線で，Q_2Q_1を2進数の2ビットと考え数値とする．すなわち，Q_1を最下位ビット，Q_2を次のビットとすると，図の最下段に書いた数値 0, 1, 2, 3, 0, … のように4進のカウンタが構成される．フリップフロップは，記憶能力があり，コンピュータ内部のメモリやレジスタとして使われる．ここでは，ディジタルサーボ系に使われる場合の重要な応用であるカウンタICについて説明する．カウンタICは多くの種類があるが，16進カウンタIC, TTL 74193 を説明する．FFを4個接続すれば，16進のカウンタは作ることができる．しかし，DOWNカウントや任意数値へのセット，オーバフローで発生するCARRY(キャリ)やアンダフローのBORROW(ボロー)信号を用意しなければならない．そのような目的のために，図2.33に示す16進カウンタIC 74193が用意されている．74193は，これ1個では0から15までの数値しかカウントでき

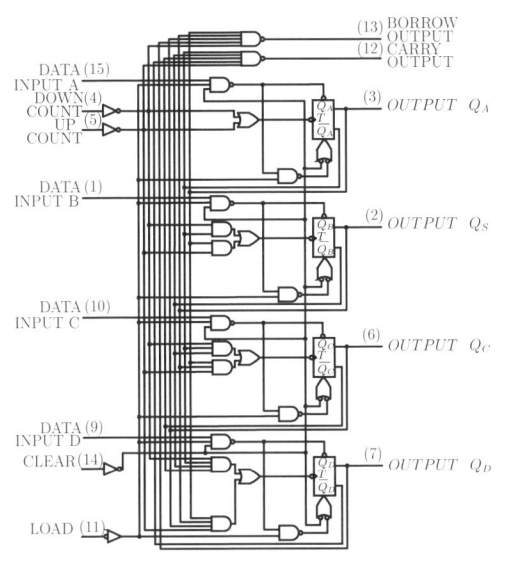

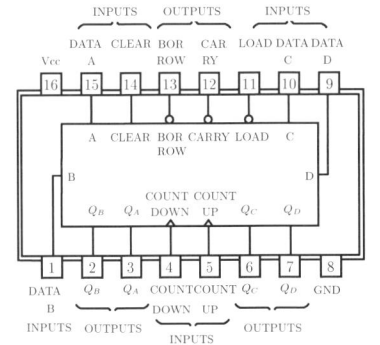

2.4. 論理回路

図 2.33: カウンタ用 TTL 74193 の回路と動作

入力				出力			動作
Clear	Load	Count up	Count down	$Q_A Q_B Q_C Q_D$	Carry out	Borrow out	
L	H	⎍	H	-	-	-	カウントup
L	H	H	⎍	-	-	-	カウント$down$
L	⎍L	X	X	$D_A D_B D_C D_D$	-	-	データセット
⎎H	X	X	X	LLLL	-	-	クリア
X	X	⎍L	X	HHHH (HLLH)	⎍L	H	-
X	X	X	⎍L	LLLL	H	⎍L	-

ない．74193を2個用意し，1段目のカウンタのCARRYを2段目のUPに1段目のBORROWを2段目のDOWNに接続すると，8ビット2進カウンタとすることができる．同様に，3段目を接続すれば12ビット，4段目を接続すれば16ビットのカウンタとすることができ，ロボットや数値制御のカウンタとして応用される．フリップフロップとカウンタの動作アニメーションは，付属プログラムの2-5に収められている．

2.5 コンピュータ

メカトロニクスに使われるマイクロコンピュータやマイクロプロセッサを考えよう．ディジタルサーボ系は，速応性が要求され，過去には論理回路などのハードウェアで制御アルゴリズムが実現されてきた．近年，マイクロプロセッサの高速化・高性能化と高度で柔軟な制御を要求する動きから，ディジタル制御をマイクロプロセッサで実現することが多くなった．しかも，パーソナルコンピュータの普及と高性能化・低価格化は，従来はコストが合わないと考えられたコンピュータやDSPそのものをコントローラとして機械に組み込んでしまうことを普及させた．本節では，マイクロプロセッサをコントローラとして，ディジタル制御を行う場合の基礎的な知識について述べる．

2.5.1 数体系

前節で述べた論理信号は，1/0, ON/OFF, High/Low といった2値信号しか扱えない．最大の長所は，アナログ信号よりもノイズに強く，複雑な論理演算が行え，フリップフロップなどの記憶素子に容易に保存できる．

より複雑な論理演算を行うには数を表さなければならない．2値信号で表せる数は2進数である．論理信号1本をビットと呼び，ビットの何本かの組で数を表す．nビットであれば，$2^n - 1$ までの整数が表せる．通常使われるのは8ビット，16ビット，32ビットなどである．コンピュータ内部のレジスタの値，メモリの値，あるいはその番地も，コンピュータ内部では2進数である．

日常生活で，人は10進数を使う．一方，コンピュータをはじめとする論理回路は，2進数を使うので桁数が多く，われわれには記憶しにくい．コンピュータをメカトロニクスのコントローラとして扱うには，10進数と2進数の対応を知る必要がある．表2.3に数体系を示す．コンピュータ内部は2進数であるが，桁数の多い0と1の数を人間が扱ったり，記憶するのは困難である．そこで2進数4ビットごとにまとめ，16進数として扱う．16進数を扱うためには16個の数文字が必要である．10進数の0から9までの10個の数文字はそのまま使えるが，あと6個足りない．そこで，アルファベットのA, B, C, D, E, Fを使う．すなわち，Aは10を，B

2.5. コンピュータ

表 2.3: 数体系

10進数	純2進数	16進数
0	0	0
1	1	1
2	10	2
3	11	3
4	100	4
5	101	5
6	110	6
7	111	7
8	1000	8
9	1001	9
10	1010	A
11	1011	B
12	1100	C
13	1101	D
14	1110	E
15	1111	F
16	10000	10
17	10001	11
18	10010	12
19	10011	13

は11を, $\cdots$, Fは15を表す. この16進数も併せて 表2.3に示す.

10進数を2進数に変換するには, 引き続く2での割り算を実行すればよい. 例えば, 10進数162の2進変換は,

```
                余り
2 )162   ···0   LSB(最下位ビット)
2 ) 81   ···1
2 ) 40   ···0
2 ) 20   ···0
2 ) 10   ···0
2 )  5   ···1
2 )  2   ···0
     1          MSB(最上位ビット)
```

表 2.4: 符号付 2 進数 (8 ビット)

10 進整数	符号付 2 進数
+127	01111111
+126	01111110
⋮	⋮
+2	00000010
+1	00000001
0	00000000
-1	11111111
-2	11111110
⋮	⋮
-128	10000000

と計算され，2 進 8 ビットの数 1010 0010 と変換される．これを 16 進数に変換するには，4 ビットごとにまとめて，上位 4 ビット 1010 が 16 進の A，下位 4 ビット 0010 が 16 進の 2，従って A2 である．

　コンピュータ内部で負の数を扱う場合は，2 の補数を使う．例えば 8 ビットコンピュータの場合，正の数であれば 0 から 255 までの整数を表せる．これを符号付き整数として扱う場合は，最上位ビットを符号ビットと見立て，0 が正の数，1 が負の数を表す．従って，127 から −128 までの数が表せる．表 2.4 にその対応を示す．

　2 の補数表示で符号を反転した数を作るには，2 進数表示の全ビットを反転させ，最下位ビットに 1 を加えればよい．例えば，8 ビットの 2 進数 0000 0010 (10 進数の 2) の負値は，次のように求められる．

　　　　　1111 1101　(10 進数 2 のビット反転)
　　　+)0000 0001　(1 を加える)
　　　　　1111 1110　(答 − 2)

2.5.2　コンピュータの構成

　制御用コンピュータの構成は 図 2.34 のようになっている．中央上部の CPU は，コンピュータの頭脳であり，命令を解読したり，演算を行うところである．演算は CPU 内部のレジスタと呼ばれる高速なメモリで行われる．命令や演算されるデー

2.5. コンピュータ

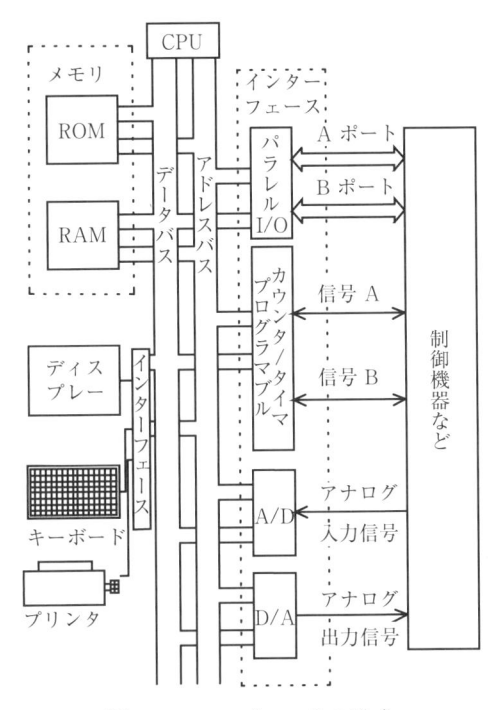

図 2.34: コンピュータの構成

タは，ROM や RAM と呼ばれる，図 2.34 の左側の外部メモリに記憶され，プログラムカウンタの順番に CPU に呼び出される．演算の結果は，再びメモリに記憶される．

プログラムカウンタやレジスタの内容によって，メモリの番地を指定したり，インターフェースの番地を指定するのはアドレスバスである．バスとは論理線の集合で，8 本のバスで 256 個，16 本のバスで 65 536 個のメモリを指定できる．CPU とメモリ，あるいはインターフェースとデータのやり取りをするのはデータバスである．こちらも，8 本のバスであれば 256 種のデータを，16 本のバスであれば 65 536 種のデータを扱うことができる．

論理信号バスが何本で構成されるかで何ビットのコンピュータかが決まる．現在は，32 ビットのコンピュータが主流であるが，将来は 64 ビットのコンピュータに移行するといわれている．ビット数が多くなればなるほど，一度に多量のデータが

処理できる.例えば,英文だけのワープロであれば,ローマ字と数文字,および記号で256個以内でよく,8ビットバスで処理可能である.しかし日本語を処理しようとすると,漢字を含めた数万種のデータ処理が必要であり,少なくとも16ビットのコンピュータが必要である.

コンピュータの信号線には,データバス,アドレスバス,それと図2.34には省略されているが,割込みや入出力指定のためなどに制御バスがある.これらのバスには,いろいろな信号がきわめて高速に行き来している.一方,外部機器は低速で,コンピュータと接続する場合にタイミングが合わない.場合によっては,信号を別の形式(例えばアナログ信号)に変換することも要求される.これらの役割を行うのがインターフェースである.図2.34の左下には,通常のコンピュータとして必要なディスプレー,キーボード,プリンタなどとのインターフェースが示されている.

2.6 インターフェースとプログラミング

メカトロニクスのための制御用コンピュータの特徴は,図2.34の右に示した制御機器とのインターフェースである.図2.34に記載した以外にも,通信制御のためのシリアルインターフェースなど,多くの種類のインターフェースが使われている.このインターフェースをプログラムとの関連で述べる.なお,近年 制御用の超高速コンピュータであるDSPや制御系設計支援CADの発達により,制御用のコンピュータCADとDSPシステムが使われるようになった.この代表的な製品がMatlabとdSPACEであろう.dSPACEに関しては次節でさらに触れる.

2.6.1 プログラム言語

コンピュータのデータは,2進数であることはすでに述べた.複雑な計算を行うためには,このデータに演算を行ったり,データ値での判断やプログラムの流れを変えるための命令が必要になる.コンピュータの内部では,この命令も2進数である.従って,直接メモリの内容を見ると,どれが命令で,どれがデータか区別がつかない.コンピュータが直接 理解する命令を機械語という.

機械語をプログラムする場合は,通常は16進数を使うが,それでもわかりにく

2.6. インターフェースとプログラミング

表 2.5: プログラム言語

	高級言語		低級(マシン)
	インタプリタ言語	コンパイラ言語	言語
非構造化言語	BASIC	コンパイラBASIC FORTRAN	
構造化言語		PASCAL C	
機械語			アセンブラ /機械語

い．そこで，機械語の命令に対応したニーモニック (Mnemonic) と呼ばれる記号で人間にわかりやすくしたのがアセンブラ言語である．例えば，

　　MOV AX, 1000

と書くと，16進の値1000をAXレジスタ(アキュムレータ)に代入することである．

アセンブラ言語は記号を使うとはいえ，コンピュータのハードウェアを知ってプログラムしなければならないし，機種によってプログラムが異なる．高速で細かなプログラムは可能かも知れないが，複雑な技術計算は，特別なプログラマでなければ不可能である．「より人間に使いやすい，汎用性のある言語を」という要求から多くのプログラム言語が作られた．エンジニア向けの言語のいくつかを 表2.5にまとめる．

高級言語とは，われわれが日常的に使っている数式や英文字で記号化し，よりわかりやすくしたプログラム言語で，機械語に翻訳しなければコンピュータは動かない．この翻訳の方法で，インタプリタ(逐次翻訳し実行する)型と，コンパイラ(前もって一括翻訳し，その後に実行する)型に分けられる．コンパイラ言語は，実行時に翻訳作業が入らないので，実効速度はインタプリタ型の数倍速い．その反面，プログラムのデバッグなど，使いやすさはインタプリタの方が優れている．

近年，コンパイラ言語の中で統合環境と称してインタプリタと同じような使いやすさを持ったものが現れ，次第に普及してきている．本書では，統合環境を持ったBoland-Cを使って教育支援(CAI)プログラムを作成している．C言語は，高級言語の中では最もアッセンブラに近い細かなプログラムを作ることができ制御用

に向いている．しかし，オペレーティングシステム (OS) では Windows が主力となってしまい，これは実時間制御に向いていない．CAIプログラムは教育用アニメーションなので，これは Windows 上で動くシステムを作成しているが，以下に示すインターフェースを動かすプログラムはコマンドラインからの操作を例示している．

このような理由から，前にも述べたように，最近では dSPACE のように機械制御そのものを統合環境のようなシステムで行ってしまうものが多くなった．これに関しては次節で述べる．

2.6.2 インターフェース

制御用インタフェースにはいくつかの種類があるが，ここでは，パラレルインターフェース，A/D，D/A の3種類について解説する．

1台のCPUに1個だけのインターフェースということはきわめて希である．複数のインターフェースを識別するのにも番地を使う．従って，インターフェースからデータを読み込み，変数 a に収容する命令は，

$$a = \text{inport}(番地);\tag{2.39}$$

である．逆に，変数 a を出力するのは，

$$\text{outport}(番地, a);\tag{2.40}$$

となる．ここで指定するインターフェース番地やデータは，ただの数値であれば10進数，0xで始まる数値であれば16進数である．なお，式 (2.39), (2.40) で扱うデータ a はワード単位である．バイト単位で入出力するのであれば，inportb, outportb を使う．

Windows コンピュータの場合，インターフェース番地は使用するコンピュータの構成によって異なる．購入したインターフェースカードに付属するインストールプログラムを走らせると，自動的に番地が割り当てられ，その結果に従って入出力番地をプログラムする．

(i) **パラレル I/O**：パラレル I/O (Input/Output) は，コンピュータの内部データを並列 (パラレル) に入出力する．パラレル入出力は，多くの場合バイト単位 (1バイ

2.6. インターフェースとプログラミング

トは8ビット)で行われる．従って inportb, outportb を使えば，データとして扱える a の値は，0から255までの整数である．

ときには，パラレル入出力のデータ長が16ビットであったり，8ビット以下しか使わないことがある．例えば，4ビットのパラレルポートしか持っていない場合を考えよう．このような場合は，マスク処理を用いて下位4ビットのみを取り出す．パラレル入出力のポートアドレスを 0x d2 とすれば，

$a = $ inportb (0x d2) ;

$a = a$ & 15 ;

とすると，15は2進数の 0000 1111 なので，ビットごとの AND 演算 " & " で下位4ビットのみを取り出すことができる．特定のビットだけを取り出したいときも，そのビットだけを1としたデータとの AND 演算でマスク処理を行う．この処理は，A/D コンバータを動かすプログラムで例示する．

著者使用の入出力カードのパラレル出力は，下位4ビットが出力データで，5ビット目に D/A の出力接点リレーの ON/OFF 切換えがある．D/A を使う場合は，これを常に ON(1) にしておく必要がある．従って，出力データを a とし，マスク処理を含めた出力プログラムは次のようになる．ここで，0x d6 は，パラレル出力のポートアドレスであり，" : " はビットごとの OR 演算である．

$a = a$ & 15 ;

$a = a$: 16 ;

outportb (0x d6, a) ;

(ii) **D/A コンバータ**：D/A (Digital to Analog) コンバータは，コンピュータ内部のディジタルデータをアナログ信号に変換し，外部に出力する．変換するデータ長は，通常，8, 12, 16 ビットが使われる．ここでは，12ビット，±10 V 変換の場合のアナログ電圧とディジタル2進数との対応を 図 2.35 に示す．注意しなければならないのは，符号に相当する最上位ビットが，通常の2の補数(表 2.4)ではなく，シフト2進数と呼ばれる数値である．

D/A 変換の基本原理は，図 2.36 のような R-2R ラダー回路で作られる．図中の ○ 内の S_{n-1} から S_0 は一定電圧の電源で，MSB から LSB までの各ビットの値に

アナログ電圧 [V]	MSB ディジタル2進数		LSB
+ 9.9951	1111	1111	1111
+ 9.9902	1111	1111	1110
⋮	⋮		
+ 0.0098	1000	0000	0010
+ 0.0049	1000	0000	0001
+ 0.0000	1000	0000	0000
− 0.0049	0111	1111	1111
− 9.9951	0000	0000	0001
−10.0000	0000	0000	0000

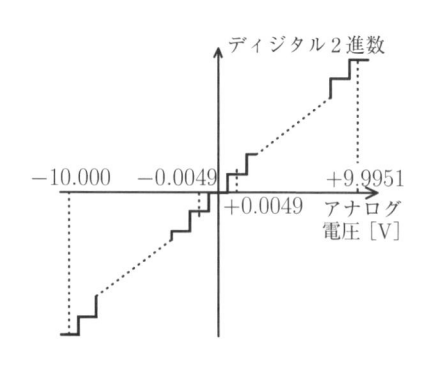

図 2.35: A/D, D/A 変換におけるアナログ電圧とディジタル数値 (シフト2進数) の対応

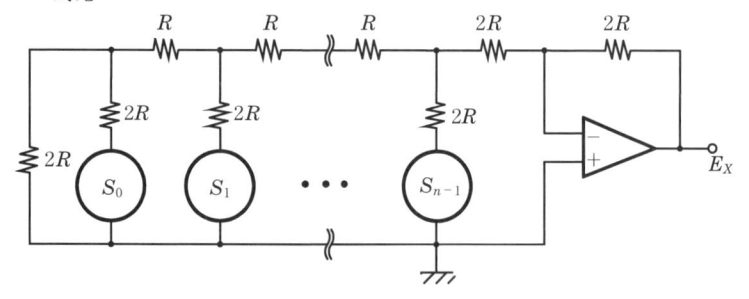

図 2.36: D/A コンバータの回路例

よって $+E$ [V] か $-E$ [V] かを発生する. R-2Rラダー回路によって重み付けされ, 加算される. 通常, 変換速度は $3\mu s$ 以下であり, 変換速度は割合に速い. 価格も安いので, 必要な個数を用意する. 従って, 出力プログラムだけで動作する.

著者が使用するボードは, 2個のD/Aコンバータを持っている. この使い方を例示しよう. D/A変換を使う場合は, まず出力リレーを ON にしなければならない.

    outportb(0x d6, 0x 10) ;

出力するデータを $x (2047 > x > -2048)$ としよう. 2の補数表示のデータを次のようにシフト2進数 (図2.35) へ変換し, リミットをかける.

    $x = x + 0x\ 0800$;
    if $(x > 0x\ \text{fff}) x = 0x\ \text{fff}$;

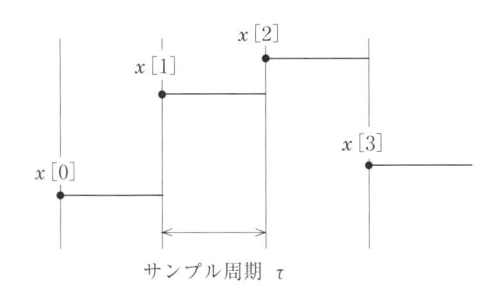

2.6. インターフェースとプログラミング　　　　　　　　　　　　　　　　39

図 2.37: D/A コンバータの出力波形 (0 次ホールド)

　　if$(x < $ 0x xxx$)x = $ 0x 000 ;
D/A のチャンネル 0 に出力する場合，次のようにする．

　　outportb(0x d2, x) ;
D/A コンバータを使え終えたならば，D/A 変換器保護のために出力リレーを OFF にする．

　　outportb(0x d6, 0) ;
　最後に D/A コンバータをディジタル制御に使う場合，これがいわゆる 0 次ホールドになることを付け加える．D/A コンバータへ出力命令を送ると，D/A 変換された出力電圧は その値を保持する．これは，次の出力命令が送られるまで一定値のままである．従って，D/A コンバータの出力電圧は，図 2.37 に示すようにサンプル間隔の階段状の変化をする．これは制御対象に対して，いわゆる 0 次ホールドと呼ばれる駆動波形である．

(iii) A/D コンバータ：A/D (Analog to Digital) 変換は，外部から入るアナログ信号をディジタル(数値)に変換し，コンピュータに取り込む．要求される変換速度によって，きわめて高速なフラッシュ(並列比較)型，比較的高速で普及している逐次比較型，および速度は遅いが精度のよい二重積分型がある．ここでは，比較的よく使われる逐次比較形の回路例を 図 2.38 に示す．この回路は，D/A コンバータをフィードバック回路に使い，最上位ビットから ON/OFF を繰り返し，誤差を小さくするように各ビットを決める．従って，変換には数〜数十 μs を要する．

　A/D コンバータは，高価なため，複数個の入力点数が必要な場合はアナログ入力

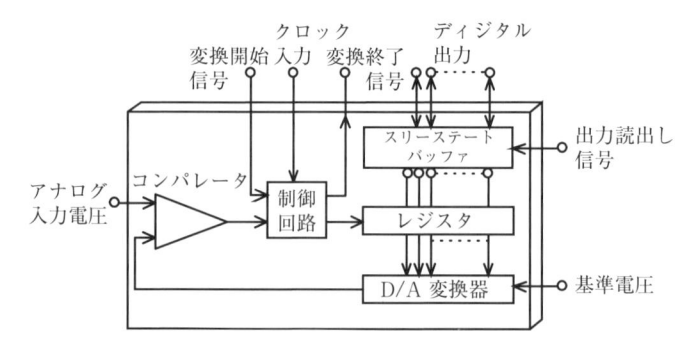

図 2.38: A/D コンバータの回路例

信号にマルチプレクサと呼ばれる切換え器を付け多チャンネル化することが多い．著者が使っているのは 8 チャンネルあり，i チャンネル ($i=0 \sim 7$) 目の A/D 変換をソフトウェアで開始させるためには

outportb (0x d0, (i:16)) ;

とする．下位 3 ビット (i) がチャンネル切換え，5 ビット目 (16) が A/D 変換開始である．その後，変換が終了したかどうか次のように検出する．

do {st = inportb(0x d1)} ;
while ((st & 0x 40) == 0) ;

この命令を変換終了が検出できるまで繰り返す．A/D 変換終了していれば，0x d1 ポートの入力値の D_6 (7 ビット目) が ON になるので，その後に変換されたデータを取り込む．

a = inport (0x d0) ;
a = (a & 0x fff) − 0x 800 ;

0x fff とビットごとの AND を取るのは，入力マスク処理であり，0x 800 を引くのは，シフト 2 進数から 2 の補数に変換するためである．

A/D コンバータの変換開始は，ディジタル制御のように正確な時間間隔で行わなければならない場合には，タイマを使って変換を開始させるか，外部信号 (トリガ) によって変換を開始させる．タイマを使って，i チャンネル ($i=0 \sim 7$) 目の A/D 変換を 5 ms ごとにスタートさせるプログラムは，以下のようになる．

2.7. dSPACEによる機械制御

outportb(0x d1, 0x 36);

outportb(0x d0, (i:0x 80));

これでタイマはスタートし，5msごとにA/D変換されるので，変換終了をチェックしてデータを取り込む．

do {st=inportb(0x d1)};

　while((st & 0x 40)==0);

a=inport(0x d0);

a=(a & 0x fff) − 0x 800;

2.7 dSPACEによる機械制御

Windowsコンピュータの普及により，ワープロ，表計算はもとよりインターネットの急速な発展をもたらした．一方で，機械制御には不向きなマルチタスク環境となり，実時間制御は困難となってきた．一方で，DSP (Digital Signal Processor) のように制御に向いた専用CPUも性能向上し，制御専用の統合環境が提供されるようになった．

dSPACE社が提供するシステムは，このようなシステムの中でも特に定評がある．かつては，高価で，大学のメカトロニクス教育にはとても使えない価格であったが，数年前からACE-Kitと称する低価格システムが提供されるようになった．ここではACE-Kitを簡単に紹介しよう．

ACE-Kitにはいくつかの種類があるが，4チャンネルのA/Dコンバータと4チャンネルのD/Aコンバータ，8ビットI/Oなどが付属しており，小規模な機械制御に向いているDS-1102を使った簡単な論理演算や信号取り込みを例示しよう．

dSPACEは，Matlabの中のSimulinkで，図式にプログラムした制御プログラムをCコードに落とし，それをdSPACEのCPUで実行する．従って，次のような操作を必要とする．

① Matlabを立ち上げる．

② Matlabで自分のディレクトリへパスを通す．その後次の命令を実行する．

　　simulink

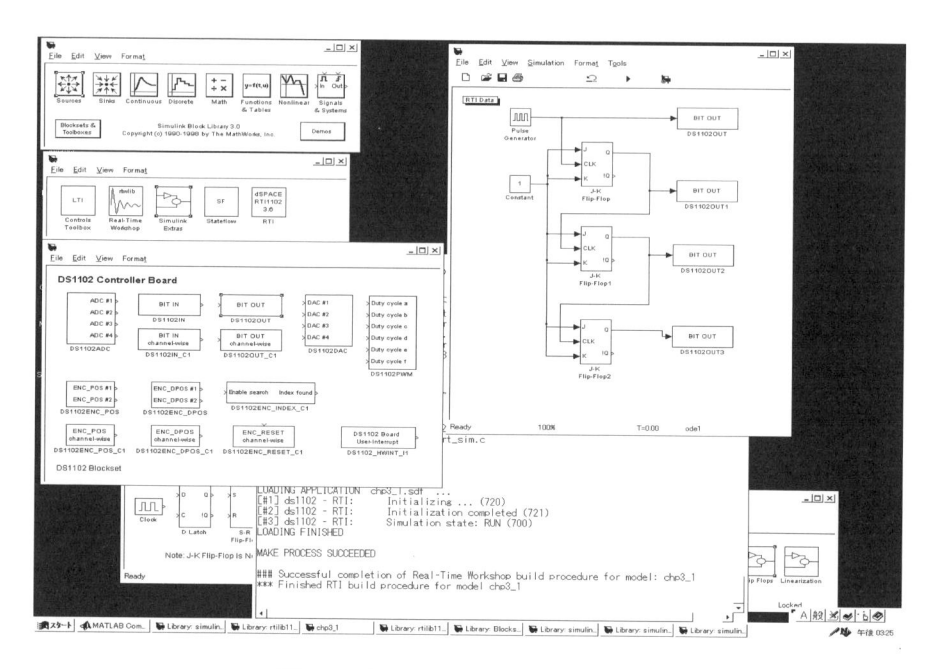

図 2.39: 例題 2-1 の dSPACE 操作画面

rtilib

④ simulink の上のバーから File を選択し，その中の New Model によって回路作成画面を開く．

⑤ simulink および DS-1102 の中から必要なものを回路画面にコピーし，制御回路を作成する．

⑥ コンパイルは，バーの中の Tools の中から，次の順序で操作する．

1) RTW Parameters を選ぶ．
2) Solver Options で Discrete を選ぶ．
3) Step Size (Sampling Interval) を選ぶ．
4) RTW Build を選ぶ．

最後の命令でコンパイルし，DSP に Download し，動作が開始される．

[例題 2-1]　ビット I/O の 2, 4, 6, 8 を使って発光ダイオードを点灯する．単純に

2.7. dSPACEによる機械制御

点灯しただけではつまらないので，図 2.31 で説明した JK フリップフロップを使って分周し，16 進カウンタを作成する．各ビット出力の先に発光ダイオードを結び，点灯する．図 2.39 に，Simulink で記号を使ってプログラムしているときの画面を示す．Matlab コマンドから

    simulink 3

    rtilib

を入力すると，Simulink と dSPACE の要素画面が，図 2.39 の左上と左下のように現れる．これらの画面から発信器や BITOUT，フリップフロップをつまんで右上の編集画面にコピーし，結線するとプログラムすることができる．dSPACE のサンプリングタイムや発信周波数などを設定し，コンパイル RTW Build を行うと実行される．でき上がったプログラムは，chp 2_dSPACE フォルダの中の

    EX2_1.MDL

に収められている．

[例題 2-2]　A/D コンバータを使って，発振器または 図 2.18 で作成した発振回路の三角波を取り込み，D/A コンバータから波形を出力するとともに，表示するプログラムを作成する．プログラム自体はまったく簡単で，dSPACE の要素画面の中の DS1102 画面を開き，ADC と DAC をつまんで編集画面にコピーし，結線するだけである．でき上がったプログラム画面を 図 2.40 に示す．これでサンプリングタイムを設定し，コンパイル RTW Build を行うと実行される．でき上がったプログラムは，chp 2_dSPACE_2 フォルダの中の

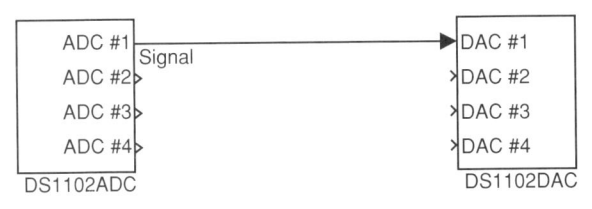

図 2.40: 例題 2-2 の A/D, D/A コンバータ回路

EX2_2.MDL に収められている.

取り込んだ波形を表示するのは少しやっかいである．Simulink の通常の表示装置 Scope では表示してくれない．本来，Simulink はアナログコンピュータの代用となるシミュレーションツールである．一方，dSPACE はプログラムをダウンロードして動作するので，パソコンとは信号のやり取りはない．この目的のために，dSPACE では ControlDesk という表示機能を用意している．ControlDesk は，バージョンによってプログラムが大分異なるので，ここでは，でき上がったファイルのみを示すことにする．なお，信号を ControlDesk に取り込むために，図 2.40 の中の信号に Signal という名前を付けている．でき上がった ControlDesk のファイルは，chp2_dSPACE_2 フォルダの中の，EX2_2.cdx, EX2_2.sdf, EX2_2.cdd, EX2_2.trc, EX2_2.map, layout1.lay に収められている.

ControlDesk は，問題ごとのフォルダを必要とする．そのために，この例題では別のフォルダ chp2_dSPACE_2 の中に収めている.

2.8 演習問題

[演習 2.1] 図 2.41 の左右のような 2 種類の機械運動系において，力 $f(t)$ [N] が加わるとき，$x(t)$ または $x_1(t), x_2(t)$ の運動方程式を求めよ．

[演習 2.2] 図 2.42 の左右に二つの 2 端子回路が与えられている．駆動電圧 $e(t)$ と電流 $i(t)$ との関係を定める方程式を導け．

[演習 2.3] 図 2.22 から 図 2.28 の論理回路を用いて，半減算回路およびその真理

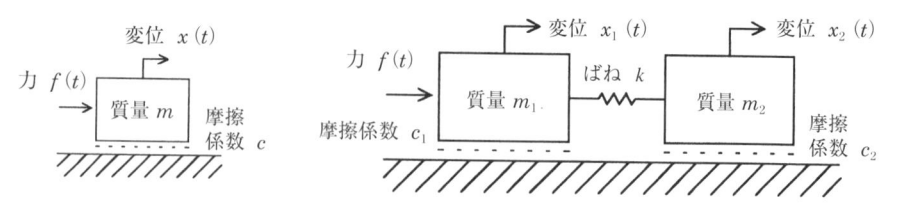

図 2.41: 機械運動系の方程式

2.8. 演習問題　　　　　　　　　　　　　　　　　　　　　　　　　　　　　45

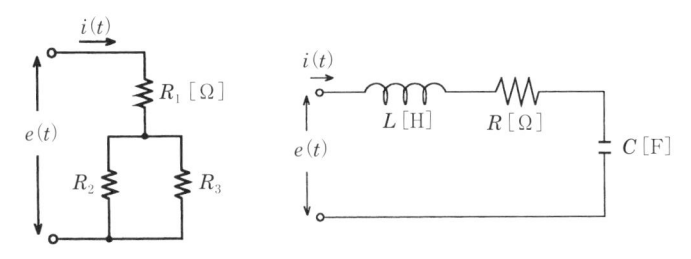

図 2.42: 2 端子回路

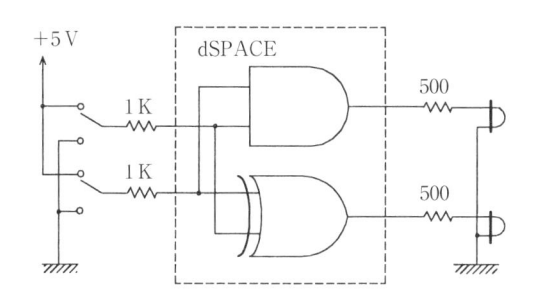

図 2.43: 外部入出力を使った半加算器

値表を作成せよ．これは 2 進数 1 ビットの引き算 $C_i - D_i$ を計算するもので，結果を S_i に，引けなければ上位よりのボロー B_i を立てる．ただし半減算なので，下位よりのボロー B_{i-1} は考慮しなくてよい．

[演習 2.4]　10 進数 30, 85, 112 の 2 進数および 16 進数を作成せよ．

[演習 2.5]　10 進数 $-30, -85, -112$ を 8 桁の 2 進数(負の数なので，2 の補数表示)およびその 16 進数を求めよ．

[演習 2.6]　制御プログラムで，マトリクス演算は基本的なプログラムである．与えられたマトリクス a[ ], b[ ] の加算，減算，掛算を行い，結果を c[ ] に求めるプログラムを作成せよ．

(dSPACE が使えるならば，次の演習を試みよ)

[演習 2.7]　図 2.43 に示すように，外部のスイッチで駆動し，dSPACE 内部で半加算器を作成し，外部の発光ダイオードを点灯する回路を作成せよ．なお，simulink の論理回路は，Math の中の AND をコピーし，その特性を変えることで任意の論

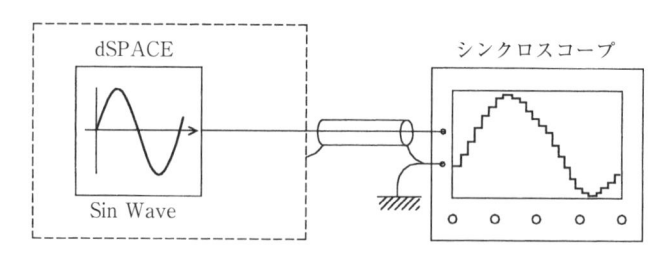

図 2.44: 内部発信器を出力し，シンクロスコープで確認する回路

理回路を作成できる．

[**演習 2.8**]　図 2.44 に示すように，dSPACE 内部に正弦波状の発信器を持ち，その信号を D/A コンバータから出力し，外部のシンクロスコープで波形を確認するプログラムを作成せよ．正弦波がサンプリング周期によって階段状の波形となることを確認せよ．

第3章　アクチュエータとセンサ

本章では，サーボ機構に使われるアクチュエータとセンサについて述べる．アクチュエータには種々のものがあるが，制御理論の理解に役立つ最小限の範囲で，電気サーボを中心に解説する．センサに関しても，サーボセンサの代表的なもののみ取り上げる．

3.1　アクチュエータ

アクチュエータとはエネルギー変換素子である．例えば，電気モータは電気的なエネルギーを機械的な回転エネルギーに変換する．流体シリンダは，流体エネルギーを機械直動エネルギーに変換する．従って，アクチュエータ単独で動くことは

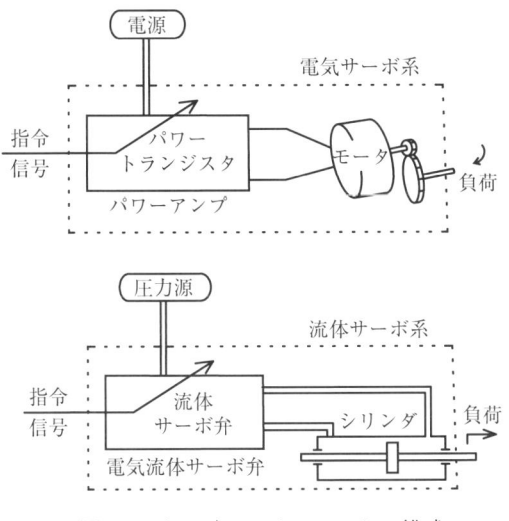

図 3.1: サーボアクチュエータの構成

できない．アクチュエータを動かすには弁素子が必要である．ここでいう弁素子とは，パワートランジスタや流体サーボ弁であり，入力信号によって弁を開閉し，定電圧電源や定圧力源からのエネルギーの流れを変え，アクチュエータを動かす．電気サーボと流体サーボの概念を 図 3.1 に示す．

3.2 電磁駆動力の発生原理

電磁アクチュエータの実用になる駆動原理は大きく分けて二つある．一つは，電磁石の吸引力であり，リラクタンス力(またはマクスウェル力)と呼ばれる．これは，透磁率の違う二つの材料を境界が通過していると，磁気抵抗の大きな場所での磁束が縮もうとすることで発生する．例えば，図 3.2 のような磁気回路で，ギャップ(真空)の透磁率を μ_0 [H/m]，断面積を A [m²]，磁束密度を b [T] とする．この磁束密度は永久磁石で作られるものでも，あるいは

$$b = \frac{Ni}{l/\mu + x/\mu_0} \tag{3.1}$$

の関係で，巻線電流 i [A] で作られたものでもよい(ここで，N：巻数，l：鉄芯長，μ：鉄芯の透磁率，x：ギャップ長)．この場合，ギャップ間に発生する吸引力 f_g は，

$$f_g = \frac{Ab^2}{2\mu_0} \tag{3.2}$$

である．

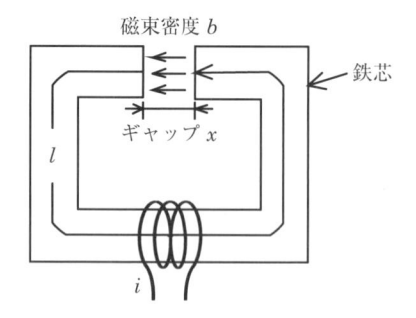

図 3.2: ギャップのある磁気回路

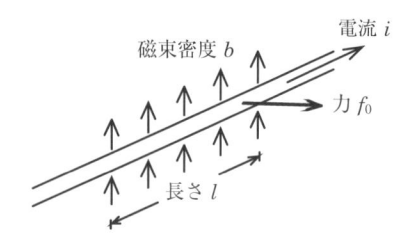

図 3.3: ローレンツ力 (フレミングの左手の法則) の発生

3.2. 電磁駆動力の発生原理

もう一つは，ローレンツ力(フレミングの左手の法則)である．これは，図 3.3 に示すように，磁束密度 b [T] の中に置かれた長さ l [m] の電線に，電流 i [A] が流れると，

$$f_0 = bli \tag{3.3}$$

の力 [N] が発生する．

逆に，この電線が速度 v [m/s] で動くと，フレミングの右手の法則により，次の逆起電力 e_b

$$e_b = blv \tag{3.4}$$

が発生する．

これらの原理が組み合わされたものとして誘導力の発生がある．図 3.4 に，回転する永久磁石によって発生する誘導力の発生原理を示す．回転する永久磁石の磁力線は，導板を貫いて移動するため，内部にフレミングの右手の法則による渦電流が発生する．この渦電流と永久磁石の相互作用(ローレンツ力)により，駆動トルクが発生する．その結果，円盤は回転する永久磁石に引きずられるように回転する．この回転する永久磁石を交流巻線に，回転円盤をかご型ロータに置き換えたものが，誘導型交流モータである．

これ以外にも静電力を利用したモータなどが考えられるが，マイクロアクチュエータのような特殊な応用以外では，力が弱く一般的には使われない．

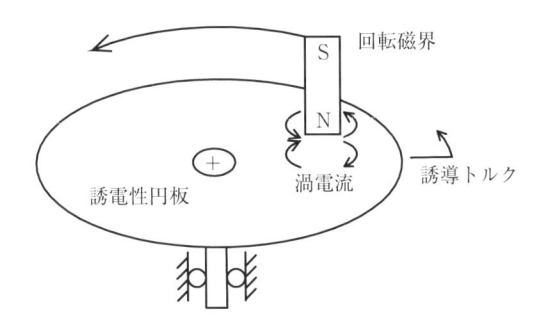

図 3.4: 誘導力による回転トルクの発生

3.3 ステッピングモータ

1.4節で述べたように，開ループ制御は簡単に構成でき，閉ループ制御のような不安定化を心配しなくてよい．そのため，オフィスオートメーションの記録機の駆動系のような小型のサーボ系には広く使われている．これは，ステッピングモータという開ループで位置決め制御のできるアクチュエータがあるからである．

3.3.1 ステッピングモータの構造と駆動方式

ステッピングモータには，VR(Variable Reluctance)型，PM(Permanent Magnet)型，HB(Hybrid)型の3型式がある．VR型は電磁吸引力を利用するもので，4極円筒型のものの概略を 図3.5に示す．

図3.5のVR型でステッピングモータの原理を考える．この図からわかるように，固定子の極は4極(A,B,C,D)である．一方，回転子は これより1極多い．この差に相当する角度(この場合18°)だけステップ回転角を発生する．図3.5ではA相に電流が流れ，突極A-A′が吸引している．この電流をB相に切り換えると，B-B′が吸引され右に18°回転する．さらに電流をC相に切り換え，C-C′を吸引させると，再び右へ18°回転する．従って，右回転を続けるためには電流を流す相を，

$$A \to B \to C \to D \to A \cdots$$

と切り換える．左回転では この逆で，

$$A \to D \to C \to B \to A \cdots$$

と切り換えればよい．この駆動パターンを一相駆動という．

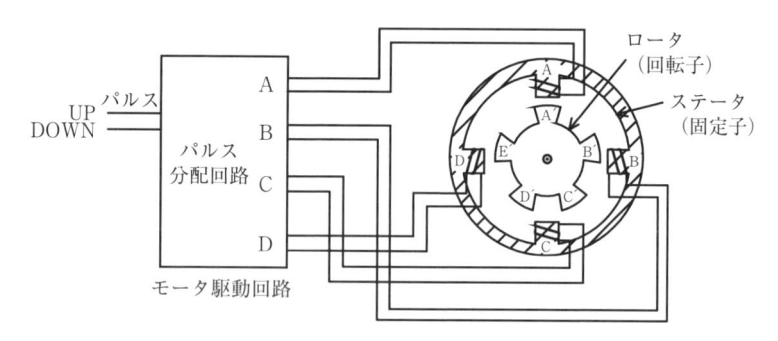

図 3.5: VRステッピングモータの原理と駆動回路

3.3. ステッピングモータ

A相からB相への切換えの途中に，A, B双方に電流を流すと，その中間でロータは停止し，ステップ角を1/2(図3.5の場合は9°)とすることができる．右回転の場合は，

$$A \to AB \to B \to BC \to C \to CD \to D \to DA \to A \cdots$$

のシーケンスで相電流を切り換えればよく，8ステップで1歯進む．この駆動パターンを一・二相駆動という．一・二相駆動の方が回転がスムーズでトルクが強いことから，この方式が広く使われている．ステッピングモータの駆動アニメーションは，付属のアニメーションプログラム3-1に収められている．

PM型は永久磁石回転子を使ったもので，図3.6にその概要を示す．この場合は，固定子は4極あるが，向かい合ったものを対として使っているので，巻線電流の磁極数は2極となる．しかし，電流の方向によって吸引と反発が使えるため，VR型の4極と同じステップ数となる．図3.6では，回転子の突極は6であり，それぞれがNまたはSに磁化されている．従って，次の一相駆動では30°ずつ右回転する．

$$A \to B \to \overline{A} \to \overline{B} \to A \cdots$$

一・二相駆動では，15°ずつ右回転する．

$$A \to AB \to B \to B\overline{A} \to \overline{A} \to \overline{A}\overline{B} \to \overline{B} \to \overline{B}A \to A \cdots$$

ここで，$\overline{A}$および$\overline{B}$は，図3.6の矢印とは逆向きに電流を流すことを意味する．

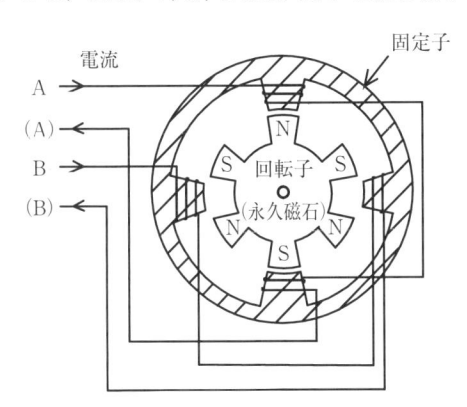

図3.6: PMステッピングモータの概要
( )内は，矢印と逆に電流を流す

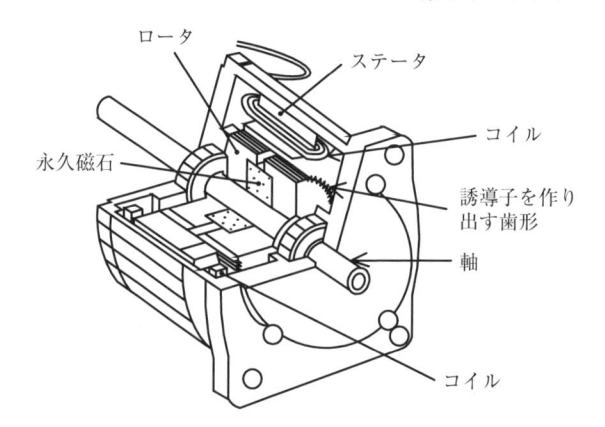

図3.7: HB(誘導子付)型ステッピングモータ

図3.5や図3.6のステッピングモータは，ステップ角が18°や30°と大きい．市販されているステッピングモータは，ステップ角が1.8°程度のものが多い．これは，対向する固定子と回転子の表面に歯形を切り，誘導子を作製してステップ角を細かくして実現している．誘導子はVR型とHB型で実現できる．図3.7に，誘導子歯形を持ったHB型ステッピングモータの例を示す．

以上の分類のほかにも，巻線の極数による分類(3極，4極，5極)，極を軸方向に配列するか，径方向に配列するかなど，多くの構造が考えられる．しかしユーザから見ると，図3.5に示したように駆動回路とモータを一括して購入し，UP/DOWNパルスを入力すると，入力パルスに同期して一定角ずつ回転するアクチュエータとして扱える．

3.3.2 ステッピングモータの回転特性

指令パルスを与え，ステッピングモータを回転させるときの特性と性能限界を用語とともに説明する．

(i) ステップ角：1パルスの入力に対応するステッピングモータの回転角 θ_p をいう．すでに述べたように，これはモータの構造と励磁方式で決まる．

ステッピングモータの回転は，この1ステップ階動が連続して起こる．図3.8に，1ステップ階動 (θ_p) 後の回転角 (θ) の変動の様子を示す．図3.8からわかるように，

3.3. ステッピングモータ

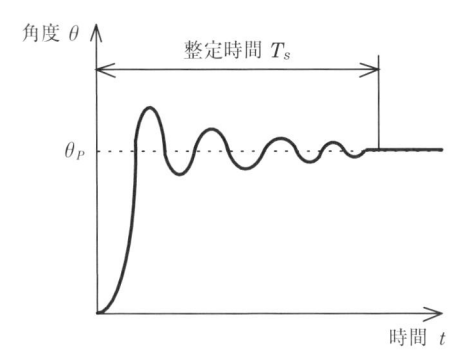

図 3.8: 1 ステップ入力の角度応答

1 ステップ応答は減衰の悪い振動であり，これが整定 (整定時間 T_s) した後に次のステップが入るのは遅い回転の場合のみである．通常の回転では，途中に減衰振動が入り，どの位置で次のステップが入るかによって，回りやすい回転数と回りにくい回転数がある．

(ii) パルスレート：ステッピングモータを回転させるために入力する 1 秒間のパルス数 Ω [pps] をいう．無負荷時に徐々に入力周波数を上げて同期回転できる最大のパルスレートを最大応答周波数という．

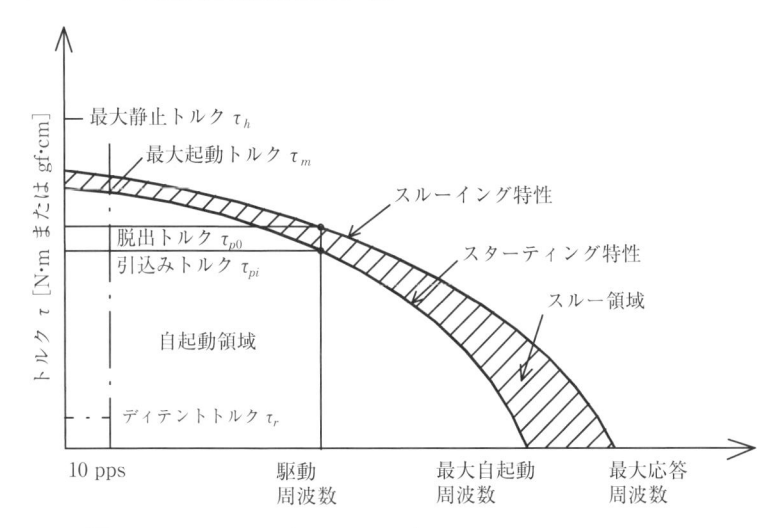

図 3.9: ステッピングモータの回転特性 (パルス - トルク特性)

ステッピングモータが，無負荷時に瞬時の入力周波数の変化に同期して，起動・停止・逆転できる最大のパルスレートを最大自起動周波数という．

(iii) **パルス-トルク特性**: モータが入力パルスレートの関数として，どのようなトルクが発生できるかを表したのがパルス-トルク特性で，図3.9に示すような特性を持つ．最大静止トルク τ_h は，静止しているモータを外部トルクで無理に回そうとするときに生ずるトルクである．モータが回転しているときに発生する駆動トルクはこれより小さい．

パルストルク特性には二つの領域がある．自起動領域は，入力のパルスレートの変化に対して，完全に同期して起動・停止・逆転できる領域である．一方，スルー領域は徐々に回転数を上げられる領域である．

3.3.3 開ループ制御系の構成と脱調

ステッピングモータを使うと，開ループでNC(数値制御：Numerical Control)が構成できる．系の構成例を図3.10に示す．

ステッピングモータは，1サイクル(図3.5を一相駆動した場合には4ステップ)後には同じ励磁相パターンとなる．従って，駆動相パターンでは現在位置を知ることはできない．駆動の最初に初期化を行い，ゼロ位置を決めてからスタートしなければならない．これを行うのがゼロ位置検出である．駆動の途中では，UP/DOWNのパルス数を数えて現在位置を知る．

図3.9のパルス-トルク特性からもわかるとおり，あまりに大きなパルスレートや負荷トルクが加わると，入力のパルスレートに同期して回転することができない．これを脱調という．一度脱調が起こると，ゼロ位置への初期化を行わない限

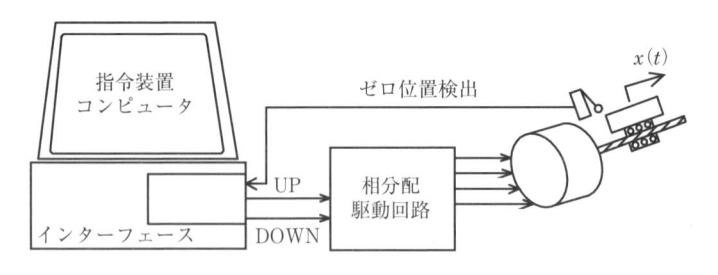

図 3.10: 開ループNCの構成例

り誤差は補正されない．開ループ制御では，脱調には充分に注意しなければならない．そのために，充分にトルクに余裕を持って駆動をしなければならず，モータ効率は低いものとならざるをえない．

3.4 サーボモータ

ステッピングモータは階動(振動)の連続であり，アクチュエータ効率はよくない．しかも，脱調しないように，安全側で運転しなければならない．そのため，簡便で安価に構成できるかも知れないが，高速高精度サーボには向いていない．

サーボモータは，回転積分特性を持ち，本質的に位置決め機能はない．従って，フィードバックを使ってサーボ系を構成しなければならないが，エネルギー変換効率がよく，モータの最大パワーまで使うことができる．サーボモータには，直流(DC)モータ，永久磁石(PM : Permanent Magnet)型同期交流(AC)モータ，誘導(IM : Induction Motor)型交流モータなどがある．後者ほど高価になるため，図3.11に示すようなモータのパワーによって適合領域がある．

モータには固定子と回転子があり，この間に働く電磁力で回転子が回る．回転子に巻線を持ち，ブラシで電流を切り換えながら供給してトルクを発生させるのが直流(DC)モータである．界磁は固定子の永久磁石から供給され，直流磁界の中で回転子が回る．交流(AC)モータは，これとは逆に固定子に巻線を持ち，これに交流電流を流して回転磁界を作成し，回転子にトルクを発生させる．ACモータには，回転子に永久磁石を持ったPM-SM型と誘導回転子を使ったIM型がある．IM型

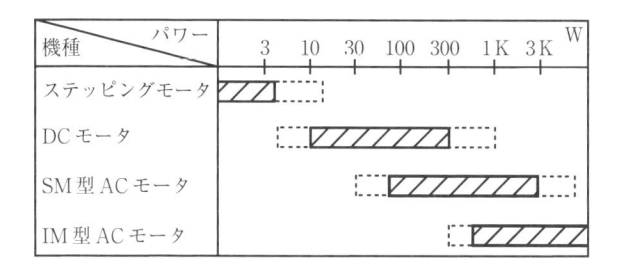

図 3.11: 電気サーボモータの適合領域

は大きなモータを得意とするので,DC モータと永久磁石型 SM モータについて,その構造と制御法を述べる.

3.4.1 リニアモータ

電気モータの大部分は回転モータであるが,機械サーボの多くは直線的な動きを要求される.直動サーボに回転モータを使う場合は,後述する回転・直線変換機構を必要とする.最近,永久磁石の発達とともに直動(リニア)モータの性能が向上し,多くの方式が開発された.ここでは,リニアステッピングモータとムービングコイル直動モータ(ボイスコイルモータ)について説明する.

図 3.12 は,PM 型のリニアステッピングモータの構造例を示す.これは,前節で示した回転型のステッピングモータを直線上に展開したもので,回転型ステッピングモータと同じような特性を持つ.従って,一相駆動の駆動パターンは,

$$A \to B \to \overline{A} \to \overline{B} \to A \cdots$$

一・二相駆動では,次の駆動パターンとなる.

$$A \to AB \to B \to B\overline{A} \to \overline{A} \to \overline{AB} \to \overline{B} \to \overline{B}A \to A \cdots$$

図 3.13 は,円筒型ムービングコイル直動モータの構造を示している.永久磁石によって作られた磁束は,空隙(ギャップ)内に一定の磁束 b [T] を作る.この中に半径 r [m],有効コイル巻数 N [ターン] があり,コイルに電流 i [A] を流したとしよう.発生する力は,フレミングの左手の法則より,

$$f_d = 2\pi r N b i = \psi i \tag{3.5}$$

となる.この力によって負荷を駆動でき,速度 v で動いたとしよう.そうすると,次の逆起電力(フレミングの右手則)が発生する.

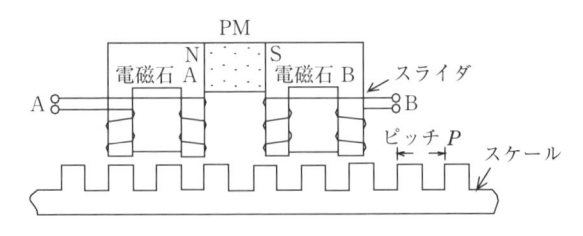

図 3.12: リニアステッピングモータ

3.4. サーボモータ

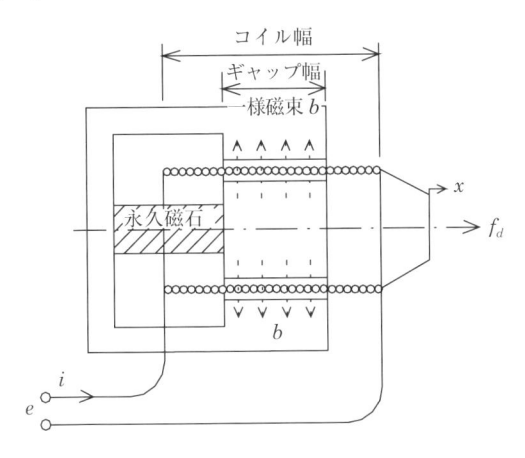

図 3.13: ムービングコイル型直動モータ

$$e_b = 2\pi r N b v = \psi v \tag{3.6}$$

どちらの式も係数は

$$\psi = 2\pi r N b \tag{3.7}$$

であり，この係数をコイル鎖交磁束と呼ぶ．

アクチュエータの動作が，式(3.5)と式(3.6)で表される場合，エネルギーは100%変換され，理想的なアクチュエータといえる．実際には駆動コイルに，次の遅れが加わる．

$$e = e_b + Ri + L\frac{di}{dt} \tag{3.8}$$

ここで，e は駆動電圧，R はコイルを含む駆動回路の抵抗，L はコイルのインダクタンスである．

3.4.2 直流(DC)モータ

直流モータの原理を 図3.14 に示す．永久磁石で作られた一定磁界の中に巻線を持つ回転子が置かれている．この巻線には，ブラシと整流子によって 図3.14 の上と下では逆向きの電流が流れ，回転トルクを発生する．図3.14 からわかるように，磁束と電流は直角に近い角度を保つので，最も有効にトルクを発生する．電機子電流 i [A] によって，次のトルク τ [N·m] が発生する．

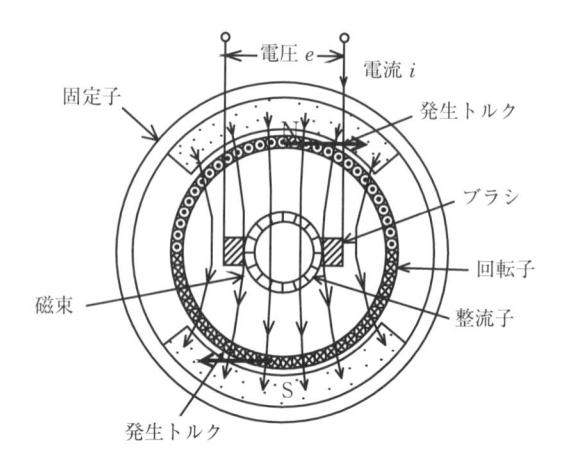

図 3.14: 直流 (DC) モータの原理図

$$\tau = \psi i \tag{3.9}$$

このトルクによってモータが回転速度 ν [rad/s] で回転すると，次の逆起電力が発生する．

$$e_b = \psi \nu \tag{3.10}$$

ここで，ψ は [Wb] = [V·s] = [N·m/A] の単位を持ち，電機子鎖交磁束と呼ばれるモータの定数である．

モータの巻線インダクタンス L と抵抗 R を考慮する場合は，次の駆動電圧 e を必要とする．

$$e = e_b + Ri + L\frac{di}{dt} \tag{3.11}$$

図 3.14 からもわかるとおり，界磁磁束と電機子電流はほぼ直交し，効率的にトルクを発生している．これは体積の割に大きなトルクを発生すると同時に，サーボ機構で重要な加速および減速特性がよいことを意味している．しかも式 (3.10) で発生する逆起電力は，サーボ特性としては電磁制動として働き，制御性能 (安定性) も非常によいアクチュエータである．唯一最大の欠点は，ブラシと整流子を使用しなければならず，ブラシでの電気的な損失と，その寿命が大きな問題となる．

なお，モータを駆動する弁素子 (パワーアンプ) は，簡単なものは 2.4 節で紹介したもので駆動できるし，高パワーのものは市販の駆動回路を購入することになるの

3.4. サーボモータ

で，ここでは省略する．DC モータの簡単な動作説明は，付属のアニメーションプログラムの 3-2 に収録されている．

3.4.3 交流 (AC) モータ

2 極の PM 型 AC モータの原理図を 図 3.15 に示す．従来は，固定子巻線に一定周波数の交流を流し，それで生ずる回転磁界に同期して回るモータとして使われていた．固定子電流と回転子の永久磁石が作る磁界の角度が狭く，体積の割に小さなトルクしか取り出せなかった．当然ではあるが，一定回転数の応用のみに使われていた．

パワートランジスタやサイリスタの発達で固定子の巻線電流を自由に制御できるようになると，回転子の位置 (磁石の方向) を検出し，最大トルクが発生するように，固定子電流を回転子磁界と直交するように制御することが可能となった．固定子電流の大きさと方向を制御すれば，回転数や角度，トルクを自由に制御でき，強力な AC サーボモータとすることができる．図 3.16 に，PM 型 AC サーボモータの制御回路の例を示す．これが，AC サーボモータの弁素子 (パワーアンプ) である．

このように制御回路は複雑で割高となるため，DC モータより大型の 50W 以上の用途で使われる．最大の長所は，電気的に接触する部分がなく，メインテナンスフリーとなることである．モータの寿命は軸を支える軸受で決まり，ほぼ半永久的に使える．AC モータでありながら，DC サーボモータのような高加減速運転ができ

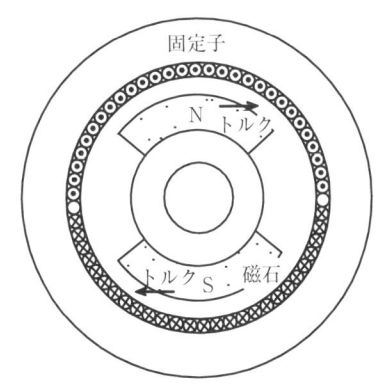

図 3.15: PM 形交流 (AC) モータの原理図

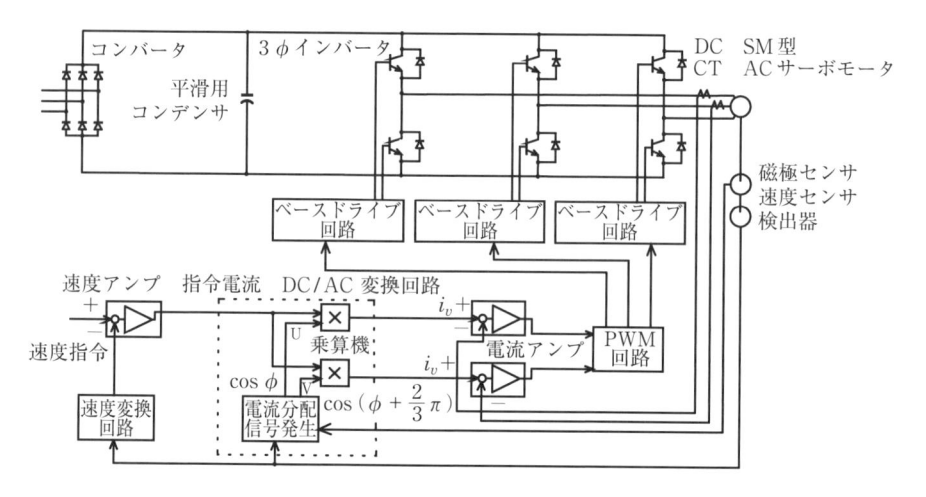

図 3.16: PM 型交流 (AC) モータの制御回路の例

る．この長所から，ブラシレス DC モータと呼ばれることもある．PM 型 AC モータの動作ビデオが，付属のアニメーションプログラムの 3-3 に収録されている．

3.5 運動変換機構

回転モータは無限回転が可能であり，アクチュエータをコンパクトに製作できる．また，高速回転が得意であり，低速高トルク回転は不得手である．従って，負荷の特性に合わせるべく，減速機構を介して負荷を駆動する必要が生じる．また，直動運動する負荷に対しては，回転-直動変換機構を使う必要がある．

3.5.1 減速機構

回転減速機構には，歯車，プーリとベルトなどがあるが，図 3.17 に示す歯車が最も普及している．がた (バックラッシュ) と摩擦が無視できる理想的な場合，減速比 γ で回転速度 ν とトルク τ が変化する．

$$\nu_2 = \gamma \nu_1 \tag{3.12}$$

$$\tau_2 = \frac{1}{\gamma} \tau_1 \tag{3.13}$$

3.6. 流体サーボ機構

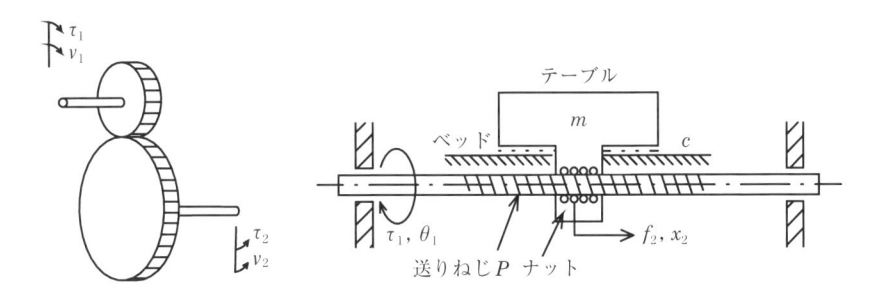

図 3.17: 減速機構の例 (歯車)　　図 3.18: 回転-直動変換機構 (ボールねじ)

3.5.2 回転 - 直動変換機構

図 3.18 に，回転-直動変換機構の構造を示す．この場合もがた (バックラッシュ) と摩擦が無視できる場合，単位回転当たりのピッチ (リード) P [m/rad] で，回転系から直動系への変換が表される．

$$v_2 = P \nu_1 \tag{3.14}$$

$$f_2 = \frac{1}{P} \tau_1 \tag{3.15}$$

3.6 流体サーボ機構

流体の圧力を使ったサーボ機構は，動きがスムーズであり，体積が小型な割に大きな力が出るので，サーボ機構の開発当初は広く使われてきた．近年，パワーエレクトロニクスとサーボモータの発達で電気サーボが広く使われるようになった．しかし，次に述べるような分野では，現在でも流体サーボが広く使われている．

3.6.1 空圧サーボ

流体サーボは，空圧サーボと油圧サーボに大別される．空圧サーボは作動流体に空気を使うため，空気の圧縮性が最大の特徴である．使用圧力は，法規上は 50 気圧 (5 MPa) まで使えるが，安全性 (防爆) から 10 気圧 (1 MPa) 以下が主に使われる．圧力の伝播速度 (音速) や圧縮共振のため，応答速度や位置決め精度は悪い．その反面，圧縮性を利用した機械式ストッパによる位置決めやロボットのチャックなどの応用に向いている．

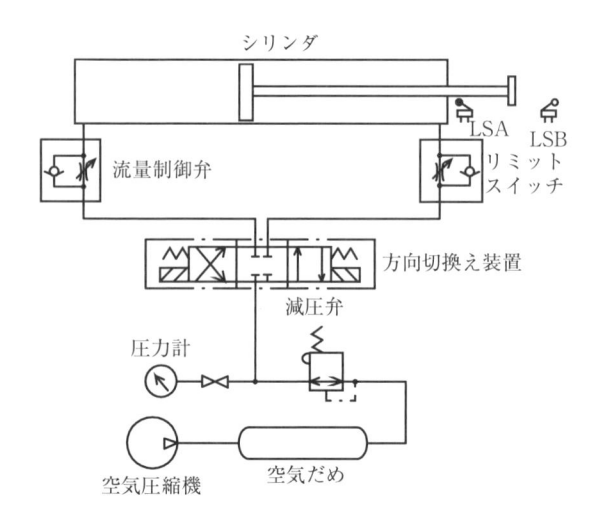

図 3.19: 空圧シーケンス制御機構の例

　空圧サーボの長所は，何といっても安さと手軽さである．空気源はコンプレッサによって簡単に作られる．ドレインは大気放出でよく，空圧機器も安価である．そのため生産自動化におけるシーケンス制御の中心となっている．図3.19に，直動型の空圧シーケンス制御の例を示す．最も得意とするのは，ストローク1m以内，推力3kN(300kgf)以下で，速度1m/sまでの直動シーケンス制御である．

　図3.19の方向切換え弁(ソレノイド弁)が空圧サーボの弁素子であり，電磁ソレノイドによって弁の方向を切り換える．流量制御弁を調整し，シリンダの移動速度を決める．シリンダは，リミットスイッチの間を決められたシーケンスに従って往復する．リミットスイッチの代わりに，機械的なストッパを使うことも多い．

3.6.2　油圧サーボ

　作動流体に油を使うのが油圧サーボである．油は圧縮率が小さく，潤滑がよいので，高速高出力サーボに適用される．供給油圧は，7MPa(70kgf/cm^2)，14MPa(140kgf/cm^2)および21MPa(210kgf/cm^2)が標準として使われる．そのため，空圧や電磁アクチュエータ(電気モータ)などよりも単位面積当たりに出せる力は十〜数十倍となる．

3.7. センサ

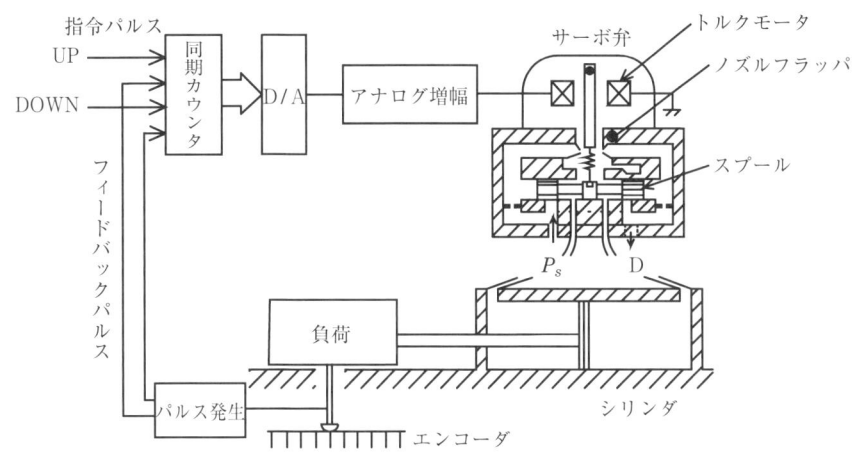

図 3.20: 油圧サーボ機構の例

　油圧シリンダと弁素子(サーボ弁)で構成される油圧サーボは，単独では積分特性を持つ．位置決め制御を行うには，位置フィードバックを用い，閉ループ制御系を構成しなければならない．図 3.20 に，サーボ弁と直動シリンダによるディジタルサーボ系の構成例を示す．回転角を制御したい場合は，直動シリンダの代わりに油圧回転モータを，直動エンコーダの代わりに回転エンコーダを接続すればよい．

　図 3.20 において，サーボ弁が弁素子(電気モータ系のパワーアンプに相当)である．供給圧力 P_s をスプール弁によって切り換え，左右のシリンダに油を供給する．シリンダより戻ってきた油は，ドレイン D より油圧源に回収される．

　油圧サーボは，きわめて高速高出力が可能なため，航空機や船舶の操舵系，大型工作機械の制御などに使われている．欠点は，油圧機器が高価で，油のメインテナンスが面倒なことである．

3.7　センサ

　ロボットや NC 工作機械で使われるセンサは 2 種類に大別される．一つは内界(サーボ)センサで，フィードバック位置決めなどのために使われ，制御に欠くことができない．もう一つは外界センサと呼ばれ，制御系を動作させる状況を知るため

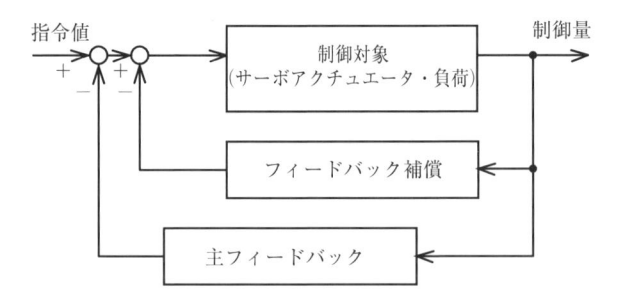

図 3.21: フィードバック補償系の構成

のものである．二つ以上のロボットの協調動作といったような高度な制御に必要なもので，ここでは省略する．

ここで取り上げるのはサーボセンサだけである．位置決めサーボ機構では，位置フィードバックは必ず必要である．これを主フィードバックという．これに対して，速度，加速度，力，圧力などのフィードバックは，速応性や安定性の改善のために使われる．これらは，主フィードバックの内側にマイナループフィードバックとして，図 3.21 のように構成される．

3.7.1 ポテンショメータ (位置センサ)

アナログサーボの変位検出 (主フィードバック) に広く用いられている．図 3.22 の左右に，直動型と回転型のモデル図を示す．端子間に電圧 E を印加すると，出

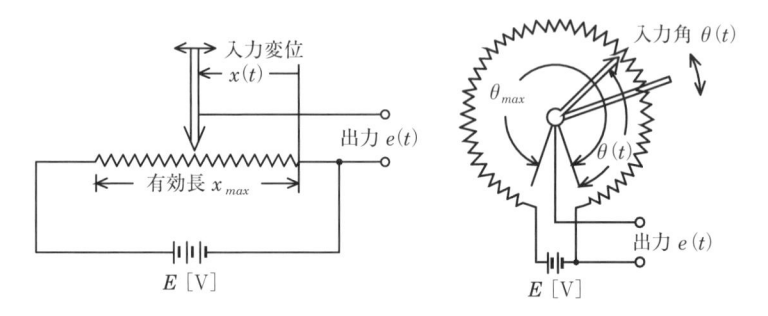

図 3.22: ポテンショメータ（左：直動，右：回転）

3.7. センサ

力電圧はそれぞれ

$$e(t) = \frac{E}{x_{max}} x(t) \tag{3.16}$$

$$e(t) = \frac{E}{\theta_{max}} \theta(t) \tag{3.17}$$

と与えられる．

ポテンショメータの長所は手軽に使える点である．印加電圧 E は，通常 3～10 V で，サーボ増幅器へのフィードバック信号として，増幅器などを通さずに使える．最大の欠点は，接触式のため寿命と接触ノイズなど信頼性に問題がある．コンダクティブプラスチック型など，高信頼型も開発されているが，接触によるトラブルが皆無というわけにはいかないようである．

3.7.2 非接触ギャップセンサ

ポテンショメータの欠点を解決する非接触センサも使われる．例えば，可変リラクタンス式，シンクロ変位計，渦電流式，光式などである．ここでは，メカトロニクスの研究の一例である磁気浮上で広く使われる渦電流変位センサを取り上げる．

図 3.23 は，渦電流センサの原理を示している．センサターゲットである導電体の近くに，小さなコイルが巻かれている．このコイルに高周波の電流を流すと，コイルから発生する磁束は導電体を貫通する．この交流磁束に誘導されて導電体の中に渦電流が発生する．この渦電流の損失でコイルとセンサターゲットの距離を測定する．このタイプのセンサは，感度，信頼性，安定性に優れているため，回転軸の

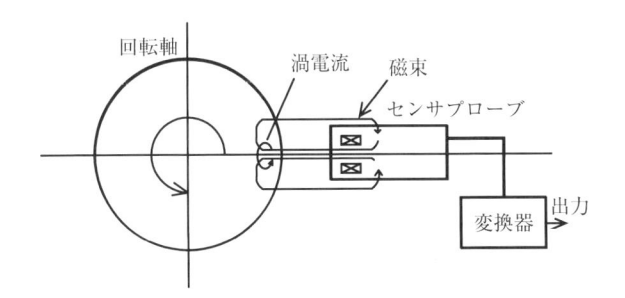

図 3.23: 渦電流ギャップセンサの原理

振動検出や磁気浮上のフィードバックセンサとして広く使われている．検出範囲は 0.5〜20 mm が一般的なので，磁気浮上のような微少変位測定の応用に限定される．

3.7.3 速度センサ

図 3.13 のムービングコイル直動モータは，電流 i に比例した力 $f_d = \psi i$ を発生する．一方，コイルが速度 v で動けば，逆起電力

$$e_b = \psi v = K_v i \tag{3.18}$$

が発生する．従って，永久磁石の中で動くコイルによって速度を検出することができる．

回転速度も，DC モータと同じ構造のタコメータによって検出できる．モータとタコメータの製作上の違いは，力を発生する必要がないのでコイルや構造が細く軽量に作られていることである．図 3.24 (a) と (b) に，直動と回転型の速度センサを示す．図 3.24 (a) の直動型の検出感度は，

$$K_v = \psi = 2\pi r N b \tag{3.19}$$

で決まる．従って，細い線を使い，ターン数 N を大きくして感度を上げている．

N が大きくなると，必然的にコイルのインダクタンス L と抵抗 R は大きくなる．回路では

$$e = e_b - L\frac{di}{dt} - Ri \tag{3.20}$$

が成り立つ．実際に測定できるのは，速度に比例する e_b ではなく端子電圧 e なので，測定側のインピーダンスを高くして，電流 i を小さくしなければならない．

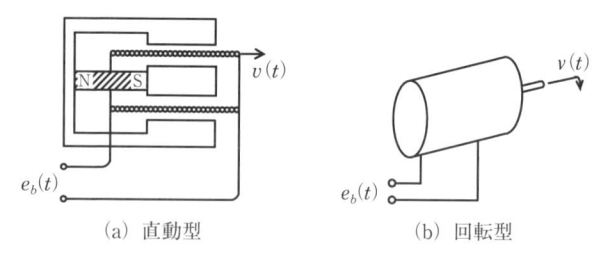

(a) 直動型 (b) 回転型

図 3.24: 速度センサ (タコメータ)

3.7.4 力センサ，加速度センサおよび圧力センサ

加速度および圧力センサは，力センサを基本として作られる．力のセンシングから考えよう．

力を測定するには二つの方法が考えられる．圧電素子を使う方法と，抵抗線あるいは半導体ひずみゲージによる方法である．図 3.25 に力の検出方法を示す．同図 (a) は，圧電縦効果を持つ素子に力を加え，発生した圧電をチャージアンプで増幅して出力する．一方，同図 (b) は，力によって生じる弾性棒のひずみをひずみゲージで測定し，力に換算する．ひずみゲージは抵抗変化であるので，電圧出力とするためにブリッジ増幅回路が必要である．一方，圧電素子は，周波数帯域さえ問題なければ，圧電電圧をそのまま使うことができる．圧電素子を通常の増幅器(入力インピーダンス数 MΩ)に接続したのでは，検出できるバンド幅は数 Hz 〜 数 kHz といわれている．検出領域を低い周波数まで拡大するのがチャージアンプの役割である．

加速度は，質量 m に加わる慣性反力

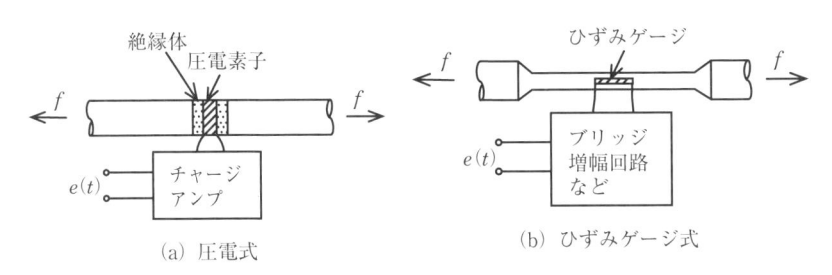

$$f = ma \tag{3.21}$$

図 3.25: 力のセンシング

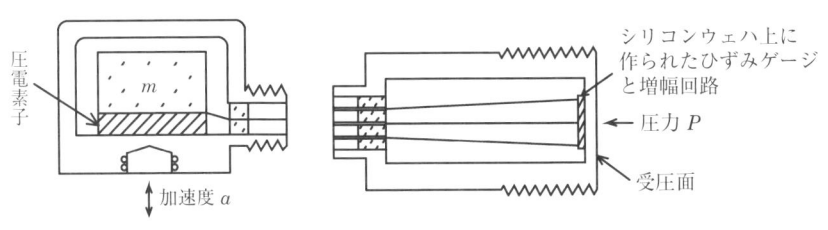

図 3.26: 加速度センサ

図 3.27: 圧力センサ

を使って検出される．圧電素子を使った加速度センサの概略を 図 3.26 に示す．

圧力のセンシングは，受圧面に加わった力で測定される．図 3.27 に，受圧面の弾性変形をひずみゲージで測定する圧力センサを示す．ゲージには半導体ひずみゲージを使い，シリコンウェハの上にゲージ，ブリッジ回路，増幅器などを集積化し，性能と信頼性を向上したものが使われるようになった．

3.7.5 ディジタルエンコーダ

今まで述べたセンサは，アナログ電圧を出力するセンサである．ディジタルサーボ系を構成するためには，ディジタル位置検出が必要である．これは，エンコーダで行われ，アブソリュート(絶対位置)型とインクレメンタル(パルスジェネレータ)型がある．ここでは，光学式エンコーダを取り上げて説明する．

簡単な 4 ビット直動型を例に，光学式アブソリュートエンコーダの動作を示す．動作原理を 図 3.28 に示す．この図では，光源とフォトダイオードを固定し，スケールを移動しているが，この逆でもよい．スケールには，ビット数に応じた 2 進数に対応して光が通過できるか，できないかのマスクが作られている．従って，フォトダイオードの出力値が，スケールの移動量 x に対応したディジタル 2 進数となる．スケールを回転円盤とすれば，回転型のエンコーダとなる．エンコーダの動作アニメーションは，付属のアニメーションプログラムの 3-4 に収められている．

本方式の問題点は，エンコーダの分解能を上げるためにビット数を増やすと，スケールを製作することがきわめて困難になることである．フォトダイオードの縦に

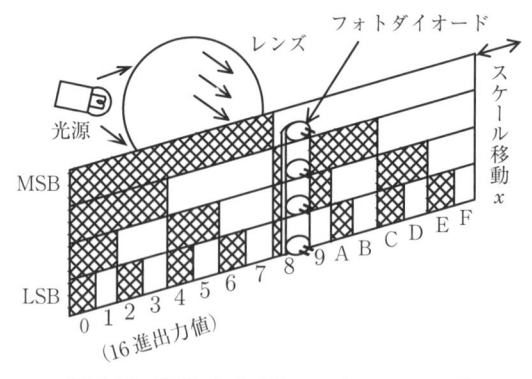

図 3.28: 直動アブソリュートエンコーダ

3.7. センサ

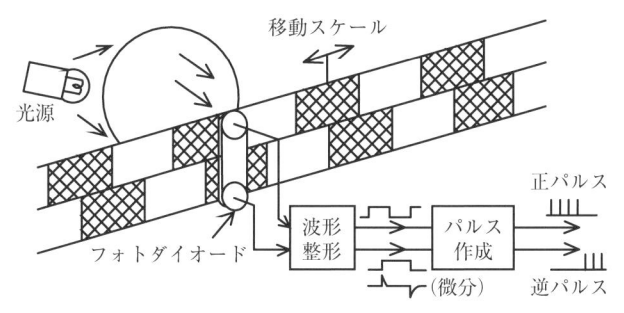

図 3.29: 直動インクレメンタルエンコーダ

並べた精度とスケールの縦の直線精度は，きわめて正確に一致することが要求され，高価となってしまう．

通常は，インクレメンタルエンコーダ(パルスジェネレータ)が使われる．図3.29に，直動光学式エンコーダの原理を示す．移動スケールとフォトダイオードは，2ビットのみでよい．移動スケールの二つのトラックには，必要分解能に応じた光の通過マスクが半周期ずらして作られている．フォトダイオードの出力を波形整型回路に入れると，位相のずれた方形波が出力される．この上下の位相関係は，スケールの移動方向で反転する．パルス作成回路は，これを利用して下の方形波の微分と上の方形波との積が，正電圧のパルスなら正(移動)パルスを出力し，負電圧のパルスであれば正電圧に直し，逆(移動)パルスを出力する．インクレメンタルエンコー

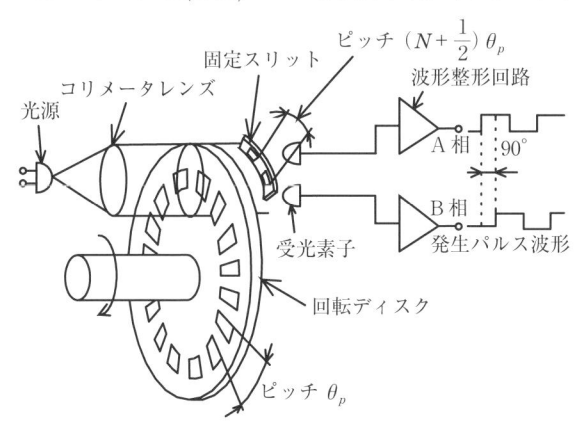

図 3.30: ロータリエンコーダの構成例

ダの動作アニメーションは，アニメーションプログラムの 3-5 に収められている．

マスクやフォトダイオードを円形に配置すれば，回転型(ロータリ)エンコーダを作ることができる．図 3.30 は，ロータリエンコーダの構成例を示している．この場合は，回転円盤にはスリットが 1 列しか切っていない．その代わりに受光素子と固定スリットを半ピッチ ($\theta_p/2$) ずらし，図 3.29 の 2 列のスケールと同じ効果を持たせている．

3.7.6 ディジタル制御系の構成例

広く使われるインクレメンタルエンコーダによってフィードバック系を構成する方法は二つある．一つは，指令値もインクレメンタル形とする方法で，図 3.20 の油圧サーボ系の構成で前に示した．もう一つは，フィードバックにカウンタを使い，指令値を絶対(アブソリュート)値とする方法で，図 3.31 に例示する．ここでは，DC モータの軸上に回転型のエンコーダが付いている場合を示している．この形式のモータ エンコーダは，ロボットや NC 工作機械に広く使われている．

図 3.31 には，パルスジェネレータのパルス列を F/V コンバータに入力し，速度フィードバックしている．パルスジェネレータは，速度に比例した周波数のパルス列を作る．これを利用すると，新たに速度センサを用いずに速度フィードバックを構成できる．

ここでは，全て論理回路でディジタル誤差を作成し，これを D/A コンバータで

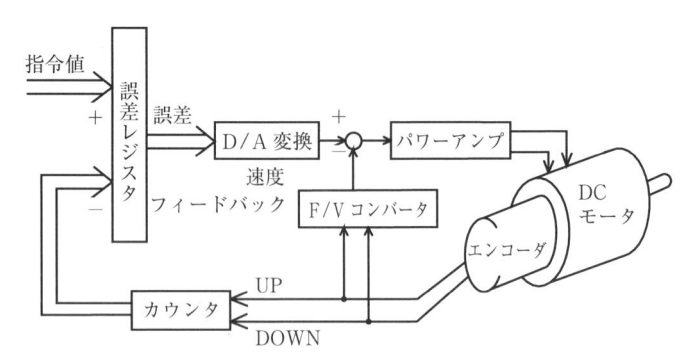

図 3.31: インクレメンタル方式ディジタルサーボ系(速度フィードバックを含む)

アナログ信号に変換し，サーボ系を駆動する回路を示している．従来は，このようにハードウェアでディジタル制御を構成することが主であった．近年，マイクロプロセッサの発達と周辺インターフェースの普及で，これらのディジタルサーボもソフトウェアサーボが多くなってきている．ソフトウェアサーボは，制御則の変更などの自由度が高く，高度な制御則を導入できるので，今後もさらに普及し，ディジタルサーボの主流となるであろう．

3.8 演習問題

[演習 3.1] 図 3.32 に，磁気浮上系が示されている．電磁石の磁束通路の断面積を A，真空の透磁率を μ_0，磁性材の透磁率を $\mu \to \infty$ と近似し，コイルは N ターンに電流 $i(t)$ が流れるものとし，磁気吸引力 $f_g(t)$ と浮上体のギャップ変位 $x(t)$ に関する運動方程式を求めよ．ただし，エアギャップは左右に 2 箇所あることに注意せよ．

[演習 3.2] 演習 3.1 で求められた磁気吸引力 $f_g(t)$ は，駆動電流の 2 乗 i^2 に比例し，ギャップの 2 乗 x^2 に反比例する非線形な力を発生する．これを定常電流と変化分 $I_0 + \Delta i$，定常ギャップと変化分 $X_0 + \Delta x$ の和として，微小変化分に関する線形方程式を導出せよ．

[演習 3.3] 理想的な (機械的および電気的な損失ゼロ) DC モータがあり，電機子鎖交磁束 $\psi = 0.03$ Wb と与えられる．このモータの回転軸に 0.01 kg·m^2 の慣性モーメントのフライホイールを付け，最大加速度 10 rad/s^2 で，1 000 rad/s まで回転を

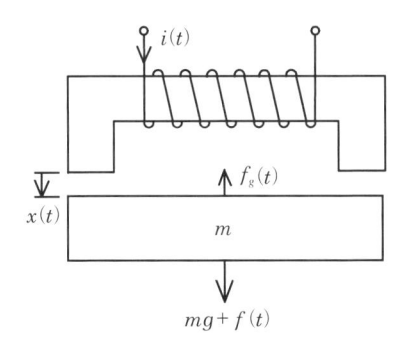

図 3.32: 磁気浮上系

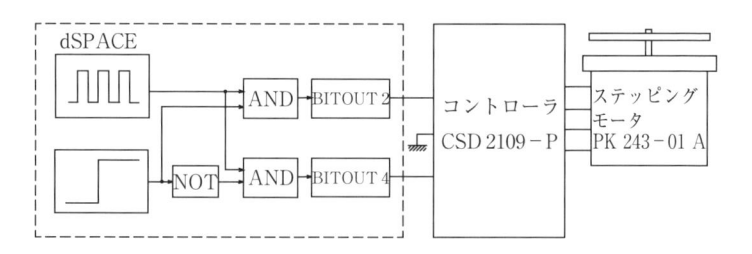

図 3.33: パルスを出力して，ステッピングモータを回転させる回路

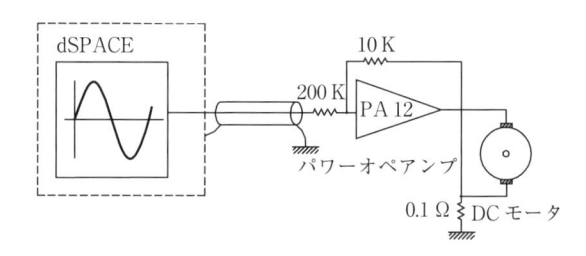

図 3.34: 発信器電圧を出力して，DC モータを回転させる回路

上昇させたい．モータを駆動させるアンプに要求される電圧と電流はいくつか．

[演習 3.4] ステッピングモータ駆動回路を作製し，パルスジェネレータからパルスを送り，ステッピングモータを駆動してみよう．図 3.33 は，演習 3.6 で与える dSPACE でパルスを作製する場合の概念図であるが，dSPACE の代わりにパルスジェネレータから出力すれば，ステッピングモータを回転させることができる．

[演習 3.5] 信号発信器から低周波の正弦波信号を駆動アンプに送り，DC モータを回してみよう．図 3.34 は，演習 3.7 で課題する dSPACE から正弦波信号を作製する方法を示しているが，これを信号発信器に置き換えれば，DC モータを回転させることができる．

(dSPACE が使えるならば，次の演習を試みよ)

[演習 3.6] 図 3.33 に示したように，dSPACE を使い，正転と逆転のパルスを作製し，ステッピングモータを正転，逆転してみよう．

[演習 3.7] 図 3.34 に示したように，dSPACE によって正弦波信号を D/A コンバータから出力し，DC モータを回転する回路を作成してみよう．

第4章 制御系解析の基礎

メカトロニクスや制御工学で扱う対象は，ダイナミカルシステムである．ダイナミカルシステムを解析的に扱うのは微積分方程式であり，それらを解き，かつ制御系設計に発展させる手法が必要である．さらに，コンピュータ制御を考えると離散時間系となるので，離散方程式に展開することも必要となる．第4章では，これら数学的な解析手法の基礎を学ぶ．

4.1 線形ダイナミカルシステム

制御対象の構成要素はダイナミクスを持っており，その特性は微分方程式で表される．例えば，図 4.1 に示す機械運動系を考えよう．この系は，外力 $f(t)$ によって左右にのみ運動 $x(t)$ が可能であり，以下の運動方程式が成り立つ．

$$m\frac{d^2x(t)}{dt^2} + c\frac{dx(t)}{dt} + kx(t) = f(t) \tag{4.1}$$

これは線形な微分方程式であり，全ての項は変数に比例している．このような線形方程式は，重ね合せの原理と呼ばれる重要な性質を持つ．すなわち，入力 $f(t) = f_1(t)$ による応答を $x_1(t)$，入力 $f(t) = f_2(t)$ による応答を $x_2(t)$ とする．この系に，二つ

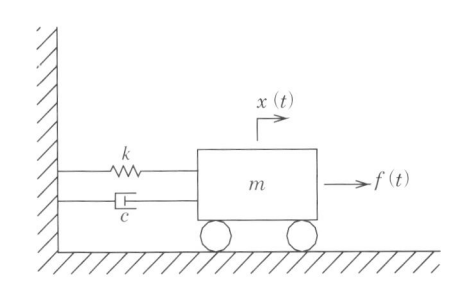

図 4.1: 外力で駆動される機械運動系

の入力の線形和，$c_1 f_1(t) + c_2 f_2(t)$ が加えられると，その応答は $c_1 x_1(t) + c_2 x_2(t)$ となる．これは解析上きわめて重要な性質であり，次のような特性を持つ．
(1) 系の応答波形は入力の大きさに比例して変わるだけで，入力波形が同じであれば応答波形そのものは変わらない．
(2) 複雑な入力信号を簡単な波形の和に分解できれば，応答は分解した入力に対する応答の線形和として求めることができる．

　実際の系では，線形システムというものはほとんど存在しない．非線形システムは重ね合せの原理が成り立たないので，解析は大変にやっかいなものになる．例えば，ばねを考えよう．理想的なばねはフックの法則に従い，力 $f_k(t)$ はばねの伸縮 $x(t)$ に比例する．

$$f_k(t) = k\,x(t) \tag{4.2}$$

実際のばねは，図 4.2 の実線に示すような非線形な特性を持っている．機械系が運動する場合，動く領域が動作点の近くであるとき，その動作点の傾きで点線のように直線で近似する．これがよく使われる線形近似である．線形近似は，解析を簡単化するだけでなく，これから述べる解析設計を見通しのよいものとする．そのため，工学の各分野で広く使われている．

　工学解析では，線形近似以外にも系の動作に重要かつ本質的に影響を与えるものだけを取り上げ，数学モデルを簡単化することは，系の動作を直観的に把握するため重要である．例えば，ばねには質量が分布している．これは，厳密には分布定

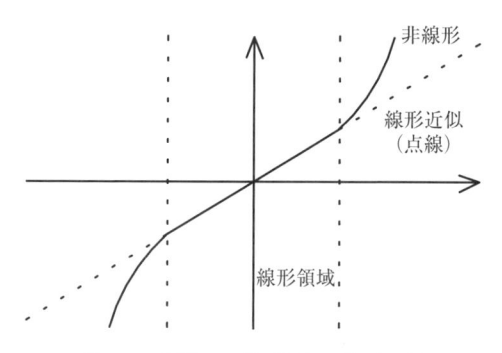

図 4.2: 実際のばね特性と線形近似

数系と呼ばれる系で，偏微分方程式で表され，数学的な取扱いは困難となる．しかし，問題とする周波数がそれほど高くなく，ばねの伸びが一様であれば，質量のないばねで近似することは広く使われる．これは，分布定数系(すなわち偏微分方程式)を集中定数系(常微分方程式)で近似することに相当する．

図 4.1 に示した機械運動系が振動動作を繰り返すと，ダンパにエネルギーが吸収され，次第に温度が上がる．通常のダンパは，温度の上昇によって減衰係数が低下する．これを考慮に入れると，微分方程式の係数が時間とともに変化する時変係数システムとなる．完全な時変係数システムは，やはり取扱いが面倒である．しかも実際のシステムは，この変化はゆるやかで，ほとんど一定としても差し支えないことが多い．従って，時変システムを時不変(係数一定)システムで近似することも広く使われている．

以上のような近似を行うことで，メカトロニクスや制御工学で対象とするシステムは，多くの場合，次のような線形定係数微分方程式で表されることが多い．

$$a_n \frac{d^n}{dt^n} y(t) + a_{n-1} \frac{d^{n-1}}{dt^{n-1}} y(t) + \cdots + a_1 \frac{d}{dt} y(t) + a_0 y(t)$$
$$= b_m \frac{d^m}{dt^m} u(t) + b_{m-1} \frac{d^{m-1}}{dt^{m-1}} u(t) + \cdots + b_1 \frac{d}{dt} u(t) + b_0 u(t) \quad (4.3)$$

以下では，このような微分方程式で表される系の数学的な取扱いに関して述べる．

4.2 ラプラス変換

本節では，微分方程式の数学的な取扱いとして，複素関数を使ったラプラス変換，ラプラス逆変換と，その応用について述べる．その準備として複素平面や信号解析(フーリエ変換)から始める．

4.2.1 複素数と複素関数

複素数 s は，実数部 σ と虚数部 ω から成り立っている．すなわち，$j = \sqrt{-1}$ を虚数単位として $s = \sigma + j\omega$ と表される．これを s 平面で表すと図 4.3 となる．図には，$s_1 = \sigma_1 + j\omega_1$ の点を表示している．

(1) 複素関数：s の関数 $G(s)$ は複素関数と呼ばれ，$G(s)$ の値も複素数である．こ

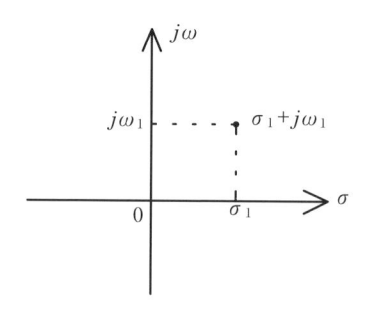

図 4.3: 複素 s 平面

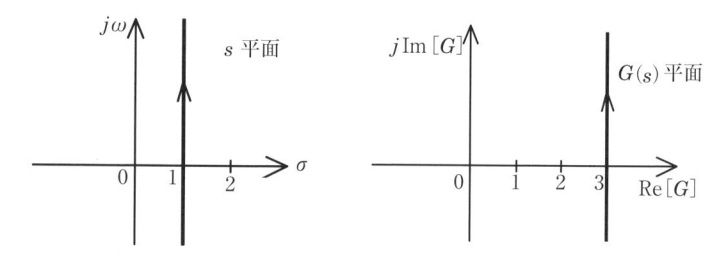

図 4.4: s 平面から $G(s)$ 平面への写像

れは，実部 $\mathrm{Re}[G(s)]$ と虚部 $\mathrm{Im}[G(s)]$ を使って次のように表される．

$$G(s) = \mathrm{Re}[G(s)] + j\mathrm{Im}[G(s)] \tag{4.4}$$

従って，関数 $G(s)$ も水平軸（$\mathrm{Re}[G]$ 軸）と垂直軸（$\mathrm{Im}[G]$ 軸）を使って複素 G 平面に表すことができる．これは，s 平面から $G(s)$ 平面への写像と捉えることもできる．図 4.4 は，複素関数 $G(s) = 2s + 1$ のマッピングを示している．この場合は，s が直線上 ($s=1$) を動くとき，$G(s)$ も直線上 ($s=3$) を 2 倍の早さで移動する．このように，s の一つの値に $G(s)$ の一つの値が対応する関数を一価関数，複数の $G(s)$ が対応する関数を多価関数という．

(2) 解析的と特異点：s のある領域で複素関数 $G(s)$ の値が存在し，かつ全ての微分係数が存在するとき，複素関数 $G(s)$ をその領域で解析的であるという．複素関数 $G(s)$ が解析的でない点があると，その点を特異点という．例えば，関数 $G(s) = 1/(s+a)$ は $s = -a$ 以外の領域で解析的である．また，$s = -a$ はこの関数の特異点である．

4.2. ラプラス変換

(3) 複素関数の極：極(または根)は，複素関数の特異点の中で最も簡単な形をしているが，フィードバック制御系の解析設計で重要な役割を果たしている．関数 $G(s)$ が，点 s_i を除くその近傍で解析的で一価であり，極限

$$\lim_{s \to s_i} [(s - s_i)^r G(s)] \tag{4.5}$$

が有限で 0 でない値を持つとき，$s = s_i$ を $G(s)$ の r 次の極という．いい換えれば，関数 $G(s)$ の分母に項 $(s - s_i)^r$ が含まれ，$s = s_i$ で $G(s)$ が無限となるとき，$s = s_i$ を r 次の極という．なお，$r = 1$ の場合は単極である．例えば，関数

$$G(s) = \frac{3(s+3)}{s(s+1)(s+2)^3} \tag{4.6}$$

は，$s = 0$ と $s = -1$ で単極を $s = -2$ で 3 重極を持っている．それ以外の点では，関数は解析的である．

(4) 複素関数のゼロ点：関数 $G(s)$ が点 $s = s_i$ で解析的であり，極限

$$\lim_{s \to s_i} [(s - s_i)^{-r} G(s)] \tag{4.7}$$

で 0 でない有限の値を持つとき，$s = s_i$ を r 次のゼロ点という．あるいは，関数 $1/G(s)$ が $s = s_i$ で r 次の極を持つとき，関数 $G(s)$ を $s = s_i$ で r 次のゼロ点を持つという．式(4.6)は，$s = -3$ で単ゼロ点を持つ．さらに，無限遠で四次のゼロ点を持つことに注意する必要がある．これは，次のような近似で理解することができる．

$$\lim_{s \to \infty} G(s) = \lim_{s \to \infty} \frac{3}{s^4} = 0 \tag{4.8}$$

4.2.2 フーリエ級数とフーリエ変換

ラプラス変換は，微積分方程式で表される動的システムの解析・設計にきわめて有効な手法である．ここでは，信号の解析手法であるフーリエ級数から入り，フーリエ変換，ラプラス変換へと展開する．

(1) フーリエ級数

図 4.5 に示す周期 T の周期関数 $f(t)$ は，周期の逆数を基本周波数としてその整数倍の周波数，

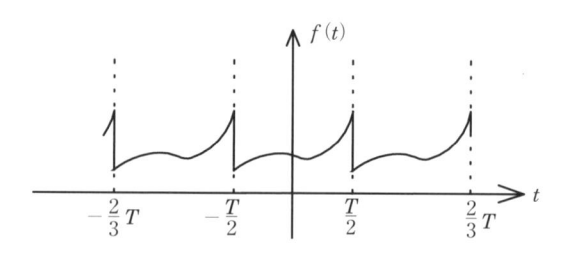

図 4.5: 周期関数

$$\omega_n = \frac{2\pi n}{T} \tag{4.9}$$

の正弦と余弦波の振動成分しか含まない．従って，次のフーリエ級数に展開できる．

$$f(t) = \frac{a_0}{2} + \sum_{n=1}^{\infty} \{a_n \cos \omega_n t + b_n \sin \omega_n t\} \tag{4.10}$$

ここで，係数 a_n，b_n は次式で求めることができる．

$$a_n = \frac{2}{T} \int_{-T/2}^{T/2} f(t) \cos \omega_n t \, dt \tag{4.11}$$

$$b_n = \frac{2}{T} \int_{-T/2}^{T/2} f(t) \sin \omega_n t \, dt \tag{4.12}$$

これらを関数 $f(t)$ のフーリエ級数の係数と呼ぶ．$e^{j\omega_n t} = \cos \omega_n t + j \sin \omega_n t$ の関係を使うと，式 (4.12) は一つの式で表すことができる．

$$c_n = \frac{1}{T} \int_{-T/2}^{T/2} f(t) e^{j\omega_n t} \, dt = a_n - j b_n \tag{4.13}$$

これを複素フーリエ級数の係数と呼ぶ．これを使うと，式 (4.10) は次の複素フーリエ級数で表すことができる．

$$f(t) = \sum_{n=-\infty}^{\infty} c_n e^{j\omega_n t} \tag{4.14}$$

フーリエ級数展開の例として 図 4.6 の周期パルス列を考えよう．式 (4.13) に代入する．

$$c_n = \frac{1}{T} \int_{-h/2}^{h/2} A e^{j\omega_n t} \, dt = \frac{A}{j\omega_n T} e^{j\omega_n t} \bigg|_{-h/2}^{h/2} = \frac{2A}{\omega_n T} \sin \frac{\omega_n h}{2} \tag{4.15}$$

4.2. ラプラス変換

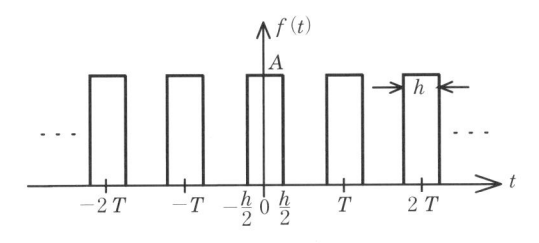

図 4.6: パルス列

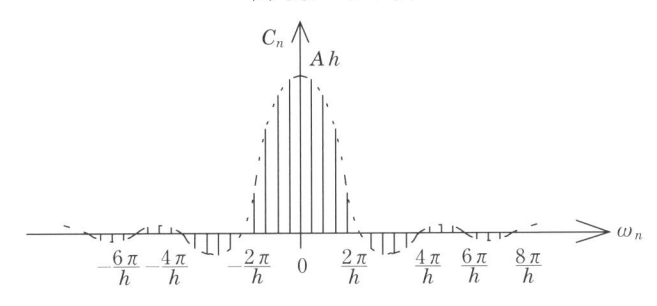

図 4.7: パルス列に対する複素フーリエ級数

このフーリエ級数を図に表すと，図 4.7 のように $2\pi n/T$ 間隔の成分を持つ．

フーリエ級数には，**パーサバルの定理**と呼ばれる重要な定理がある．

$$\frac{1}{T}\int_{-T/2}^{T/2}|f(t)|^2\,dt = \sum_{n=-\infty}^{\infty}|c_n|^2 = \frac{|a_0|^2}{4} + \frac{1}{2}\sum_{n=1}^{\infty}(|a_n|^2+|b_n|^2) \tag{4.16}$$

これは，関数 $f(t)$ のパワーと周波数成分のパワーとの関係を示す式である．

矩形波のフーリエ変換の動作アニメーションは，付属のプログラムの 4-1 に，また 16 点の任意データに関するフーリエ変換は 4-2 に収録されている．

(2) フーリエ変換

非周期関数にも，フーリエ級数のような波形解析を適用したいという要求が起こる．そこで周波数の間隔 $\Delta\omega_n$ を考える．

$$\Delta\omega_n = \frac{2\pi}{T} \tag{4.17}$$

これを式 (4.14) に代入すると，

$$f(t) = \frac{1}{2\pi}\sum_{n=-\infty}^{\infty} c_n\, e^{j\omega_n t}\,\Delta\omega_n \tag{4.18}$$

非周期関数は，周期関数 $f(t)$ の周期 $T \to \infty$，すなわち $\Delta\omega_n \to 0$ で表すことができるので，

$$\lim_{T \to \infty, \Delta\omega_n \to 0} f(t) = \lim_{T \to \infty, \Delta\omega_n \to 0} \frac{1}{2\pi} \sum_{n=-\infty}^{\infty} c_n e^{j\omega_n t} \Delta\omega_n$$
$$= \frac{1}{2\pi} \int_{-\infty}^{\infty} c_n e^{j\omega_n t} d\omega \qquad (4.19)$$

$T \to \infty$，$\Delta\omega_n \to 0$ のとき，c_n も ω の連続の関数となるので，$F(\omega)(1/T) = c_n$ とおくと，次のフーリエ変換とフーリエ逆変換を得る．

$$F(\omega) = \lim_{T \to \infty} T c_n = \lim_{T \to \infty} \int_{-h/2}^{h/2} f(t) e^{-j\omega_n t} dt = \int_{-\infty}^{\infty} f(t) e^{-j\omega_n t} dt \triangleq \mathcal{F}[f(t)] \qquad (4.20)$$

$$f(t) = \frac{1}{2\pi} \int_{-\infty}^{\infty} F(\omega) e^{j\omega_n t} d\omega \quad \triangleq \mathcal{F}^{-1}[F(\omega)] \qquad (4.21)$$

上記の変換が値を持つ(収束する)ためには，関数 $f(t)$ が次の条件を満足しなければならない．

$$\int_{-\infty}^{\infty} |f(t)| < \infty \qquad (4.22)$$

例として 図 4.8 の単一パルスを考える．この関数は，条件式 (4.22) を満足するので，次のフーリエ変換が得られる．

$$F(\omega) = \int_{-h/2}^{h/2} A e^{-j\omega_n t} dt = \frac{2A}{\omega} \sin \frac{\omega h}{2} \qquad (4.23)$$

これは，図 4.6 の点線と同じ波形(ただし，最大振幅は Ah)である．

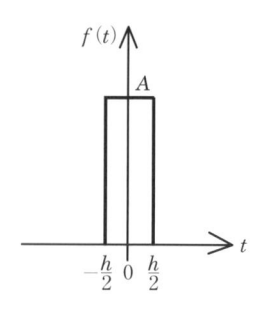

図 4.8: 単一パルス

4.2.3 ラプラス変換

フーリエ変換の適用条件式 (4.22) は，実用上は厳しすぎる．例えば，時刻 $t=0$ でステップ状に変化する波形は工学上しばしば現れるが，これは式 (4.22) を満足しない．しかし工学上の大部分の信号は，時刻 $t=0$ 以降で現れる．そこで，フーリエ変換の時刻 $t<0$ を捨て，$t>0$ での収束を改善するために，変換に $e^{-\sigma t}$ を乗じた次の変換を定義する．

$$F(\sigma, j\omega) = \int_0^\infty f(t)\, e^{-\sigma t} e^{-j\omega_n t}\, dt \tag{4.24}$$

ここで，積分の下限が 0 であることに注意してほしい．関数 $f(t)$ は増加する波形でも，σ の値を適当に大きくとれば，この積分は収束する．複素数 $s = \sigma + j\omega$ を使うと，次のラプラス変換を得る．

$$F(s) = \int_0^\infty f(t)\, e^{-st}\, dt \quad \triangleq \mathcal{L}[f(t)] \tag{4.25}$$

逆ラプラス変換は，次式で定義される．

$$f(t) = \frac{1}{2\pi j} \int_{c-j\infty}^{c+j\infty} F(s)\, e^{st}\, ds \quad \triangleq \mathcal{L}^{-1}[F(s)] \tag{4.26}$$

ここで，逆変換の通路の実部 c は，ラプラス変換を収束させる値を使わなければならない．

ラプラス変換の例として，次の関数を考えよう．

$$\left.\begin{array}{ll} f(t) = 0 & t < 0 \\ \quad\;\; = e^{-at} & t \geq 0 \end{array}\right\} \tag{4.27}$$

このラプラス変換は，式 (4.25) に代入し，

$$F(s) = \int_0^\infty e^{at} e^{-st}\, dt = \int_0^\infty e^{-(a+s)t}\, dt = \left.\frac{e^{-(a+s)t}}{-a-s}\right|_0^\infty = \frac{1}{s+a} \tag{4.28}$$

を得る．$a=0$ の場合は単位ステップ関数，それ以外は指数関数のラプラス変換である．

いくつかの重要な時間関数と，そのラプラス変換との対応を 表 4.1 に示す．

表 4.1: ラプラス変換表

	時間関数 $f(t)$	ラプラス変換 $F(s)$
1	$\delta(t)$	1
2	$1 = u(t)$	$\dfrac{1}{s}$
3	t	$\dfrac{1}{s^2}$
4	t^n	$\dfrac{n!}{s^{n+1}}$
5	e^{at}	$\dfrac{1}{s-a}$
6	te^{at}	$\dfrac{1}{(s-a)^2}$
7	$\dfrac{1}{a-b}(e^{at}-e^{bt})$	$\dfrac{1}{(s-a)(s-b)}$
8	$\sin at$	$\dfrac{a}{s^2+a^2}$
9	$\cos at$	$\dfrac{s}{s^2+a^2}$
10	$e^{at}\sin bt$	$\dfrac{b}{(s-a)^2+b^2}$
11	$e^{at}\cos bt$	$\dfrac{s-a}{(s-a)^2+b^2}$
12	$t\sin bt$	$\dfrac{2as}{(s^2+a^2)^2}$
13	$t\cos bt$	$\dfrac{s^2-a^2}{(s^2+a^2)^2}$
14	$\dfrac{\omega_n}{\sqrt{1-\zeta^2}}e^{-\zeta\omega_n t}\sin\omega_n\sqrt{1-\zeta^2}\,t$	$\dfrac{\omega_n^2}{s^2+2\zeta\omega_n s+\omega_n^2}$
15	$1+\dfrac{1}{\sqrt{1-\zeta^2}}e^{-\zeta\omega_n t}\sin(\omega_n\sqrt{1-\zeta^2}\,t-\tan^{-1}\dfrac{\sqrt{1-\zeta^2}}{-\zeta})$	$\dfrac{\omega_n^2}{s(s^2+2\zeta\omega_n s+\omega_n^2)}$

ラプラス変換の重要な性質

時間関数 $f_i(t)$ のラプラス変換を $F_i(s)$ とすると，ラプラス変換には，次に示すいくつかの重要な性質がある．

(1) ラプラス変換の線形性：ラプラス変換は線形変換なので，$F_1(s) = \mathcal{L}[f_1(t)]$, $F_2(s) = \mathcal{L}[f_2(t)]$ とすると，次の関係が成り立つ．

$$\mathcal{L}[A_1 f_1(t) + A_2 f_2(t)] = A_1 F_1(s) + A_2 F_2(s) \tag{4.29}$$

4.2. ラプラス変換

(2) 時間微分のラプラス変換：時間関数 $f(t)$ の時間微分のラプラス変換は，次式で与えられる．

$$\mathcal{L}\left[\frac{df(t)}{dt}\right] = sF(s) - f(0^+) \tag{4.30}$$

ここで，$f(0^+) = \lim_{t \to 0^+} f(t)$ である．n 階微分の場合は，次式となる．

$$\mathcal{L}\left[\frac{d^n f(t)}{dt^n}\right] = s^n F(s) - s^{n-1} f(0^+) - s^{n-2} f'(0^+) \cdots s - f^{(n-2)}(0^+) - f^{(n-1)}(0^+) \tag{4.31}$$

(3) 時間積分のラプラス変換：時間関数 $f(t)$ の時間積分のラプラス変換は，次式で与えられる．

$$\mathcal{L}\left[\int_0^t f(t)\,dt\right] = \frac{F(s)}{s} \tag{4.32}$$

n 階積分は

$$\mathcal{L}\left[\int_0^t \int_0^t \cdots \int_0^t f(t)\,dt^n\right] = \frac{F(s)}{s^n} \tag{4.33}$$

(4) 時間移動のラプラス変換：時間関数 $f(t)$ の時間を L [s] 移動した関数 $f(t-L)u(t-L)$ のラプラス変換は，次式となる．

$$\mathcal{L}[f(t-L)u(t-L)] = e^{-sL} F(s) \tag{4.34}$$

(5) 初期値と最終値の定理：時間関数 $f(t)$ の初期値と最終値には，以下の定理がある．

$$\lim_{t \to 0} f(t) = \lim_{s \to \infty} sF(s) \tag{4.35}$$

$$\lim_{t \to \infty} f(t) = \lim_{s \to 0} sF(s) \tag{4.36}$$

微分方程式解法への応用

ラプラス変換は，微分方程式の解法に威力を発揮する．具体的な例で考えよう．次の微分方程式を初期条件，$x'(0^+) = 2, x(0^+) = 1$ のもとで解こう．

$$\frac{d^2 x(t)}{dt^2} + 4\frac{dx(t)}{dt} + 3\,x(t) = 6 \tag{4.37}$$

両辺をラプラス変換すると次式を得る．ここで，右辺の6は $6\,u(t)$ と同じであることに注意する．

$$s^2 X(s) - s\,x(0^+) - x'(0^+) + 4s\,X(s) - 4\,x(0^+) + 3X(s) = \frac{6}{s} \tag{4.38}$$

初期値を代入して整理すると，

$$X(s) = \frac{s^2 + 6s + 6}{s(s+1)(s+3)} = \frac{2}{s} - \frac{1}{2(s+1)} - \frac{1}{2(s+3)} \tag{4.39}$$

これを逆ラプラス変換し，次の応答を得る．

$$x(t) = 2 - \frac{1}{2}e^{-t} - \frac{1}{2}e^{-3t} \tag{4.40}$$

4.2.4 部分分数展開

微分方程式の解法例でも現れたように，ラプラス逆変換を行う際に部分分数展開を利用して複素関数を簡単な関数の和に変換する必要がある．これを系統的に行うのが部分分数展開である．

微分方程式をラプラス変換して現れる複素関数は，多くの場合次の有理関数の商となる．

$$X(s) = \frac{p(s)}{q(s)} \tag{4.41}$$

分母多項式 $q(s)$ は，次のように展開できるとする．

$$\begin{aligned}q(s) &= a_n s^n + a_{n-1} s^{n-1} + \cdots + a_1 s + a_0 \\ &= a_n (s-s_1)(s-s_2)\cdots(s-s_n)\end{aligned} \tag{4.42}$$

係数 $a_n, a_{n-1}, \cdots, a_0$ が全て実数であれば，根 $s_1, s_2, \cdots, s_n$ は，実根か複素共役根となる．部分分数展開を次の三つの場合に分けて説明する．

(1) 単根に対する展開：$q(s)$ の根が全て異なる場合，次のように展開できる．

$$\begin{aligned}X(s) = \frac{p(s)}{q(s)} &= \frac{p(s)}{a_n(s-s_1)(s-s_2)\cdots(s-s_n)} \\ &= \frac{K_{s1}}{(s-s_1)} + \frac{K_{s2}}{(s-s_2)} + \cdots + \frac{K_{sn}}{(s-s_n)}\end{aligned} \tag{4.43}$$

4.2. ラプラス変換

係数 K_{si} は，次式で与えられる．

$$K_{si} = \left[(s-s_i)\frac{p(s)}{q(s)}\right]_{s=s_i} \tag{4.44}$$

(2) 重根に対する展開：$q(s)$ の根のいくつかが重極の場合を考える．ここでは，根 s_i のみが r 次の重根であったとしよう．このとき，次のように展開できる．

$$\begin{aligned}X(s) &= \frac{p(s)}{q(s)} = \frac{p(s)}{a_n(s-s_1)(s-s_2)\cdots(s-s_i)^r\cdots(s-s_n)} \\ &= \frac{K_{s1}}{(s-s_1)} + \frac{K_{s2}}{(s-s_2)} + \cdots + \frac{K_{sn}}{(s-s_n)} \quad \text{単根に対する展開} \\ &\quad + \frac{A_1}{(s-s_i)} + \frac{A_2}{(s-s_i)^2} + \cdots + \frac{A_r}{(s-s_i)^r} \quad \text{重根に対する展開}\end{aligned} \tag{4.45}$$

ここで，K_{si} は式 (4.44) で求めることができ，A_i は次式で与えられる．

$$A_r = [(s-s_i)^r X(s)]_{s=s_i} \tag{4.46}$$

$$A_{r-1} = \left[\frac{d}{ds}(s-s_i)^r X(s)\right]_{s=s_i} \tag{4.47}$$

$$A_{r-2} = \frac{1}{2}\left[\frac{d^2}{ds^2}(s-s_i)^r X(s)\right]_{s=s_i} \tag{4.48}$$

$$\vdots \tag{4.49}$$

$$A_1 = \frac{1}{(r-1)!}\left[\frac{d^{r-1}}{ds^{r-1}}(s-s_i)^r X(s)\right]_{s=s_i} \tag{4.50}$$

(3) 複素共役根に対する展開：分母多項式 $q(s)$ に複素共役根

$$s_k, s_{k+1} = -\sigma \pm j\omega$$

がある場合には，根 s_k と根 s_{k+1} を単根と見立て，それぞれの係数 K_k と K_{k+1} を複素数として求める．求められた複素関数を展開し，最後に二つの共役項をまとめると，複素共役根に対する展開となる．

[例題 4-1] 次の複素関数の逆変換を考えよう．

$$X(s) = \frac{s+3}{s(s+1)^2(s^2+2s+2)} = \frac{s+3}{s(s+1)^2(s+1+j)(s+1-j)} \tag{4.51}$$

これは，次のように展開できる．

$$X(s) = \frac{K_0}{s} + \frac{K_1}{s+1+j} + \frac{K_2}{s+1-j} + \frac{A_1}{s+1} + \frac{A_2}{(s+1)^2} \tag{4.52}$$

係数は，次のように計算できる．

$$K_0 = [sX(s)]_{s=0} = \frac{3}{2} = 1.5 \tag{4.53}$$

$$K_1 = [(s+1+j)X(s)]_{s=-1-j} = \frac{2-j}{-(1+j)(-j)^2(-2j)} = \frac{3+j}{4} \tag{4.54}$$

$$K_2 = [(s+1-j)X(s)]_{s=-1+j} = \frac{2+j}{-(1-j)(j)^2(2j)} = \frac{3-j}{4} \tag{4.55}$$

$$A_1 = \left[\frac{d}{ds}(s+1)^2 X(s)\right]_{s=-1} = -3 \tag{4.56}$$

$$A_2 = [(s+1)^2 X(s)]_{s=-1} = -2 \tag{4.57}$$

従って，この係数を式 (4.52) に代入し，複素共役項を整理すると次式を得る．

$$X(s) = \frac{1.5}{s} + \frac{3s+4}{2(s^2+2s+2)} - \frac{3}{s+1} - \frac{2}{(s+1)^2} \tag{4.58}$$

これを逆ラプラス変換する．

$$x(t) = 1.5\,u(t) + 3.8\,e^{-t}\sin(t+0.4) - 3\,e^{-t} - 2t\,e^{-t} \tag{4.59}$$

[例題 4-2] 図 4.1 の機械運動系の外力にランプ入力が入った場合の運動 $x(t)$ を求めよう．簡単のために，$m=1$, $c=2$, $k=4$ とし，外力 $f = tu(t)$ とする．従って，運動方程式は式 (4.1) に数値を代入し

$$\frac{d^2x(t)}{dt^2} + 2\frac{dx(t)}{dt} + 4x(t) = t\,u(t) \tag{4.60}$$

ラプラス変換すると次式を得る．ただしこの場合，初期条件 $x(0)$, $x'(0)$ は 0 とする．

$$(s^2+2s+4)X(s) = \frac{1}{s^2}, \quad X(s) = \frac{1}{s^2(s+1+j\sqrt{3})(s+1-j\sqrt{3})} \tag{4.61}$$

これを部分分数展開する．

$$X(s) = \frac{A_1}{s} + \frac{A_2}{s^2} + \frac{K_1}{s+1+j\sqrt{3}} + \frac{K_2}{s+1-j\sqrt{3}} \tag{4.62}$$

この係数は，次のようになる．

$$A_1 = \left[\frac{d}{ds}s^2 X(s)\right]_{s=0} = -\frac{1}{8} \tag{4.63}$$

4.2. ラプラス変換

$$A_2 = [s^2 X(s)]_{s=0} = \frac{1}{4} \tag{4.64}$$

$$K_1 = [(s+1+j\sqrt{3})X(s)]_{s=-1-j\sqrt{3}} = \frac{1}{4(3+j\sqrt{3})} \tag{4.65}$$

$$K_2 = [(s+1-j\sqrt{3})X(s)]_{s=-1+j\sqrt{3}} = \frac{1}{4(3-j\sqrt{3})} \tag{4.66}$$

従って，この係数を式 (4.62) に代入し，複素共役項を整理すると次式を得る．

$$X(s) = \frac{-1}{8s} + \frac{1}{4s^2} + \frac{s}{8(s^2+2s+4)} \tag{4.67}$$

これを逆ラプラス変換する．

$$x(t) = -\frac{1}{8}u(t) + \frac{1}{4}tu(t) + \frac{1}{12\sqrt{3}}e^{-t}\sin(\sqrt{3}t - 1.05) \tag{4.68}$$

Matlabによる複素関数の定義と部分分数展開：例題 4-1 と例題 4-2 を例に，Matlab を使った複素関数の定義と，その部分分数展開を示す．これらは，付録の CD-ROM の chp4 フォルダの中に ex4_1.m, ex4_2.m としても収められているが，ここでは ex4_1 をコマンドラインから入力する方法を例示する．

>> num=[1 3] ;
>> den=conv([1 0], conv([1 1], conv([1 1], [1 2 2]))) ;
>> [r, p, k]=residue(num, den)
r = 0.7500 - 0.2500i, 0.7500 + 0.2500i, -3.0000, -2.0000, 1.5000
p = -1.0000 + 1.0000i, -1.0000 - 1.0000i, -1.0000, -1.0000, 0
k =
    [ ]

r と p が，部分分数展開した係数とその極を現している．逆に伝達関数に変換する命令は，次のように与えられる．

>> [num,den]=residue(r, p, k) ;
>> printsys(num, den, 's')
num/den =
-1.8874e-014 s^4 - 6.4837e-014 s^3 - 9.2371e-014 s^2 + 1 s + 3
----
         s^5 + 4 s^4 + 7 s^3 + 6 s^2 + 2 s

分子の s^4 から s^2 までの係数は，数値計算上現れる誤差で 0 と考えることができる．

4.3 伝達関数とブロック線図

制御系には様々な要素が結合され，信号が伝わっていく．この信号の流れをモデル化し，解析する必要がある．この目的で，伝達関数とブロック線図を導入し，制御系の解析が進められる．

4.3.1 伝達関数

伝達関数は，線形システムの動特性を表すために，システムの入力信号と出力信号を初期条件 0 でラプラス変換し，それらの比として定義される．これを簡単な例で説明する．

[例題 4-3] 図 4.1 で表された 1 自由度振動系を考えよう．系の運動方程式は式 (4.1) で与えられる．この系は，力 $f(t)$ が入力として加わり，変位 $x(t)$ が出力となると考える．式 (4.1) を初期条件零でラプラス変換する．すなわち，

$$\mathcal{L}[f(t)] = F(s), \quad \mathcal{L}[x(t)] = X(s)$$
$$\mathcal{L}\left[\frac{d}{dt}x(t)\right] = sX(s) - x(0^+) = s\,X(s)$$
$$\mathcal{L}\left[\frac{d^2}{dt^2}x(t)\right] = s^2\,X(s) - s\,x(0^+) - x'(0^+) = s^2\,X(s)$$

を使い，運動方程式をラプラス変換する．

$$(m s^2 + c s + k) X(s) = F(s)$$

この式を入出力の比とすることで，伝達関数 $G(s)$ を得る．

$$G(s) = \frac{X(s)}{F(s)} = \frac{1}{m s^2 + c s + k}$$

この例題のように，一般的なシステムが次の n 階の定係数線形微分方程式で与えられたとしよう．

$$\begin{aligned} a_n \frac{d^n}{dt^n} y(t) + a_{n-1} \frac{d^{n-1}}{dt^{n-1}} y(t) + \cdots + a_1 \frac{d}{dt} y(t) + a_0 y(t) \\ = b_m \frac{d^m}{dt^m} u(t) + b_{m-1} \frac{d^{m-1}}{dt^{m-1}} u(t) + \cdots + b_1 \frac{d}{dt} u(t) + b_0 u(t) \end{aligned} \quad (4.69)$$

4.3. 伝達関数とブロック線図

ここで，$u(t)$ を入力信号，$y(t)$ を出力信号とする．全ての初期条件を0としてラプラス変換して整理すると，次の伝達関数が求められる．

$$G(s) = \frac{Y(s)}{U(s)} = \frac{b_m s^m + b_{m-1} s^{m-1} + \cdots + b_1 s + b_0}{a_n s^n + a_{n-1} s^{n-1} + \cdots + a_1 s + a_0} \tag{4.70}$$

4.3.2 基本的な伝達関数

複雑な伝達関数でも，簡単な伝達関数の組合せで表される場合が多い．ここではよく現れる簡単な伝達関数を示す．

(1) 定数倍：出力が入力変数の定数倍となる場合は，伝達関数は定数 K となる．

$$y(t) = K u(t) \quad \Rightarrow \quad G(s) = \frac{Y(s)}{U(s)} = K \tag{4.71}$$

(2) 微分：出力が入力変数の微分となる場合，次のように表される．

$$y(t) = K_d \frac{du(t)}{dt} \quad \Rightarrow \quad G(s) = \frac{Y(s)}{U(s)} = K_d s \tag{4.72}$$

(3) 積分：出力が入力変数の積分となる場合は，次のようになる．

$$y(t) = K_i \int_0^t u(t) d\tau \quad \Rightarrow \quad G(s) = \frac{Y(s)}{U(s)} = K_i \frac{1}{s} \tag{4.73}$$

(4) 一次遅れ：入出力が，次の一階微分方程式で表される場合である．

$$T \frac{dy(t)}{dt} + y(t) = K u(t) \quad \Rightarrow \quad G(s) = \frac{Y(s)}{U(s)} = \frac{K}{Ts + 1} \tag{4.74}$$

(5) 一次進み：入出力が次の微分方程式で表される場合，一次進みと呼ばれる．

$$y(t) = K \left(T \frac{du(t)}{dt} + u(t) \right) \quad \Rightarrow \quad G(s) = \frac{Y(s)}{U(s)} = K(Ts + 1) \tag{4.75}$$

(6) 二次遅れ：システムに振動極が存在するような場合，二次遅れといわれる．

$$\frac{d^2 y(t)}{dt^2} + 2\zeta \omega_n \frac{dy(t)}{dt} + \omega_n^2 y(t) = K \omega_n^2 u(t)$$

$$\Rightarrow \quad G(s) = \frac{Y(s)}{U(s)} = \frac{K \omega_n^2}{s^2 + 2\zeta \omega_n s + \omega_n^2} \tag{4.76}$$

(7) 二次進み：次のような場合，二次進みと呼ばれる．

$$y(t) = K \left(\frac{1}{\omega_n^2} \frac{d^2 u(t)}{dt^2} + \frac{2\zeta}{\omega_n} \frac{du(t)}{dt} + u(t) \right)$$

$$\Rightarrow \quad G(s) = \frac{Y(s)}{U(s)} = K \left(\frac{s^2}{\omega_n^2} + \frac{2\zeta}{\omega_n} s + 1 \right) \tag{4.77}$$

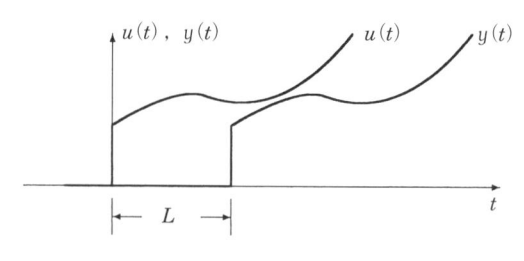

図 4.9: むだ時間要素

しかし，二次進みが単独で現れることはほとんどない．むしろ，共振のある振動系の反共振として現れることが多い．

(8) むだ時間要素：入力された信号が，図 4.9 に示すように一定時間 L [s] だけ遅れてそのまま出力されるような要素は，むだ時間要素と呼ばれる．この場合の入出力関係と伝達関数は，次式となる．

$$y(t) = u(t-L) \quad \Rightarrow \quad G(s) = \frac{Y(s)}{U(s)} = e^{-sL} \tag{4.78}$$

4.3.3 ブロック線図

いくつかの制御要素を組み合わせて制御系を作成する場合，信号がどのように流れるかを表すのにブロック線図が使われる．例えば，前節の要素は図 4.10 のようなブロックで入出力関係が示される．この場合，信号はラプラス変換された形で書くのが正しいが，便宜的に元の時間領域の信号を使うことも多い．図 4.10 の入出力関係は，

$$Y(s) = G(s)U(s) \tag{4.79}$$

となる．

ブロック線図では，信号の分岐，合流を表す次の二つが用意されている．

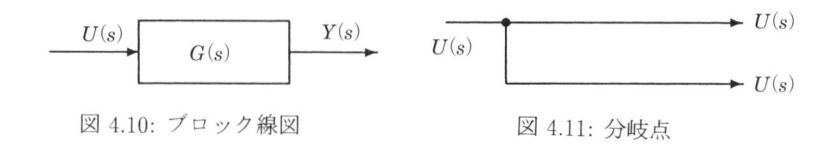

図 4.10: ブロック線図   図 4.11: 分岐点

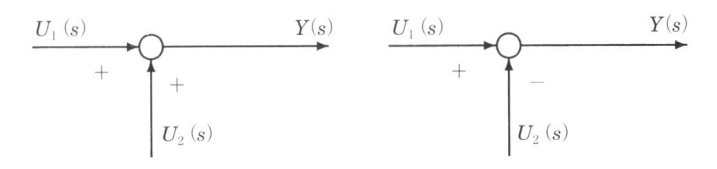

図 4.12: 加算点

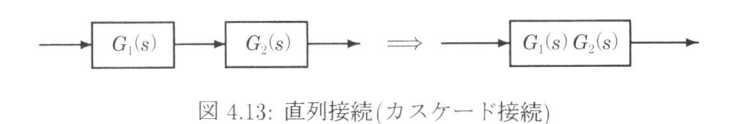

図 4.13: 直列接続(カスケード接続)

(1) 分岐点：これは図 4.11 に示される記号で表され，一つの信号を二つ以上に分ける場合に用いる．

(2) 加算点：二つ以上の信号を加え合わせる場合は，加算点(図 4.12)，引く場合には同図右のように加算点への矢印に負符号 − を付けて表す．

4.3.4 ブロック線図の等価変換

接続されているブロック線図を以下の法則に従って等価変換し，簡略化することができる．

(1) 直列接続：二つの伝達関数 $G_1(s)$，$G_2(s)$ の要素が，図 4.13 に示すように直列に接続(カスケード接続)されている場合，全体の伝達関数はこれらの積となる．

$$G(s) = G_1(s)\,G_2(s) \tag{4.80}$$

(2) 併列接続：図 4.14 に示すように，二つの伝達関数 $G_1(s)$, $G_2(s)$ の要素が，併列

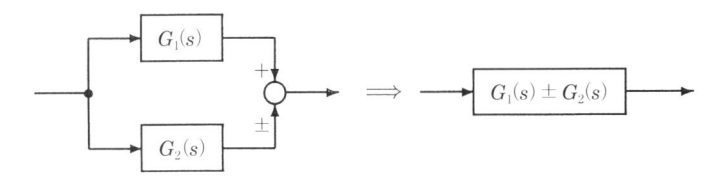

図 4.14: 併列接続

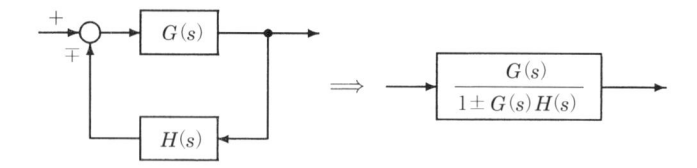

図 4.15: フィードバック

に接続されている場合，まとめた伝達関数はこれらの和(または差)となる．

$$G(s) = G_1(s) \pm G_2(s) \tag{4.81}$$

(3) フィードバック：制御系では，図 4.15 の左に示すフィードバックがしばしば使われる．ここで，$G(s)$ は入力から出力へ向かう全ての要素を含んだ伝達関数で，前向き伝達関数と呼ばれる．一方，$H(s)$ は出力から入力の加算点へフィードバックする信号の通過要素をまとめて表している．このフィードバックを含んだ系全体の伝達関数 $M(s)$ は次のように求められ，図 4.15 の右のようにまとめられる．

$$M(s) = \frac{G(s)}{1 \pm G(s)H(s)} \tag{4.82}$$

[例題 4-4]　電気回路の伝達関数

　三次以上の伝達関数は，フィードバック制御で不安定化する恐れがある．そこで，図 4.16 に示す回路を制御対象とした場合について考えよう．図中に示すように，回路の途中と出力端の電圧をそれぞれ e_1, e_2, e_3 とする．本来，前後の回路には相互に電流が流れ，各回路を分離することはできない．しかし，e_1 の前後の抵抗値は $10\,\mathrm{k\Omega}$ と $100\,\mathrm{k\Omega}$ で 10 倍の開きがあり，回路 (1) から回路 (2) へ流れる電流を無視しても誤差は 10％ 以下である．同様に，オペアンプ TL 081 の出力端インピーダン

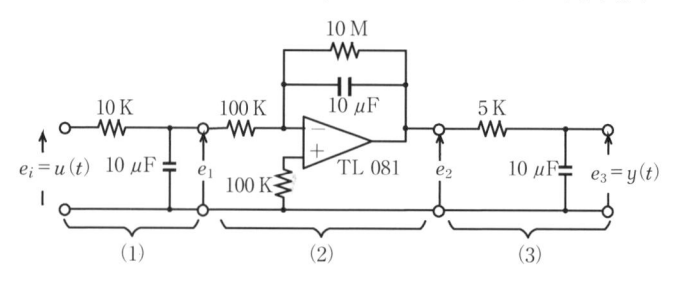

図 4.16: 三次の制御対象としての電気回路

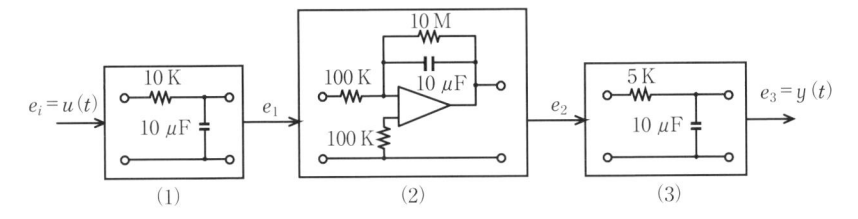

図 4.17: 電気回路の近似カスケード接続

スは低いので，図 4.17 のような三つのカスケードに接続された回路に近似し，分離して考える．

ブロック (1) とブロック (3) は，図 2.7 で現れた RC 回路なので，それぞれの伝達関数は，次の $G_1(s)$ と $G_3(s)$ で表すことができる．

$$G_1(s) = \frac{E_1}{E_i} = \frac{1}{0.1s + 1}, \quad G_3(s) = \frac{E_3}{E_2} = \frac{1}{0.05s + 1} \tag{4.83}$$

ブロック (2) については少し説明が必要である．オペアンプにかかっているフィードバックが，コンデンサ $C=10\mu F$ だけであれば，これは積分器であり，

$$G_2(s) = \frac{E_2}{E_1} = -\frac{1}{s}$$

である．この回路は作ることはできるが，扱いにくい．なぜなら，積分器の入力が (あるいはオペアンプのバイアスが) 少しでも 0 でなく，ある直流電圧が入ると，出力電圧は正または負に増加するランプ信号となってしまい，やがて飽和してしまう．これを避けるために，フィードバック抵抗 $R_f = 10M\Omega$ を挿入している．従って，近似積分

$$G_2(s) = \frac{-1}{RCs + R/R_f} = -\frac{1}{s + 0.01} \cong -\frac{1}{s} \tag{4.84}$$

となる．これを積分として扱うと，全体の伝達関数は次のように近似できる．

$$G(s) = G_1(s)G_2(s)G_3(s) = -\frac{1}{s(0.1s + 1)(0.05s + 1)} \tag{4.85}$$

[例題 4-5]　サーボ機構の伝達関数

図 4.18 で示す直流モータとボールねじによるサーボ機構を考える．直流モータの電気回路にはインダクタンス L と抵抗 R があり，駆動電圧 $e(t)$，電流 $i(t)$ およ

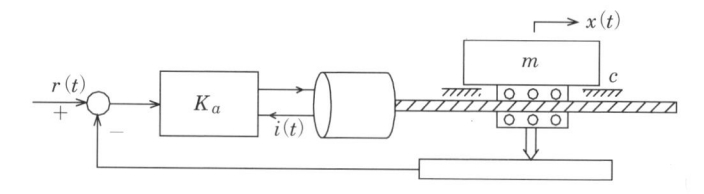

図 4.18: 直流モータとボールねじによる直動サーボ機構

び逆起電力 $e_b(t)$ の間には，次の関係がある．

$$e(t) - e_b(t) = L\frac{di(t)}{dt} + R\,i(t) \tag{4.86}$$

直流モータの発生するトルク $\tau(t)$ と回転速度 $\nu(t)$ は，次式で与えられる．

$$\tau(t) = \psi i(t), \quad e_b(t) = \psi \nu(t) \tag{4.87}$$

ボールねじは，慣性モーメントや弾性を無視でき，1ラジアン当たりのピッチを P とすれば，質量 m，線形摩擦抵抗 c の運動方程式は，

$$f(t) = \frac{\tau(t)}{P} = m\frac{dv(t)}{dt} + c\,v(t), \quad \nu(t) = \frac{v(t)}{P} \tag{4.88}$$

となる．駆動アンプのゲインを K_a，フィードバック用変位検出の感度を K_f とすれば，図 4.19 のブロック線図が得られる．これをまとめると，入出力伝達関数は次のように求められる．

$$M(s) = \frac{X(s)}{R(s)} = \frac{K_a P \psi}{s\,[P^2(Ls+R)(ms+c) + \psi^2] + K_a K_f P \psi} \tag{4.89}$$

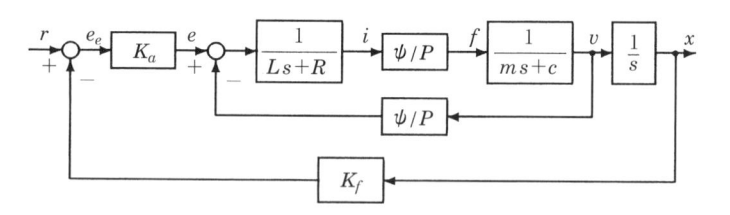

図 4.19: 直動サーボ機構のブロック線図

4.4 状態方程式

現代制御理論では，制御対象を表す手法としてシステムの内部状態を把握できる状態方程式を使うようになった．これを簡単な例で説明し，その後に一般的な定義を示す．

4.4.1 状態方程式の定義

次の三次方程式を例に，状態方程式を導く．

$$\frac{d^3 y(t)}{dt^3} + a_2 \frac{d^2 y(t)}{dt^2} + a_1 \frac{dy(t)}{dt} + a_0 y(t) = b_0 u(t) \tag{4.90}$$

微分の次数と等しい次の新しい変数(状態量)を定義する．

$$x_1(t) = y(t), \quad x_2(t) = \dot{y}(t), \quad x_3(t) = \ddot{y}(t)$$

これを使うと，次の関係を得る．

$$\dot{x}_1(t) = x_2(t)$$
$$\dot{x}_2(t) = x_3(t)$$
$$\dot{x}_3(t) = -a_0 x_1(t) - a_1 x_2(t) - a_2 x_3(t) + b_0 u(t)$$

この関係から，次の状態方程式を得る．

$$\dot{\boldsymbol{x}}(t) = \boldsymbol{A}\,\boldsymbol{x}(t) + \boldsymbol{B}\,u(t) \tag{4.91}$$

$$y(t) = \boldsymbol{C}\,\boldsymbol{x}(t) \tag{4.92}$$

ここで

$$\boldsymbol{x} = \begin{bmatrix} x_1 \\ x_2 \\ x_3 \end{bmatrix}, \quad \boldsymbol{A} = \begin{bmatrix} 0 & 1 & 0 \\ 0 & 0 & 1 \\ -a_0 & -a_1 & -a_2 \end{bmatrix}, \quad \boldsymbol{B} = \begin{bmatrix} 0 \\ 0 \\ b_0 \end{bmatrix}, \quad \boldsymbol{C} = \begin{bmatrix} 1 & 0 & 0 \end{bmatrix}$$

一般的に，多入力，多出力の系にも適用できるように，状態方程式は次のように記述される．

$$\dot{\boldsymbol{x}}(t) = \boldsymbol{A}\,\boldsymbol{x}(t) + \boldsymbol{B}\,\boldsymbol{u}(t) \tag{4.93}$$

$$\boldsymbol{y}(t) = \boldsymbol{C}\,\boldsymbol{x}(t) + \boldsymbol{D}\,\boldsymbol{u}(t) \tag{4.94}$$

ここで，状態量，入力変数および出力変数がそれぞれ n, r, m 個であるシステムでは，変数ベクトルと係数マトリクスは，

$$\boldsymbol{x}(t) = \begin{bmatrix} x_1 \\ x_2 \\ \vdots \\ x_n \end{bmatrix}, \quad \boldsymbol{u}(t) = \begin{bmatrix} u_1 \\ u_2 \\ \vdots \\ u_r \end{bmatrix}, \quad \boldsymbol{y}(t) = \begin{bmatrix} y_1 \\ y_2 \\ \vdots \\ y_m \end{bmatrix}, \quad \boldsymbol{A} = \begin{bmatrix} a_{11} & a_{12} & \cdots & a_{1n} \\ a_{21} & a_{22} & \cdots & a_{2n} \\ \vdots & \vdots & \ddots & \vdots \\ a_{n1} & a_{n2} & \cdots & a_{nn} \end{bmatrix}$$

$$\boldsymbol{B} = \begin{bmatrix} b_{11} & \cdots & b_{1r} \\ b_{21} & \cdots & b_{2r} \\ \vdots & \ddots & \vdots \\ b_{n1} & \cdots & b_{nr} \end{bmatrix}, \quad \boldsymbol{C} = \begin{bmatrix} c_{11} & \cdots & c_{1n} \\ c_{21} & \cdots & c_{2n} \\ \vdots & \ddots & \vdots \\ c_{m1} & \cdots & c_{mn} \end{bmatrix}, \quad \boldsymbol{D} = \begin{bmatrix} d_{11} & \cdots & d_{1r} \\ d_{21} & \cdots & d_{2r} \\ \vdots & \ddots & \vdots \\ d_{m1} & \cdots & d_{mr} \end{bmatrix}$$

式 (4.93) を状態方程式，式 (4.94) を出力方程式という．

4.4.2 伝達関数と状態方程式の関連

式 (4.93) を初期条件 0 でラプラス変換し，$\boldsymbol{X}(s)$ について解くと次式を得る．

$$\boldsymbol{X}(s) = (s\boldsymbol{I} - \boldsymbol{A})^{-1} \boldsymbol{B}\, \boldsymbol{U}(s) \tag{4.95}$$

これを式 (4.94) に代入すると，ラプラス変換された出力が求められる．

$$\boldsymbol{Y}(s) = \{\boldsymbol{C}(s\boldsymbol{I} - \boldsymbol{A})^{-1} \boldsymbol{B} + \boldsymbol{D}\}\, \boldsymbol{U}(s) \tag{4.96}$$

これより，システムの伝達関数マトリクスは次式で定義される．

$$\boldsymbol{G}(s) = \boldsymbol{C}(s\boldsymbol{I} - \boldsymbol{A})^{-1} \boldsymbol{B} + \boldsymbol{D} \tag{4.97}$$

$\boldsymbol{G}(s)$ の (i, j) 要素は，入力 u_j から出力 y_i までの伝達関数である．入出力がスカラー（1 入力 1 出力）の場合には，式 (4.70) で定義された伝達関数と同一となる．

逆に，ある伝達関数マトリクス $\boldsymbol{G}(s)$ が与えられたとき，関係式 (8.5) を満たす $(\boldsymbol{A}, \boldsymbol{B}, \boldsymbol{C}, \boldsymbol{D})$ を $\boldsymbol{G}(s)$ の実現 (realization) と呼ぶ．一般の多入力，多出力系に対して，最小の $(\boldsymbol{A}, \boldsymbol{B}, \boldsymbol{C}, \boldsymbol{D})$ を求めることは，最小実現問題と呼ばれている．ここでは簡単のために，1 入力 1 出力系に対する実現を求める方法を例示する．

伝達関数が次のように与えられるとする．

$$G(s) = \frac{Y(s)}{U(s)} = \frac{b_{n-1} s^{n-1} + b_{n-2} s^{n-2} + \cdots + b_1 s + b_0}{s^n + a_{n-1} s^{n-1} + \cdots + a_1 s + a_0} \tag{4.98}$$

4.4. 状態方程式

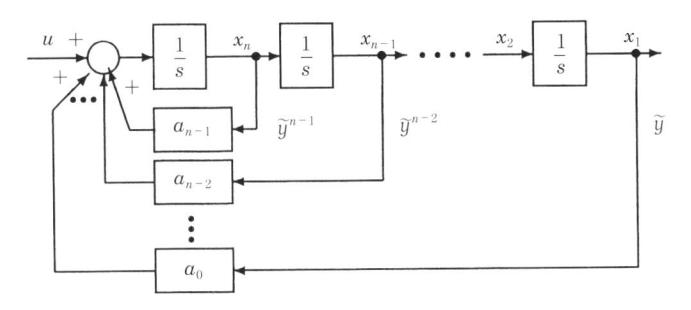

図 4.20: $\widetilde{y}$ を作るブロック線図

ここで，分子多項式の次数が分母多項式の次数よりも小さい場合が大部分である．このような性質は，厳密にプロパーと呼ばれ，制御理論においては重要な性質を持っている．この系に対して，次のような仮の信号 $\widetilde{Y}(s)$ を考える．

$$\widetilde{Y}(s) = \frac{1}{s^n + a_{n-1}s^{n-1} + \cdots + a_1 s + a_0} U(s) \tag{4.99}$$

これは，次のように変形することができる．

$$s^n \widetilde{Y}(s) = -(a_{n-1}s^{n-1} + \cdots + a_1 s + a_0)\widetilde{Y}(s) + U(s) \tag{4.100}$$

この式から，図 4.20 のようなブロック線図を作ることができる．図の積分器の出力を状態変数に選ぶと，

$$\left.\begin{aligned}
\widetilde{y} &= x_1 \\
\dot{x}_1 &= x_2 \\
\dot{x}_2 &= x_3 \\
&\cdots \\
\dot{x}_n &= -(a_0 x_1 + a_1 x_2 + \cdots + a_{n-1} x_n) + u
\end{aligned}\right\} \tag{4.101}$$

式 (4.98) と式 (4.99) から

$$Y(s) = (b_{n-1}s^{n-1} + b_{n-2}s^{n-2} + \cdots + b_1 s + b_0)\widetilde{Y}(s) \tag{4.102}$$

従って，状態変数を代入すると次式を得る．

$$y(t) = b_{n-1}x_n + b_{n-2}x_{n-1} + \cdots + b_1 x_2 + b_0 x_1 \tag{4.103}$$

式 (4.101) と式 (4.103) から，次のような状態方程式を得る．

$$\begin{bmatrix} \dot{x}_1 \\ \dot{x}_2 \\ \dot{x}_3 \\ \vdots \\ \dot{x}_{n-1} \\ \dot{x}_n \end{bmatrix} = \begin{bmatrix} 0 & 1 & 0 & \cdots & 0 & 0 \\ 0 & 0 & 1 & \cdots & 0 & 0 \\ 0 & 0 & 0 & \ddots & 0 & 0 \\ \vdots & \vdots & \vdots & \ddots & \ddots & \vdots \\ 0 & 0 & 0 & \cdots & 0 & 1 \\ -a_0 & -a_1 & -a_2 & \cdots & -a_{n-2} & -a_{n-1} \end{bmatrix} \begin{bmatrix} x_1 \\ x_2 \\ x_3 \\ \vdots \\ x_{n-1} \\ x_n \end{bmatrix} + \begin{bmatrix} 0 \\ 0 \\ 0 \\ \vdots \\ 0 \\ 1 \end{bmatrix} u$$

(4.104)

$$y = \begin{bmatrix} b_0 & b_1 & b_2 & \cdots & b_{n-2} & b_{n-1} \end{bmatrix} \begin{bmatrix} x_1 \\ x_2 \\ x_3 \\ \vdots \\ x_{n-1} \\ x_n \end{bmatrix}$$

(4.105)

これを図に表すと図 4.21 を得る．なお，式 (4.104) と式 (4.105) の形の実現を**可制御正準形** (controllability companion form) と呼ぶ．

一般に，ある伝達関数あるいはシステムの実現は一意には定まらず，無数に存在する．理論的には先の正準形は重要な意味を持つが，実際の制御対象が観測できる

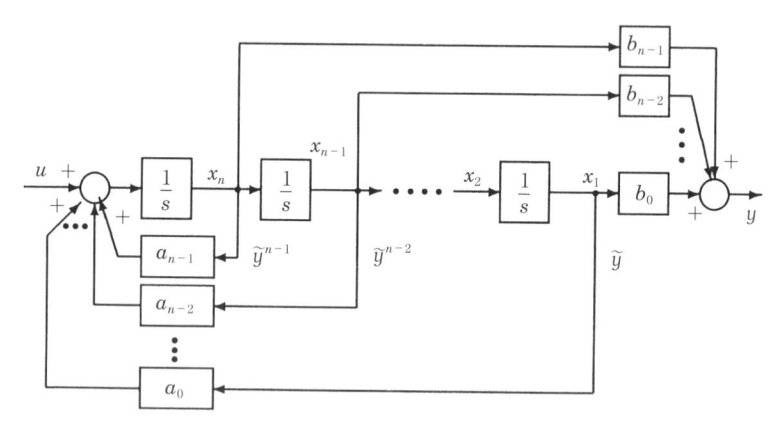

図 4.21: コンパニオン形式のブロック線図

4.4. 状態方程式

物理的な変数があれば,それを使った実現の方が好ましいであろう.制御対象が測定できる小さなブロックに分解できる場合,以下の手順に要約することができる.

(1) ブロック線図をカスケード(直列)接続された各要素ブロックに分け,各ブロックの中で分子と分母が s の同次有理多項式の場合,分子を分母で割り,定数のブロックと分母の次数が分子の次数より高いブロックに分ける.

(2) s を含む各ブロックの出力に変数 $x_1, x_2 \cdots, x_n$ を割り当てる.

(3) 各ブロックの入出力関係を各要素のブロック線図から求める.

(4) s が微分演算子であることを利用し,各ブロックの入出力関係から方程式を求める.

(5) 全体をまとめた状態方程式を作成する.

[例題 4-6] 電気回路の実現問題

例題 4-4 で取り上げた回路の実現問題を考える.伝達関数は,

$$G(s) = -\frac{200}{s^3 + 30s^2 + 200s}$$

となるので,最初の方法に従うと,次の可制御正準形を得る.

$$\frac{d}{dt}\begin{bmatrix} x_1 \\ x_2 \\ x_3 \end{bmatrix} = \begin{bmatrix} 0 & 1 & 0 \\ 0 & 0 & 1 \\ 0 & -200 & -30 \end{bmatrix} \begin{bmatrix} x_1 \\ x_2 \\ x_3 \end{bmatrix} + \begin{bmatrix} 0 \\ 0 \\ 1 \end{bmatrix} u$$

$$y = [-200 \ 0 \ 0] \begin{bmatrix} x_1 \\ x_2 \\ x_3 \end{bmatrix}$$

ただし, $u(t) = e_i(t)$, $y(t) = e_3(t)$ である.

Matlab を使って状態方程式に変換するときは,まず伝達関数を次のように入力し,

>> num = [-200] ;

>> den = [1 30 200 0] ;

伝達関数を状態変数モデル [A, B, C, D] に, tf2ss を使って変換する.

>> [A, B, C, D] = tf2ss(num, den)

逆に,状態空間から伝達関数を求めるときには,次のように ss2tf を使う.

>> [num, den] = ss2tf(A, B, C, D)

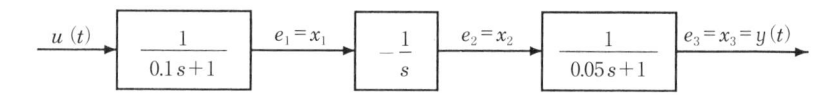

図 4.22: カスケード接続されたブロック線図

この命令は,付属 CD‑ROM の chp4 フォルダ内の Matlab ファイル ex4-6.m に収められている.

第二の方法では,カスケード接続されたブロック線図を使う.これは,例題 4-4 の結果を使えば,図 4.22 と変形できる.各要素の出力を状態量 x_1, x_2, x_3 に割り当てると,次の式を得ることができる.

$$0.1sX_1 + X_1 = U \quad \to \quad sX_1 = 10U - 10X_1$$
$$sX_2 = -X_1$$
$$0.05X_3 + X_3 = X_2 \quad \to \quad sX_3 = 20X_2 - 20X_3$$

従って,次の状態方程式を得る.

$$\frac{d}{dt}\begin{bmatrix} x_1 \\ x_2 \\ x_3 \end{bmatrix} = \begin{bmatrix} -10 & 0 & 0 \\ -1 & 0 & 0 \\ 0 & 20 & -20 \end{bmatrix} \begin{bmatrix} x_1 \\ x_2 \\ x_3 \end{bmatrix} + \begin{bmatrix} 10 \\ 0 \\ 0 \end{bmatrix} u$$

$$y = \begin{bmatrix} 0 & 0 & 1 \end{bmatrix} \begin{bmatrix} x_1 \\ x_2 \\ x_3 \end{bmatrix}$$

4.5 離散時間システムの伝達関数

前節までは時間的に連続な信号を考えてきた.メカトロニクスや制御工学の分野では,制御対象のほとんどがこのような連続時間システムである.一方,これらを制御する場合,最近ではディジタル計算機や DSP(ディジタル・シグナル・プロセッサ)を用いることが多い.このような制御系では,信号のある瞬間の値を計算機に取り込み,必要な信号処理を計算機内部で行い,その結果を出力するという一連の動作が繰り返し行われる.従って,計算機には適当な時間間隔で信号が間欠的に送られることになる.このようなシステムにおいては,信号は離散時間信号として扱われる.

4.5.1 サンプリング

コンピュータ制御では,一定時間間隔ごとに信号を計算機に取り込む.信号を一定時間間隔で取り込む操作をサンプリング(Sampling)と呼び,この時間間隔をサンプル周期(Sampling Period)という.今,連続時間関数 $f(t)$ から周期 τ でサンプリングを行うと,

$$f(0),\ f(\tau),\ f(2\tau),\ \cdots,\ f(n\tau)$$

という一連の信号が得られる.これをサンプル値という.

サンプル値には,サンプリング間の情報がないことからもわかるように,元の連続時間信号 $f(t)$ に比べて少ない情報しか持っていない.しかし,$f(t)$ の変化がサンプル周期 τ に比べて緩やかであれば,サンプル値からサンプリング間の値を内挿できることが予想される.

(1) サンプリング定理:連続信号が周波数 $f_0 (= 2\pi\omega_0)$ 以上の成分を持たない場合,連続信号の情報を保ったまま離散信号を得るためには,

$$\tau \leq \frac{1}{2f_0} \tag{4.106}$$

となる時間間隔 τ でサンプリングしなければならない.

(2) 連続時間波形の再現:式(4.106)を満たすサンプリング周期でサンプルされた信号から元の連続信号を再現するのは次式である.

$$f(t) = \sum_{n=-\infty}^{\infty} f(n\tau) \frac{\sin\{(\pi/\tau)(t-n\pi)\}}{(\pi/\tau)(t-n\pi)} \tag{4.107}$$

連続時間信号の中にサンプリング周波数の $1/2$ より高い周波数(f)成分があるときには,これを別の低い周波数 $f-f_0$ があるようにみなしてしまう.この現象をエイリアジング(Aliasing)という.

付属のアニメーションプログラムの 4-3 に,任意周波数の正弦波を $1\,000\,\mathrm{Hz}$ でサンプリングし,ホールドした波形を示すプログラムがある.初期値として $150\,\mathrm{Hz}$ の正弦波をサンプルするようにプログラムされているが,この場合はサンプルされた波形は元の波形を表している.しかし,正弦波信号を $500\,\mathrm{Hz}$ 以上にすると,低

い周波数の波形をサンプルしたような波形 (エイリアス) となる．これを実際に動かして，確認してほしい．

4.5.2 z 変換

本著では，連続時間関数 $f(t)$ のサンプル値

$$f(0),\ f(\tau),\ f(2\tau),\ \cdots,\ f(n\tau)$$

を τ を省略して，簡単に次のように表す．

$$f[0],\ f[1],\ f[2],\ \cdots,\ f[n]$$

この時系列信号の z 変換は，次のように定義される．

$$\begin{aligned} F[z] = \mathcal{Z}[f[k]] &= f[0] + f[1]z^{-1} + f[2]z^{-2} + \cdots \\ &= \sum_{i=0}^{\infty} f[i]z^{-i} \end{aligned} \tag{4.108}$$

ここで，z はシフト演算子で，z^{-1} は1サンプル遅らせる（z は1サンプル進ませる）ことを意味する．このような時間移動はラプラス変換とは，

$$z \iff e^{s\tau} \tag{4.109}$$

の対応関係がある．このように，離散時間信号を z の関数に変換することを z 変換，その逆に z の関数から離散時間信号を求めることを逆 z 変換という．z 変換表を 表 4.2 に示す．

z 変換の重要な性質

(1) 線形性：z 変換もラプラス変換同様に線形変換なので，以下の重ね合せの原理が適用できる．

$$\mathcal{Z}[c_1 f_1[k] + c_2 f_2[k]] = c_1 \mathcal{Z}[f_1[k]] + c_2 \mathcal{Z}[f_2[k]] \tag{4.110}$$

(2) 遅れ信号の z 変換：m サンプル時間が遅れた信号の z 変換は，

$$\mathcal{Z}[f[k-m]] = z^{-m}\mathcal{Z}[f[k]] \tag{4.111}$$

(3) 進み信号の z 変換：m サンプル進んだ信号の z 変換は，

4.5. 離散時間システムの伝達関数

表 4.2: z 変換表

	離散時間関数 $f[k]$	z 変換 $F[z]$
1	$\delta_{k,l}$ $(=1\ k=l,\ =0\ k\neq l)$ クロネッカのデルタ	z^{-l}
2	1(ステップに相当)	$\dfrac{z}{z-1}$
3	$k\tau$(ランプに相当)	$\dfrac{\tau z}{(z-1)^2}$
4	$(k\tau)^2$(パラボリックに相当)	$\tau^2 \dfrac{z(z+1)}{(z-1)^3}$
5	$e^{ak\tau}$	$\dfrac{z}{(z-e^{a\tau})}$
6	$k\tau e^{ak\tau}$	$\dfrac{\tau z e^{a\tau}}{(z-e^{a\tau})^2}$
7	$(e^{ak\tau}-e^{bk\tau})$	$\dfrac{(e^{a\tau}-e^{b\tau})z}{(z-e^{a\tau})(z-e^{b\tau})}$
8	$\sin ak\tau$	$\dfrac{z\sin a\tau}{z^2-(2\cos a\tau)z+1}$
9	$\cos ak\tau$	$\dfrac{z(z-\cos a\tau)}{z^2-(2\cos a\tau)z+1}$
10	$e^{ak\tau}\sin bk\tau$	$\dfrac{ze^{a\tau}\sin b\tau}{z^2-2e^{a\tau}(\cos b\tau)z+e^{2a\tau}}$
11	$e^{ak\tau}\cos bk\tau$	$\dfrac{z(z-e^{a\tau}\cos b\tau)}{z^2-2e^{a\tau}(\cos b\tau)z+e^{2a\tau}}$
12	$1-e^{-ak\tau}\left(\cos bk\tau+\dfrac{a}{b}\sin bk\tau\right)$	$\dfrac{z(Az+B)}{(z-1)(z^2-2e^{-a\tau}(\cos b\tau)z+e^{-2a\tau})}$ $A=1-e^{-a\tau}\cos b\tau-\dfrac{a}{b}e^{-a\tau}\sin b\tau$ $B=e^{-2a\tau}+\dfrac{a}{b}e^{-a\tau}\sin b\tau-e^{-a\tau}\cos b\tau$

$$\mathcal{Z}[f[k+m]]=z^m\,\mathcal{Z}[f[k]]-\{z^m f(0)+z^{m-1}f(1)+\cdots+z\,f(m-1)\} \quad (4.112)$$

(4) 最終値の定理:最終値 $f[\infty]$ が有限で確定した値であれば,

$$f[\infty]=\lim_{z\to 1}(1-z^{-1})\,F[z] \quad (4.113)$$

(5) たたみ込み和:たたみ込み和(Convolution Summation)は,次式で与えられる.

$$\mathcal{Z}\left[\sum_{m=0}^{k} f[m]\,g[k-m]\right]=\mathcal{Z}[f[k]]\,\mathcal{Z}[g[k]] \quad (4.114)$$

4.5.3 逆z変換

逆z変換は，次式で定義される．

$$f[k] = \frac{1}{2\pi j} \oint \frac{F[z]z^k}{z} dz \tag{4.115}$$

ここで，積分路は関数$F[z]$が収束する充分に大きな閉回路を反時計回りにとる．

上式の左辺を計算することはほとんどない．実際の計算は，ラプラス逆変換と同様に，z変換表と展開公式を利用すれば，ほとんど無理なく求めることができる．

4.5.4 z変換を利用した差分方程式の解法

差分方程式で与えられるシステムの解は，z変換を利用して解くことができる．まず，与えられた差分方程式と入力をz変換することによってzの代数方程式に変換する．次に，これらをまとめてzの関数としての解を求める．最後に得られた解を逆z変換することで，離散時間領域での解を求める．この手順を具体的な例題で示そう．

[例題4-7]　離散方程式の解法

次のような離散状態方程式をz変換を使って解いてみる．

$$x[k+1] = -0.5x[k] + u[k], \quad x[0] = 1, \quad u[k] = 1$$

両辺をz変換する．

$$zX[z] - zx[0] = -0.5X[z] + U[z], \quad U[x] = \frac{z}{z-1}$$

代入して整理すると，次式を得る．

$$X[z] = \frac{z^2}{(z+0.5)(z-1)}$$

$X[z]/z$を部分分数展開する．

$$\frac{X[z]}{z} = \frac{2}{3(z-1)} + \frac{1}{3(z+0.5)} \quad \Rightarrow \quad X[z] = \frac{2z}{3(z-1)} + \frac{z}{3(z+0.5)}$$

逆z変換して，次式を得る．

$$x[k] = \frac{2}{3} + \frac{1}{3}(-0.5)^k$$

与えられた離散方程式は，次に述べる離散状態方程式の最も簡単なものとみなすことができる．

4.6 離散時間系の伝達関数と状態方程式

本節では,離散時間制御系の伝達関数を導き,それと等価な離散状態方程式を導出する.

4.6.1 パルス伝達関数

離散時間系の伝達関数は,入出力関数を初期条件 0 で z 変換し,その比によって定義することができる.例えば,差分方程式,

$$y[k] + a_{n-1}y[k-1] + a_{n-2}y[k-2] + \cdots + a_0 y[k-n]$$
$$= b_{n-1}u[k-1] + b_{n-2}u[k-2] + \cdots + b_0 u[k-n] \tag{4.116}$$

によって記述されるシステムの伝達関数は,次式で与えられる.

$$\begin{aligned} G[z] = \frac{Y[z]}{U[z]} &= \frac{b_{n-1}z^{-1} + b_{n-2}z^{-2} + \cdots + b_0 z^{-n}}{1 + a_{n-1}z^{-1} + a_{n-2}z^{-2} + \cdots + a_0 z^{-n}} \\ &= \frac{b_{n-1}z^{n-1} + b_{n-2}z^{n-2} + \cdots + b_0}{z^n + a_{n-1}z^{n-1} + a_{n-2}z^{n-2} + \cdots + a_0} \end{aligned} \tag{4.117}$$

これは,しばしばパルス伝達関数と呼ばれる.

4.6.2 離散時間状態方程式

n 次の離散時間系は,次の状態方程式で表すことができる.

$$\boldsymbol{x}[k+1] = \boldsymbol{A}_d \boldsymbol{x}[k] + \boldsymbol{B}_d \boldsymbol{u}[k] \tag{4.118}$$

$$\boldsymbol{y}[k] = \boldsymbol{C}_d \boldsymbol{x}[k] + \boldsymbol{D}_d \boldsymbol{u}[k] \tag{4.119}$$

ここで,状態量,入力変数および出力変数がそれぞれ n, r, m 個であるシステムでは,状態量ベクトルと係数マトリクスは,次のように与えられる.

$$\boldsymbol{x}[k] = \begin{bmatrix} x_1 \\ x_2 \\ \vdots \\ x_n \end{bmatrix},\ \boldsymbol{u}[k] = \begin{bmatrix} u_1 \\ u_2 \\ \vdots \\ u_r \end{bmatrix},\ \boldsymbol{y}[k] = \begin{bmatrix} y_1 \\ y_2 \\ \vdots \\ y_m \end{bmatrix},\ \boldsymbol{A}_d = \begin{bmatrix} a_{11} & a_{12} & \cdots & a_{1n} \\ a_{21} & a_{22} & \cdots & a_{2n} \\ \vdots & \vdots & \ddots & \vdots \\ a_{n1} & a_{n2} & \cdots & a_{nn} \end{bmatrix},$$

$$\boldsymbol{B}_d = \begin{bmatrix} b_{11} & \cdots & b_{1r} \\ b_{21} & \cdots & b_{2r} \\ \vdots & \ddots & \vdots \\ b_{n1} & \cdots & b_{nr} \end{bmatrix},\ \boldsymbol{C}_d = \begin{bmatrix} c_{11} & \cdots & c_{1n} \\ c_{21} & \cdots & c_{2n} \\ \vdots & \ddots & \vdots \\ c_{m1} & \cdots & c_{mn} \end{bmatrix},\ \boldsymbol{D}_d = \begin{bmatrix} d_{11} & \cdots & d_{1r} \\ d_{21} & \cdots & d_{2r} \\ \vdots & \ddots & \vdots \\ d_{m1} & \cdots & d_{mr} \end{bmatrix}$$

連続時間システムと同様に，式 (4.118) を状態方程式，式 (4.119) を出力方程式という．

離散時間状態方程式から，次のパルス伝達関数を求めることができる．
$$G[z] = C_d(zI - A_d)^{-1} B_d + D_d \tag{4.120}$$

逆に，パルス伝達関数で与えられたシステムを実現する状態方程式を求めることもできる．例えば，式 (4.117) で与えられた伝達関数の実現は，式 (4.118) と式 (4.119) の係数を次のように定めることによって得られる．

$$A_d = \begin{bmatrix} 0 & 1 & 0 & \cdots & 0 \\ 0 & 0 & 1 & \cdots & 0 \\ \vdots & \vdots & \vdots & \ddots & \vdots \\ 0 & 0 & 0 & \cdots & 1 \\ -a_0 & -a_1 & -a_2 & \cdots & -a_{n-1} \end{bmatrix}, \quad B_d = \begin{bmatrix} 0 \\ 0 \\ \vdots \\ 0 \\ 1 \end{bmatrix}$$

$$C_d = \begin{bmatrix} b_0 & b_1 & b_2 & \cdots & b_{n-1} \end{bmatrix}, \quad D_d = 0$$

なお，離散時間状態方程式 (4.118)，式 (4.119) が連続時間状態方程式 (4.93)，式 (4.94) をサンプル時間 τ で離散化して得られたものである場合は，離散系の係数行列は次式を使って導くことができる．

$$A_d = e^{A\tau}, \quad B_d = \int_0^\tau e^{A\xi} B\, d\xi, \quad C_d = C, \quad D_d = 0$$

この関係の導出については，5.4 節で詳しく述べる．

4.7 演習問題

[演習 4.1] 以下の時間関数をラプラス変換せよ．

(1) $f(t) = t\, e^{-3t}$
(2) $f(t) = t \cos 5t$
(3) $f(t) = e^{-t} \sin 3t$

[演習 4.2] 次の微分方程式を，ラプラス変換を使って解け．

$$\frac{d^2 f(t)}{dt^2} + 5 \frac{df(t)}{dt} + 6 f(t) = e^{-t} u(t), \quad f(0^+) = 0, \ f'(0^+) = 0$$

4.7. 演習問題

[**演習 4.3**] 次の関数の逆ラプラス変換を求めよ．

(1) $G(s) = \dfrac{1}{(s+5)(s+6)}$

(2) $G(s) = \dfrac{1}{s(s+1)^2}$

(3) $G(s) = \dfrac{2(s+1)}{s(s^2+s+2)}$

[**演習 4.4**] 演習 4.3 で与えられる関数が 1 入力 1 出力の伝達関数であるとして，これの最小実現を求め，状態方程式を示せ．

[**演習 4.5**] 次の状態マトリクスで与えられる 1 入力 1 出力系において，状態方程式を次式とおいた場合，各問題の入出力伝達関数を求めよ．

$$\dot{\boldsymbol{x}}(t) = \boldsymbol{A}\boldsymbol{x}(t) + \boldsymbol{B}u(t), \quad y(t) = \boldsymbol{C}\boldsymbol{x}(t)$$

(1) $\boldsymbol{A} = \begin{bmatrix} 0 & 1 \\ -1 & -2 \end{bmatrix}, \quad \boldsymbol{B} = \begin{bmatrix} 1 \\ 1 \end{bmatrix}, \quad \boldsymbol{C} = \begin{bmatrix} 1 & 0 \end{bmatrix}$

(2) $\boldsymbol{A} = \begin{bmatrix} 0 & 1 & 0 \\ 0 & 0 & 1 \\ 0 & -2 & -3 \end{bmatrix}, \quad \boldsymbol{B} = \begin{bmatrix} 0 \\ 0 \\ 10 \end{bmatrix}, \quad \boldsymbol{C} = \begin{bmatrix} 1 & 0 & 0 \end{bmatrix}$

[**演習 4.6**] 次の離散伝達関数において，$r = 0.5, 0.7, 1.0$ の場合のインパルス応答を求めよ．

$$G[z] = \dfrac{z}{z-r}$$

[**演習 4.7**] 次の離散伝達関数において，$\theta = 30°, 45°, 80°$ の場合のインパルス応答を求めよ．

$$G[z] = \dfrac{z(z - r\cos\theta)}{z^2 - 2r(\cos\theta)z + r^2}$$

[**演習 4.8**] 演習 4.7 と演習 4.8 の離散伝達関数を離散状態方程式に変換せよ．

[**演習 4.9**] 次の離散状態方程式から離散伝達関数を求めよ．

$$\boldsymbol{x}[k+1] = \boldsymbol{A}_d\boldsymbol{x}[k] + \boldsymbol{B}_d u[k] \quad , \quad y[k] = \boldsymbol{C}_d\boldsymbol{x}[k]$$

(1) $\boldsymbol{A}_d = \begin{bmatrix} 0.5 & 1 \\ 0 & 0.9 \end{bmatrix}$, $\boldsymbol{B}_d = \begin{bmatrix} 0 \\ 1 \end{bmatrix}$, $\boldsymbol{C}_d = \begin{bmatrix} 1 & 0 \end{bmatrix}$

(2) $\boldsymbol{A}_d = \begin{bmatrix} 1.2 & 1 & 0 \\ -0.08 & 0 & 1 \\ 0.32 & 0 & 0 \end{bmatrix}$, $\boldsymbol{B}_d = \begin{bmatrix} 1 \\ -0.2 \\ 0 \end{bmatrix}$, $\boldsymbol{C}_d = \begin{bmatrix} 1 & 0 & 0 \end{bmatrix}$

[**演習 4.10**] 図4.16の電気回路を作製し，信号発生器から矩形波を回路に入力し，応答をシンクロスコープで確認しよう．

第5章　制御系の応答

　線形制御系は，前章で述べた伝達関数と状態方程式でモデル化される．本章ではその応答を求め，制御系の特性を明らかにする．フィードバック制御系で最初に注意しなければならないことは，安定でなければならないということである．さらに入力が変化した直後のシステムの過渡的特性，充分に時間の経過した後の定常特性などが調べられる．これらの応答は，インパルス応答やステップ応答などの時間応答，周波数応答などから求められる．また連続時間応答が求められれば，それをサンプリングした離散時間系への変換も容易に行える．

　本章では連続時間系から離散時間系への変換，およびそれを利用した数値シミュレーションについても述べる．さらに周波数応答も，制御系ではよく用いられる．これも本章の重要な課題である．

5.1　フィードバック制御系の特性

　フィードバック制御を適切に用いると，制御系の精度や動的応答を著しく改善することができる．しかし用い方を誤ると，制御系の安定性を損なうなど，システムの性能を大きく劣化させる．フィードバック制御を適切に用いることが重要である．

　フィードバック制御系の性能を決める特性を次の三つに分けて説明する．

(1) システムの過渡特性：制御系に入力あるいは外乱を加え，定常状態に至るまでの間に発生する過渡的な特性を評価する．例えば，図5.1のロボットアームの制御では，出発点から到達目標点まで移動するのに，なるべく早くスムーズに，指定された経路に沿って移動することが求められる．一般に，これは困難である．なぜなら，ロボットアームの機構や，制御系の慣性，モータの性能によって決まる運動特性から，理想経路からずれたり，静止状態までに振動が続いたりしてしまう．このような特性は過渡特性と呼ばれる．

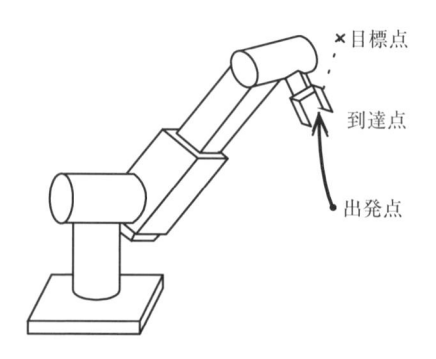

図 5.1: ロボットの腕の制御

(2) システムの定常特性：入力に信号を加え，あるいは外乱が加わることで系に過渡的な動きが発生し，充分に時間が経過して過渡的な動きが収まった定常状態でのシステム状態の特性を表す．例えば，図 5.1 のロボットアームの制御では，サーボ機構の摩擦や重力などの影響でロボットアームが到達すべき目標点に到達していない．このように制御対象が定常状態において，その位置や速度が所定の値からどれだけ離れているかを評価する．

(3) システムの安定性：第 1 章で説明したように，制御対象はフィードバックを加えることで良好に制御される．フィードバックは適切に用いれば制御性能をきわめて良いものに改善できるが，使い方が悪いと系を不安定化してしまう．

付属のアニメーションプログラムの 5-1 には，フィードバックゲインの増加によるステップ過渡応答の変化を示すプログラムが収められている．

図 5.2 は，安定な制御系と不安定な制御系の応答の比較である．フィードバック制御系はその適用を誤ると，図 5.2 の不安定な応答のように増大する振動を引き起こし，応答特性が悪化するばかりでなくシステムを破壊しかねない．フィードバック制御系を設計する際には，系の安定性には充分に注意しなければならない．なお，図 5.2 は Matlab を用いて応答を求めているが，その m ファイルは chp5 フォルダの中に fig5_2.m として収められている(以降のグラフのいくつかは Matlab で描かれ，各章のフォルダに収められている)．

フィードバック制御系に求められる性能としては，系が安定で，定常誤差が少な

5.2. 制御系の過渡応答特性　　　　　　　　　　　　　　　　　　　　111

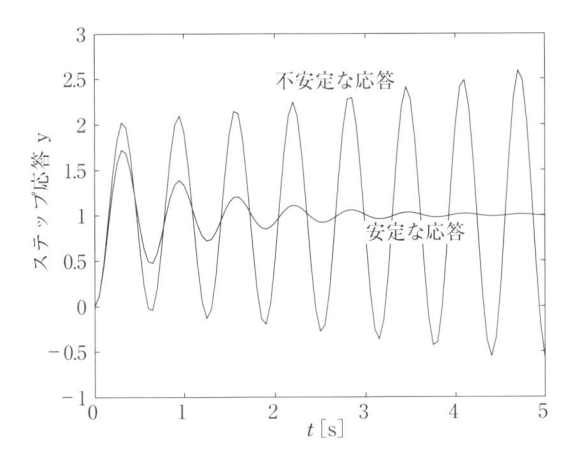

図 5.2: 安定，不安定な応答の比較例

く，理想的な過渡特性を持つように設計されなければならない．

5.2 制御系の過渡応答特性

図 5.3 に示す制御系を取り上げ，系の過渡特性を考える．

5.2.1 入力信号

過渡応答を発生させる入力信号は，時として複雑な信号を使うことがある．例えば，ハードディスクのヘッドをトラック間移動させる場合，なるべく振動が少なく，スムーズに移動できるように信号を整形して使用されている．しかし，理想的にはステップ状に移動すべきである．このように理想的移動を考えた場合，制御系の過渡特性を評価すべき入力信号は，図 5.4 に示す 4 種類が考えられる．

(1) インパルス：図 5.4(a) は，幅 Δ で，高さ $1/\Delta$ のパルスを表している．ここで $\Delta \to 0$ とすると，理想的な単位パルス(インパルス)となり，これを $\delta(t)$ と表す．

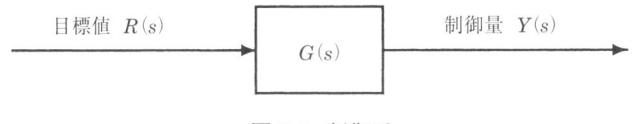

図 5.3: 制御系

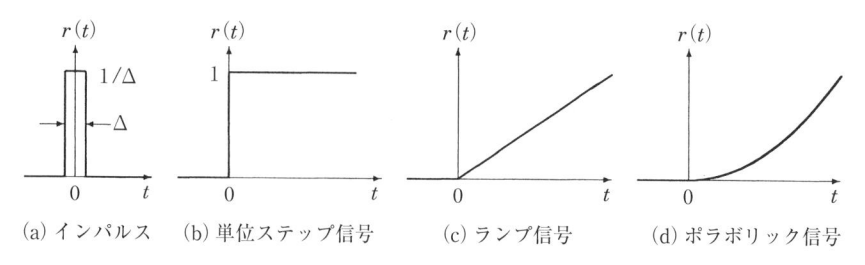

(a) インパルス　(b) 単位ステップ信号　(c) ランプ信号　(d) パラボリック信号

図 5.4: 過渡応答を評価するために用いられる入力信号

この信号と，そのラプラス変換は，

$$\left.\begin{array}{l} r(t) = \delta(t) \begin{cases} = \infty & t = 0 \\ = 0 & t \neq 0 \end{cases} \\ R(s) = \mathcal{L}[\delta(t)] = 1 \end{array}\right\} \quad (5.1)$$

と与えられる．

(2) 単位ステップ：図 5.4 (b) に示すように，ある時刻で突変する信号は，制御系ではしばしば現れる．このような信号をステップ信号と呼び，大きさが単位のものを $\mu(t)$ で表すこととする．従って，この信号とそのラプラス変換は，

$$\left.\begin{array}{l} r(t) = \mu(t) \begin{cases} = 1 & t > 0 \\ = 0 & t < 0 \end{cases} \\ R(s) = \mathcal{L}[\mu(t)] = \dfrac{1}{s} \end{array}\right\} \quad (5.2)$$

(3) ランプ (定速度) 信号：図 5.4 (c) に示す一定速度入力信号はランプ関数と呼ばれ，一定速度追従特性を調べるために用いられる．単位ランプ関数とそのラプラス変換は，次式で与えられる．

$$\left.\begin{array}{l} r(t) = \begin{cases} t & t > 0 \\ 0 & t < 0 \end{cases} \\ R(s) = \mathcal{L}[r(t)] = \dfrac{1}{s^2} \end{array}\right\} \quad (5.3)$$

(4) パラボリック (定加速度) 信号：図 5.4 (d) に示す一定加速度入力信号は，パラボリック関数と呼ばれ，一定加速度追従特性を調べるために用いられる．パラボリック関数とそのラプラス変換は，次式で与えられる．

5.2. 制御系の過渡応答特性

$$r(t) = \left\{ \begin{array}{ll} t^2 & t > 0 \\ 0 & t < 0 \end{array} \right\} \tag{5.4}$$

$$R(s) = \mathcal{L}[r(t)] = \frac{2}{s^3}$$

5.2.2 一次系の過渡応答

図 5.3 の系で目標値 $r(t)$ にインパルスやステップ信号を与えた場合，図 5.5 に示すように振動せずに一定に収束する場合と，図 5.6 に示すように振動しながら一定値に収束する場合がある．図 5.5 の応答は，しばしば一次遅れ伝達関数

$$G(s) = \frac{1}{Ts+1} \tag{5.5}$$

で近似される．図 5.5 の T [s] を時定数と呼び，応答の速さを示している．この伝達関数のインパルス応答と単位ステップ応答は次式で表される．

$$y(t) = \mathcal{L}^{-1}[\frac{1}{Ts+1}] = \frac{1}{T}e^{-t/T} \tag{5.6}$$

$$y(t) = \mathcal{L}^{-1}[\frac{1}{s(Ts+1)}] = 1 - e^{-t/T} \tag{5.7}$$

一次系と二次系のインパルス応答と単位ステップ応答のアニメーションが，付属のプログラムの 5-2 に収められている．

5.2.3 二次系の過渡応答

図 5.6 の応答は，二次遅れ伝達関数

$$G(s) = \frac{\omega_n^2}{s^2 + 2\zeta\omega_n s + \omega_n^2} \tag{5.8}$$

の応答として近似される．この場合のインパルス応答と単位ステップ応答は，次式で与えられる．

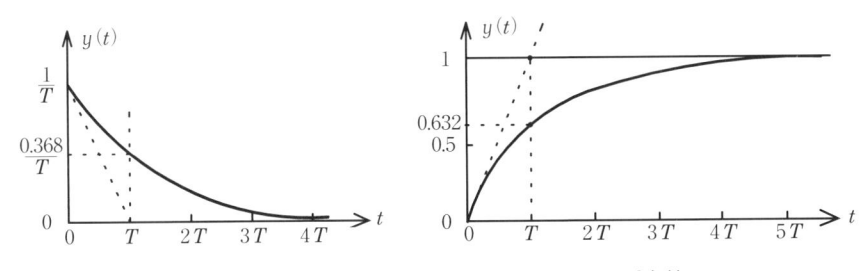

図 5.5: 一次遅れ系のインパルス応答とステップ応答

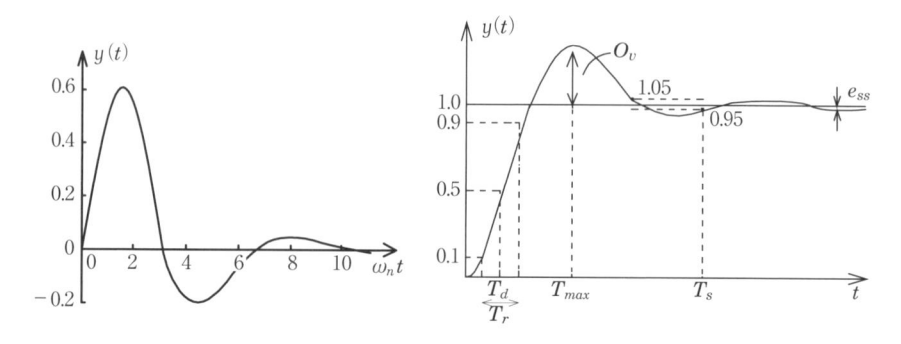

図 5.6: 二次系のインパルス応答と単位ステップ応答

$$y(t) = \mathcal{L}^{-1}\left[\frac{\omega_n^2}{s^2 + 2\zeta\omega_n s + \omega_n^2}\right] = \frac{\omega_n}{\sqrt{1-\zeta^2}} e^{-\zeta\omega_n t} \sin\omega_n\sqrt{1-\zeta^2}\, t \quad (5.9)$$

$$y(t) = \mathcal{L}^{-1}\left[\frac{1}{s}\frac{\omega_n^2}{s^2 + 2\zeta\omega_n s + \omega_n^2}\right]$$

$$= 1 - \frac{e^{-\zeta\omega_n t}}{\sqrt{1-\zeta^2}} \sin\left[\omega_n\sqrt{1-\zeta^2}\, t + \tan^{-1}\frac{\sqrt{1-\zeta^2}}{\zeta}\right] \quad (5.10)$$

振動的な応答は，この二次系の応答で近似される．ステップ応答の特性を表す以下のような指標が用いられる．

(1) O_v : **最大行き過ぎ量(オーバシュート)**：出力が目標値を超えて最大の行き過ぎ量を表す．通常パーセント行き過ぎ量で示される．

$$\text{パーセント最大行き過ぎ量} = \frac{\text{最大ピーク値} - \text{最終値}}{\text{最終値}} \times 100$$

(2) T_{max} : **最大行き過ぎ時間**：出力値が最大のピークに達する時間

(3) T_d : **遅れ時間**：応答が定常値の 50 % に達する時間

(4) T_r : **立ち上がり時間**：応答が定常値の 10 % から 90 % まで立ち上がるのに要する時間

(5) T_s : **整定時間**：応答が減衰して定常値の 5 %(または 2 %)以内にとどまるようになるために要する時間

(6) e_{ss} : **定常偏差(オフセット)**：出力値が定常状態になったときの目標値からの誤差

式 (5.10) の極大，極小を求めるため，$dy(t)/dt = 0$ を満たす時刻を求めると，以

5.2. 制御系の過渡応答特性

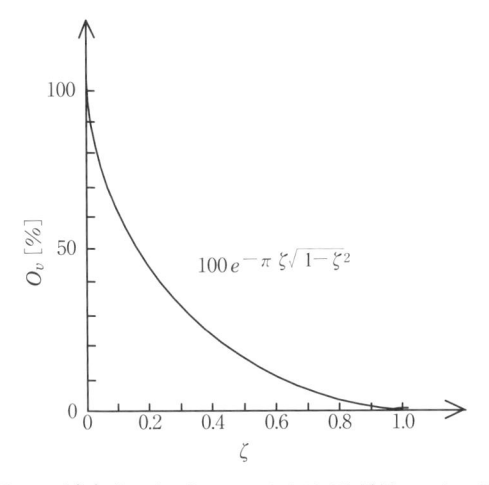

図 5.7: 減衰率 ζ とパーセント行き過ぎ量 O_v との関係

下の値を得る.

$$t = \frac{n\pi}{\omega_n\sqrt{1-\zeta^2}} \quad (n = 1, 2, 3, \cdots) \tag{5.11}$$

すなわち, $t = \pi/(\omega_n\sqrt{1-\zeta^2})$, $2\pi/(\omega_n\sqrt{1-\zeta^2})$, $3\pi/(\omega_n\sqrt{1-\zeta^2}), \cdots$ のとき $y(t)$ は極値を持ち, 最大値は時刻 $t = \pi/(\omega_n\sqrt{1-\zeta^2})$ に生ずる. 従って, 最大行き過ぎ時間 T_{max} とパーセント最大行き過ぎ量は

$$T_{max} = \pi/(\omega_n\sqrt{1-\zeta^2}) \tag{5.12}$$

$$O_v = \frac{(1+e^{-\pi\zeta/\sqrt{1-\zeta^2}})-1}{1} \times 100 = 100 \times e^{-\pi\zeta/\sqrt{1-\zeta^2}} \; [\%] \tag{5.13}$$

これより, 行き過ぎ量は減衰率 ζ だけの関数であることがわかる. パーセント行き過ぎ量と ζ との関係を 図 5.7 に示す.

二次遅れ伝達関数のステップ応答は, このように減衰率 ζ の値で大きく変化する. 一方, 無減衰固有振動数 ω_n は応答の速さを表す. 従って, 時間軸は $\omega_n t$ で無次元化できる. ζ のいくつかの値によるステップ応答を 図 5.8 に示す. この図も Matlab ファイル fig5_8.m で計算している. ここで, 伝達関数を定義した後

$t = 0 : 0.05 : 5 ;$

で, t に時刻 0 から 5 秒まで 0.05 刻みの計算時刻を入れ,

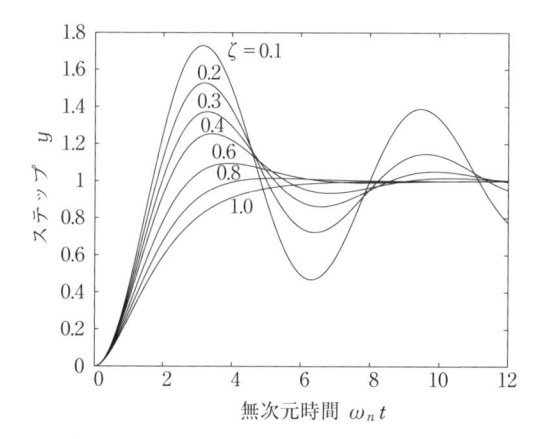

図 5.8: 二次遅れ伝達関数のステップ応答

[y1, x1, t] = step (num, den1, t) ;
で応答を計算している.

5.2.4 高次伝達関数の過渡応答

高次伝達関数の過渡応答を考える．通常伝達関数は多項式の商で与えられ，それを前章で述べた部分分数展開を適用すると次式を得る．

$$G(s) = \frac{b_m s^m + b_{m-1} s^{m-1} + \cdots + b_1 s + b_0}{s^n + a_{n-1} s^{n-1} + \cdots a_1 s + a_0}$$
$$= \sum_i \frac{A_i}{T_i s + 1} + \sum_j \frac{B_j s + C_j}{\left(\dfrac{s}{\omega_{nj}}\right)^2 + \dfrac{2\zeta_j}{\omega_{nj}} s + 1} \tag{5.14}$$

ここでは，簡単のために伝達関数の根に重根がないものとする．この場合の系のブロック線図は 図 5.9 の左で与えられるが，これは同図右のように等価変換できる．従って，任意伝達関数の応答は，それを部分分数展開した一次系と二次系の応答をまず求め，それらを加え合わせることで求めることができる．

なお，伝達関数の係数が数値で与えられていれば，Matlab を使って応答を求めることができる．

[例題 5-1] 次の三次伝達関数のステップ応答を求める m ファイルが，chp5 フォ

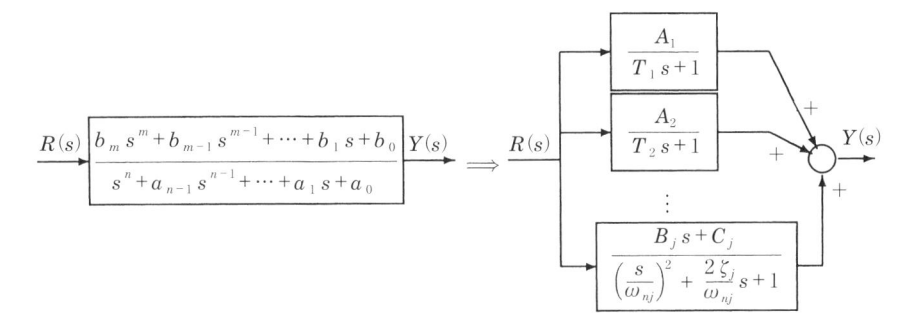

図 5.9: 高次伝達関数は部分分数展開された伝達関数の和で表される

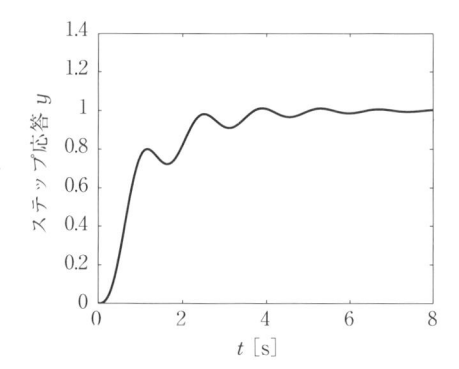

図 5.10: 三次伝達関数のステップ応答

ルダの中の ex5_1.m に収納されている．この応答は，図 5.10 のように求められる．

$$G(s) = \frac{20}{s^3+2s^2+21s+20} = \frac{1}{s+1} - \frac{s}{s^2+s+20}$$

5.3 フィードバック制御系の定常偏差

図 5.11 の単一フィードバック系を考える．このような系は，フィードバック伝達関数は $H(s)=1$ である．理想的には目標値と制御量は同じであるべきであり，応答から制御特性を考えやすい．また前向き要素に入っている伝達関数 $G(s)$ には，検出器，比較 (誤差作成) 器，制御器，制御対象の全ての特性を含んでいるものとする．図 5.4 (b), (c), (d) のような入力信号が加わったとき，過渡特性が収束した後，

```
目標値 R(s)      誤差 (偏差) E(s)           制御量 Y(s)
    ──→ ○ ──────────→ [ G(s) ] ──────┬──→
         + ↑ −                         │
           └─────────────────────────┘
```

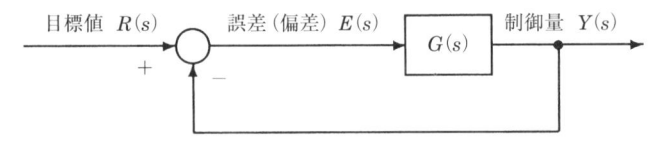

図 5.11: 単一フィードバック系

制御量は目標値に一致することが要求される．図 5.11 より，目標値 $R(s)$ から偏差 $E(s)$ までの伝達関数は，次のように求められる．

$$E(s) = R(s) - Y(s) \tag{5.15}$$

$$Y(s) = G(s)\,E(s) \tag{5.16}$$

これより $Y(s)$ を消去すると

$$E(s) = \frac{1}{1+G(s)}\,R(s) \tag{5.17}$$

である．定常偏差 e_{ss} は，上式をラプラス変換の最終値の定理に代入し，次のように得られる．

$$e_{ss} = \lim_{t\to\infty} e(t) = \lim_{s\to 0} sE(s) = \lim_{s\to 0}\frac{sR(s)}{1+G(s)} \tag{5.18}$$

これより，システムの一巡伝達関数 $G(s)$ と入力のラプラス変換 $R(s)$ が与えられると，その定常偏差は容易に求めることができる．

(1) ステップ入力が入る場合：入力が単位ステップであるから $R(s) = 1/s$ である．これを式 (5.18) に代入し，

$$e_{ss} = \lim_{s\to 0}\frac{s(1/s)}{1+G(s)} = \frac{1}{1+\lim_{s\to 0}G(s)} = \frac{1}{1+K_p} \tag{5.19}$$

となる．係数 $K_p = \lim_{s\to 0} G(s)$ を**位置誤差定数**と呼ぶ．この場合，定常偏差 $1/(1+K_p)$ を位置誤差 (オフセット) という．

(2) ランプ入力が入る場合：入力が単位ランプ (定速) 信号であるから $R(s) = 1/s^2$ である．これを式 (5.18) に代入し，

$$e_{ss} = \lim_{s\to 0}\frac{s(1/s^2)}{1+G(s)} = \lim_{s\to 0}\frac{1}{s+sG(s)} = \frac{1}{\lim_{s\to 0}sG(s)} = \frac{1}{K_v} \tag{5.20}$$

5.3. フィードバック制御系の定常偏差

となる．係数 $K_v = \lim_{s \to 0} s\,G(s)$ を **速度誤差定数** と呼ぶ．この場合，定常偏差 $1/K_v$ を速度誤差という．

(3) パラボリック入力が入る場合：入力がパラボリック(定加速)信号であるから $R(s) = 2/s^3$ である．これを式 (5.18) に代入し，

$$e_{ss} = \lim_{s \to 0} \frac{s\,(2/s^3)}{1 + G(s)} = \frac{2}{\lim_{s \to 0} s^2\,G(s)} = \frac{2}{K_a} \tag{5.21}$$

となる．係数 $K_a = \lim_{s \to 0} s^2\,G(s)$ を **加速度誤差定数** と呼ぶ．この場合，定常偏差 $2/K_a$ を加速度誤差という．

このような定常偏差は，一巡伝達関数の型に依存して決まる．一巡伝達関数が次式で与えられる場合，

$$G(s) = \frac{K\,(1 + s\,T'_1)(1 + s\,T'_2) \cdots (1 + s\,T'_m)}{s^l\,(1 + s\,T_1)(1 + s\,T_2) \cdots (1 + s\,T_n)} \tag{5.22}$$

K をゲイン定数と呼び，分母の s のべき乗 l が $l = 0, 1, 2$ の場合，それぞれ **0型**，**1型**，**2型の制御系** と呼ばれる．この制御系の型によって，定常偏差は 表 5.1 のように決まる．例えば 0 型の系では，ステップ応答では $1/(1 + K_p)$ の誤差が残り，

表 5.1: 制御系の型，ゲイン定数と定常偏差

制御の型 l	K_p	K_v	K_a	位置偏差 $1/(1+K_p)$	速度偏差 $1/K_v$	加速度偏差 $2/K_a$
0	K	0	0	$1/(1+K)$	∞	∞
1	∞	K	0	0	$1/K$	∞
2	∞	∞	K	0	0	$2/K$
3	∞	∞	∞	0	0	0

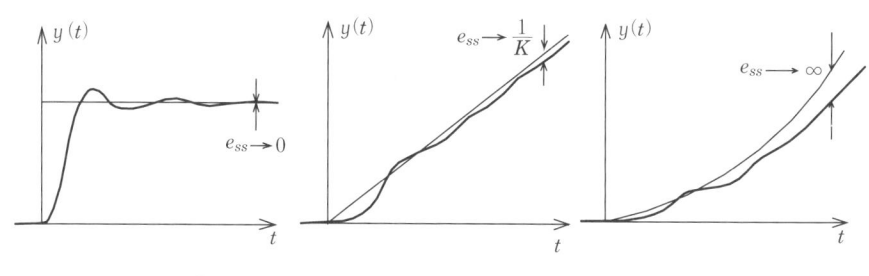

図 5.12: 1 型フィードバック制御系の定常偏差

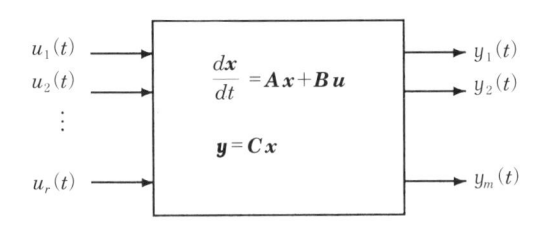

```
   u₁(t) →  ┌─────────────┐  → y₁(t)
   u₂(t) →  │  dx/dt=Ax+Bu │  → y₂(t)
     ⋮      │              │
            │    y = Cx    │
   uᵣ(t) →  └─────────────┘  → yₘ(t)
```

図 5.13: 多入力多出力システム

ランプ入力，パラボリック入力には追従できないことを示している．一方，1型の系ではステップ入力には定常誤差なしで追従するが，ランプ入力には $1/K_v$ の誤差を生じ，パラボリックには追従できないことを示している．この1型制御系の応答の概略を 図 5.12 に示す．表 5.1 より，定常偏差はゲイン定数 K の大きさに逆比例し，型数 l に逆比例することがわかる．しかし，次章で述べる安定解析で明らかになるが，K を大きくし，l を増やすと，フィードバック制御系は不安定になりやすくなるため，定常偏差の観点のみから，K や l を決めるわけにはいかない．0型，1型，2型の制御系のステップ応答，ランプ応答，パラボリック応答のアニメーションが，付属プログラムの 5-3-1, 5-3-2, 5-3-3 にそれぞれ収められている．

図 5.13 に示す多入力多出力システムの定常応答はどのように与えられるであろうか．このシステムの状態方程式

$$\left. \begin{array}{l} \dot{x} = Ax + Bu, \quad x(0) = x_0 \\ y = Cx \end{array} \right\} \tag{5.23}$$

が安定であれば，定常状態では状態変数 x は一定値に落ち着き，時間微分は0となる．

$$\left. \begin{array}{l} 0 = Ax + Bu \\ y = Cx \end{array} \right\} \tag{5.24}$$

これより，定常状態での入出力関係は次式で与えられる．

$$y = -CA^{-1}Bu \tag{5.25}$$

5.4. たたみ込み積分

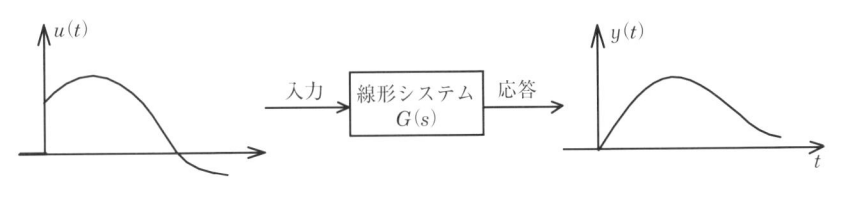

図 5.14: 線形システムへの任意波形の入力

5.4 たたみ込み積分

図 5.14 に示すように，線形システム $G(s)$ に任意の入力波形 $u(t)$ が加わった場合の応答 $y(t)$ を考える．$u(t)$ がラプラス変換でき，$U(s)$ が求められるのであれば，$Y(s) = G(s)U(s)$ を求め，これを逆変換して応答 $y(t)$ を求めることができる．しかし，任意の入力波形をラプラス変換することは容易なことではない．

5.4.1 インパルス応答

図 5.14 で，入力にインパルス $u(t) = \delta(t)$ が加わった場合を考える．インパルスのラプラス変換は，すでに求めたように

$$\mathcal{L}[\delta(t)] = 1$$

で与えられる．従って，この場合の応答は

$$y(t) = \mathcal{L}^{-1}[Y(s)] = \mathcal{L}^{-1}[G(s)U(s)] = \mathcal{L}^{-1}[G(s)] = g(t) \tag{5.26}$$

と求められる．これは，伝達関数そのものの逆ラプラス変換であり，重み関数(Weighting Function) と呼ばれる．

5.4.2 たたみ込み積分による応答

再び 図 5.14 で任意の入力が加わった場合を考える．この任意入力を時間幅 $\Delta\tau$ で短冊状に区切る．そうすると，図 5.15 に示すように k 番目の短冊高さは $u(k\Delta\tau)$ となる．この矩形短冊パスルを大きさ(面積) が $u(k\Delta\tau)\Delta\tau$ のパルス，すなわち $u(k\Delta\tau)\Delta\tau\delta(t - k\Delta\tau)$ で近似する．そうすると，このパルス列は次式で表すことができる．

$$u(t) \cong \sum_{k=0}^{n} u(k\Delta\tau)\Delta\tau\delta(t - k\Delta\tau) \tag{5.27}$$

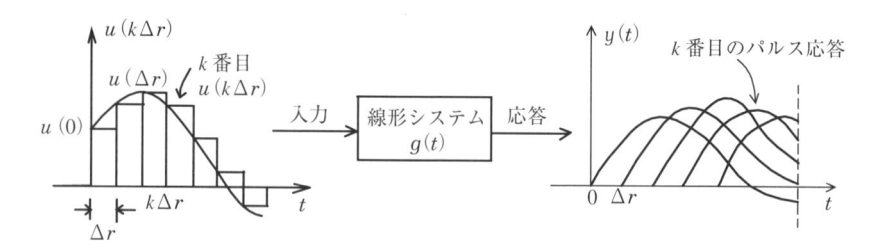

図 5.15: 任意波形の入力をパルス列で近似し応答を求める

この入力に対する応答は，重み関数を使って

$$y(t) \cong \sum_{k=0}^{n} u(k\Delta\tau)\Delta\tau\, g(t - k\Delta\tau) \tag{5.28}$$

上記の2式は $\Delta\tau \to 0$ で真の値となる．従って，応答は次の式で表すことができる．

$$y(t) = \int_0^t u(\tau)g(t-\tau)\,d\tau = \int_0^t u(t-\tau)g(\tau)\,d\tau \tag{5.29}$$

これは，二つの関数 $u(t)$，$g(t)$ のたたみ込み積分と呼ばれる．たたみ込み積分をラプラス変換すると，二つの関数の積となる．

$$Y(s) = U(s)G(s) = G(s)U(s) \tag{5.30}$$

5.5 連続状態方程式の応答と離散状態方程式の対応

5.3節で伝達関数の応答を求めたので，本節では連続状態方程式の応答(解)を求める．この連続状態方程式の解と離散状態方程式は密接な関連があり，制御系で広く用いられる双一次変換(Tustin法またはPadé法)に基づいた離散状態方程式を導く．さらに，この離散状態方程式を使い，ディジタルシミュレーションについて述べる．

5.5.1 連続状態方程式の解とその性質

厳密にプロパーな系の状態方程式

$$\left.\begin{array}{l} \dfrac{d\boldsymbol{x}}{dt} = \boldsymbol{A}\boldsymbol{x} + \boldsymbol{B}\boldsymbol{u}, \quad \boldsymbol{x}(0) = \boldsymbol{x}_0 \\ \boldsymbol{y} = \boldsymbol{C}\boldsymbol{x} \end{array}\right\} \tag{5.31}$$

5.5. 連続状態方程式の応答と離散状態方程式の対応

を考える．この式をラプラス変換すると，次式となる．

$$\left.\begin{array}{l} sX(s) - x(0) = AX(s) + BU(s) \\ Y(s) = CX(s) \end{array}\right\} \quad (5.32)$$

これを整理して，次式を得る．

$$\left.\begin{array}{l} X(s) = (sI-A)^{-1}x(0) + (sI-A)^{-1}BU(s) \\ Y(s) = CX(s) \end{array}\right\} \quad (5.33)$$

逆ラプラス変換すると，次式を得る．

$$\left.\begin{array}{l} x(t) = e^{At}x(0) + \int_0^t e^{A(t-\tau)}Bu(\tau)d\tau \\ y(t) = Cx(t) \end{array}\right\} \quad (5.34)$$

この式は，時刻が0からtまでの応答を計算しているが，任意の時間間隔t_1からt_2までの解にも適用可能である．

$$\left.\begin{array}{l} x(t_2) = e^{A(t_2-t_1)}x(t_1) + \int_{t_1}^{t_2} e^{A(t_2-\tau)}Bu(\tau)d\tau \\ y(t_2) = Cx(t_2) \end{array}\right\} \quad (5.35)$$

第一項は，時刻t_1の状態量$x(t_1)$から時刻t_2の状態量$x(t_2)$へどのように遷移するかを表している．従って，これを遷移マトリクスと呼ぶ．

$$\Phi(\tau) = \Phi(t_2 - t_1) = e^{A(t_2-t_1)} = e^{A\tau} \quad (5.36)$$

この式は，時間間隔$\tau = t_2 - t_1$のみの関数である．強制項$u(\tau)$が0であれば，状態はこの項のみで決定され，以前の状態の影響を受けない．二次系の状態量の遷移の様子を図5.16に示す．従って状態量には，次のような性質がある．

$$\begin{aligned} x(t) &= \Phi(t-t_2)x(t_2) \\ &= \Phi(t-t_2)\Phi(t_2-t_1)x(t_1) \\ &= \Phi(t-t_2)\Phi(t_2-t_1)\Phi(t_1)x(0) \\ &= \Phi(t)x(0) \end{aligned} \quad (5.37)$$

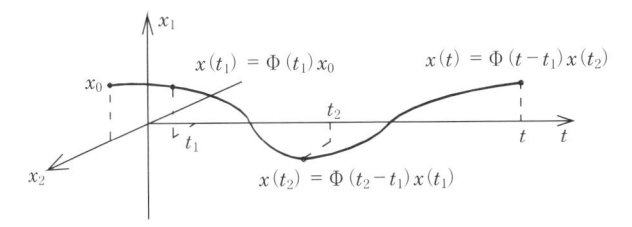

図 5.16: 状態量の遷移の様子

式 (5.37) は，状態量が系の現在の状態を完全に表していることを示しており，連続系が離散系で近似できることを示している．

次の行列指数関数 (遷移行列 $\boldsymbol{\Phi}(t)$)

$$e^{\boldsymbol{A}t} = \boldsymbol{I} + \boldsymbol{A}t + \frac{\boldsymbol{A}^2}{2!}t^2 + \cdots \frac{\boldsymbol{A}^n}{n!}t^n + \cdots \tag{5.38}$$

には，以下のような性質がある．

(1) $t \to 0$ の値

$$e^{\boldsymbol{A}t}|_{t=0} = e^0 = \boldsymbol{I} \tag{5.39}$$

(2) 時間微分

$$\frac{d}{dt}e^{\boldsymbol{A}t} = \boldsymbol{A}e^{\boldsymbol{A}t} = e^{\boldsymbol{A}t}\boldsymbol{A} \tag{5.40}$$

(3) 時間積分

$$\begin{aligned}\int_0^t e^{\boldsymbol{A}\tau} d\tau &= (\boldsymbol{I}t + \frac{\boldsymbol{A}}{2!}t^2 + \frac{\boldsymbol{A}^2}{3!}t^3 \cdots) \\ &= [e^{\boldsymbol{A}t} - \boldsymbol{I}]\boldsymbol{A}^{-1} = \boldsymbol{A}^{-1}[e^{\boldsymbol{A}t} - \boldsymbol{I}]\end{aligned} \tag{5.41}$$

(4) 時間移動

$$e^{\boldsymbol{A}t}e^{\boldsymbol{A}\tau} = e^{\boldsymbol{A}(t+\tau)} \tag{5.42}$$

(5) 逆行列

$$e^{-\boldsymbol{A}t} = [e^{\boldsymbol{A}t}]^{-1} \tag{5.43}$$

5.5.2 離散状態方程式の誘導

式 (5.37) の性質は，一定時間間隔の離散系方程式を誘導するにも適用できる．サンプリング時刻 $k\tau$ から $(k+1)\tau$ までの推移を考え，この間に入力 $u(t)$ は一定値 $u[k]$ とすれば，次の離散状態方程式を得る．

$$\left.\begin{aligned}\boldsymbol{x}[k+1] &= \boldsymbol{A}_d \boldsymbol{x}[k] + \boldsymbol{B}_d \boldsymbol{u}[k] \\ \boldsymbol{y}[k] &= \boldsymbol{C}_d \boldsymbol{x}[k]\end{aligned}\right\} \tag{5.44}$$

離散状態方程式の係数は，$\boldsymbol{A}_d = e^{\boldsymbol{A}\tau} = \boldsymbol{\Phi}(\tau)$ であり，

5.5. 連続状態方程式の応答と離散状態方程式の対応

$$\left.\begin{aligned}A_d &= e^{A\tau} = I + A\tau + \frac{A^2}{2!}\tau^2 + \cdots + \frac{A^n}{n!}\tau^n + \cdots \\ &= I + R \\ B_d &= \int_0^\tau e^{A\xi}d\xi\, B, \quad C_d = C\end{aligned}\right\} \tag{5.45}$$

と求められる．ところで，この指数関数 $e^{A\tau}$ は無限級数となり，必ず計算をどこかで打ち切らなければならない．計算の項数は少ない方が計算効率はよいが，離散系の計算安定度は悪くなる．これを両立させる変換法が，Tustin 法(または双一次変換法や Padé 法)と呼ばれる方法であり，次のように近似して解く．

$$\left.\begin{aligned}A_d &= (I + \frac{\tau}{2}A)(I - \frac{\tau}{2}A)^{-1} \\ &= I + A\tau(I - \frac{\tau}{2}A)^{-1} = I + R \\ B_d &= (A_d - I)A^{-1}B = \tau(I - \frac{\tau}{2}A)^{-1}B, \quad C_d = C\end{aligned}\right\} \tag{5.46}$$

この A_d, B_d, C_d を使って，離散状態方程式を作成する．

この離散方程式を使って計算機プログラムを作成すると，線形システムのための汎用シミュレータが構成できる．任意の連続状態方程式から離散状態方程式を求め，ステップ応答を計算するプログラムが付属のプログラムの 5-4 に収められている．

[例題 5-2] ブロック線図で与えられた系の応答：図 5.17 は，前章の 図 4.18 で紹介したサーボ系のブロック線図に，コントローラとして最初のブロックに位相進みを加えたものである．位相進みは厳密にプロパーではないので，次のように分解して考える．

$$\frac{u}{e} = \frac{T_1 s + 1}{T_2 s + 1} = \frac{T_1}{T_2} + \frac{1 - T_1/T_2}{T_2 s + 1}$$

この伝達関数は，図 5.18 のように変形できる．この図から次の関係を得る．

$$x_1 = \frac{1 - T_1/T_2}{T_2 s + 1}e = \frac{1 - T_1/T_2}{T_2 s + 1}(r - x_4)$$

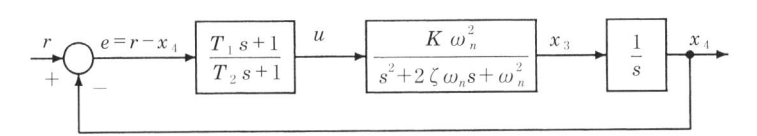

図 5.17: ブロック線で表された系

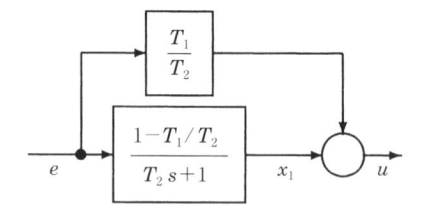

図 5.18: 第一のブロックの分解

これは次の微分方程式と等価である．

$$T_2 \frac{dx_1}{dt} + x_1 = (1 - T_1/T_2)(r - x_4)$$

書き換えて，

$$\frac{dx_1}{dt} = -\frac{1}{T_2} x_1 - \frac{T_2 - T_1}{T_2^2} x_4 + \frac{T_2 - T_1}{T_2^2} r \tag{5.47}$$

を得る．第二のブロックは，

$$x_3 = \frac{K \omega_n^2}{s^2 + 2\zeta\omega_n s + \omega_n^2} u$$

これは，次の等価微分方程式を得る．

$$\frac{d^2 x_3}{dt^2} + 2\zeta\omega_n \frac{dx_3}{dt} + \omega_n^2 x_3 = K\omega_n^2 u$$

$\dot{x}_3 = x_2$ とおけば，次の方程式を得る．

$$\frac{dx_2}{dt} = -2\zeta\omega_n x_2 - \omega_n^2 x_3 + K\omega_n^2 \left(x_1 + \frac{T_1}{T_2}(r - x_4) \right) \tag{5.48}$$

$$\frac{x_3}{dt} = x_2 \tag{5.49}$$

さらに，最後のブロックで次式が成り立つ．

$$\frac{dx_4}{dt} = x_3 \tag{5.50}$$

以上をまとめて，次の状態方程式と出力方程式が得られる．

$$\frac{d}{dt} \begin{bmatrix} x_1 \\ x_2 \\ x_3 \\ x_4 \end{bmatrix} = \begin{bmatrix} -\frac{1}{T_2} & 0 & 0 & -\frac{T_2 - T_1}{T_2^2} \\ K\omega_n^2 & -2\zeta\omega_n & -\omega_n^2 & -K\omega_n^2 \frac{T_1}{T_2} \\ 0 & 1 & 0 & 0 \\ 0 & 1 & 0 & 0 \end{bmatrix} \begin{bmatrix} x_1 \\ x_2 \\ x_3 \\ x_4 \end{bmatrix} + \begin{bmatrix} \frac{T_2 - T_1}{T_2^2} \\ K\omega_n^2 \frac{T_1}{T_2} \\ 0 \\ 0 \end{bmatrix} r \tag{5.51}$$

5.6. 周波数応答

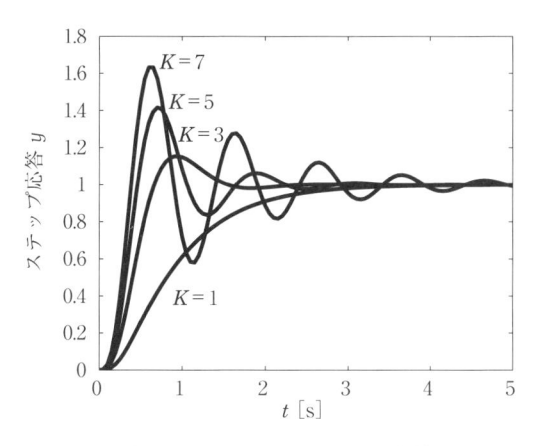

図 5.19: 図 5.17 のステップ応答

$$y = \begin{bmatrix} 0 & 0 & 0 & 1 \end{bmatrix} \begin{bmatrix} x_1 & x_2 & x_3 & x_4 \end{bmatrix}^T \tag{5.52}$$

これを双一次変換を用いて解けばよい．

状態方程式の係数と入力関数が与えられていれば，Matlab を用いて連続時間系のステップ応答を解くことができる．例として，$\omega_n = 10$, $\zeta = 0.5$, $T_1 = 0.05$, $T_2 = 0.2$, $K = 1, 3, 5, 7$ に関して解いてみよう．m ファイルは chp5 フォルダに fig5_19.m と収められ，ステップ応答は 図 5.19 に示されている．

Matlab を使って連続系の状態方程式を離散系の状態方程式に変換する命令は，零オーダホールドを使う場合 [ad,bd] = c2d(a,b,Ts)，Tustin 法を使う場合 [ad,bd,cd,dd] = c2d(a, b, c, d, Ts, 'tustin') で変換できる．この m ファイルは，ex5_2 に収められている．この中で，サンプリングは $T_s = 0.01$ [s] を使い，ステップ応答 dstep(ad,bd,cd,dd) を求めている．

5.6 周波数応答

図 5.20 に示すように，線形システムの入力に一定振幅の正弦波信号を入力し，システムの応答を観測する．定常状態では，システムの応答信号も同じ周波数 ω の一定振幅の正弦波信号となるが，振幅と位相のみが異なる．この振幅と位相との関係は，周波数 ω の関数となるので，これを周波数応答という．すなわち，周波数応

```
        ────────→  ┌──────────────────┐  ────────────────→
                   │  線形システム G(s)  │
          $A_i \sin\omega t$ │                  │  $A_0 \sin(\omega t+\phi)$
                   └──────────────────┘
```

図 5.20: 線形システムの周波数応答

答は次のゲインと位相で定義される.

$$\left.\begin{array}{ll}\text{ゲイン} & |G(\omega)| = A_0(\omega)/A_i(\omega) \quad \text{あるいは} \\ & 20\log_{10}[A_0(\omega)/A_i(\omega)] \quad [\text{dB}] \\ \text{位相} & \phi(\omega) = \phi_0(\omega) - \phi_i(\omega) \end{array}\right\} \quad (5.53)$$

周波数応答は過渡応答と違って,周波数を変えながら時間をかけて測定することができる.測定に時間がかかるという欠点はあるが,正確に測定できる長所がある.

5.6.1 伝達関数と周波数応答測定実験

図 5.20 の線形システムが,伝達関数

$$G(s) = \frac{b_m s^m + b_{m-1} s^{m-1} + \cdots + b_1 s + b_0}{a_n s^n + a_{n-1} s^{n-1} + \cdots + a_1 s + a_0} \quad (5.54)$$

で与えられる場合を考える.入力に振幅を1に基準化した正弦波信号 $u(t) = e^{j\omega t}$ を加えると,この応答 $y(t)$ も同じ周波数の正弦波で表すことができる.

$$y(t) = G(j\omega) e^{j\omega t} \quad (5.55)$$

ここで,周波数応答 $G(j\omega)$ は前章でも述べたように,

$$G(j\omega) = \frac{b_m(j\omega)^m + b_{m-1}(j\omega)^{m-1} + \cdots + b_1(j\omega) + b_0}{a_n(j\omega)^n + a_{n-1}(j\omega)^{n-1} + \cdots + a_1(j\omega) + a_0} \quad (5.56)$$

から求められる.これは,伝達関数 $G(s)$ に $s = j\omega$ を代入したものである.

次に,周波数応答測定実験について考える.図 5.21 (a) に示すように,線形システムの入力に発信器から周波数 ω の正弦波状の信号を入力し,出力信号を検出する.この入力信号と出力信号をオシロスコープに入れ記録する.これらを同じ軸上に重ねて描くと,図 5.21 (b) に示すように,大きさと位相の異なる正弦波信号である.この入力の振幅 A_i と出力の振幅 A_0,さらに入出力間の位相の差 ϕ を求める.これらの値を入力の周波数 ω を $\omega_1, \omega_2, \cdots, \omega_N$ と変えて求め,図 5.21 (c) のよ

5.6. 周波数応答

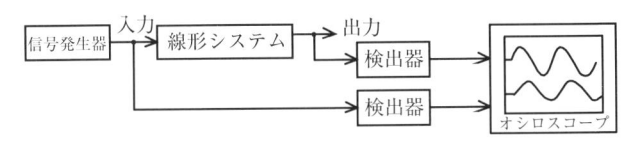

(a) 周波数応答測定システム

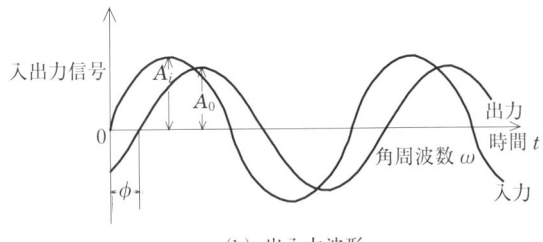

(b) 出入力波形

周波数 ω	振幅 A_i	振幅 A_0	ゲイン [dB] $M = 20\log A_0/A_i$	位相 ϕ [deg]
ω_1	A_{i1}	A_{01}	$M_1 = 20\log A_{01}/A_{i1}$	ϕ_1
ω_2	A_{i2}	A_{02}	$M_2 = 20\log A_{02}/A_{i2}$	ϕ_2
ω_3	A_{i3}	A_{03}	$M_3 = 20\log A_{03}/A_{i3}$	ϕ_3
$\vdots$	$\vdots$	$\vdots$	$\vdots$	$\vdots$
ω_N	A_{iN}	A_{0N}	$M_N = 20\log A_{0N}/A_{iN}$	ϕ_N

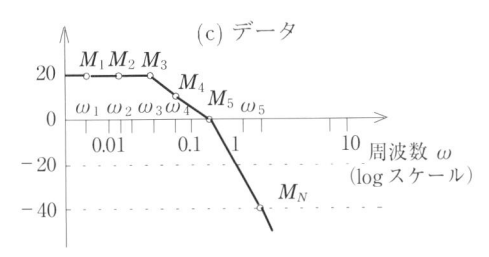

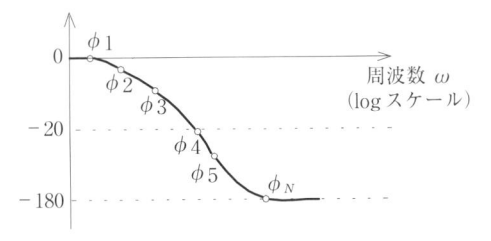

(c) データ

(d) ボード線図

図 5.21: 周波数応答測定実験とボード線図の作成

うな表を完成させる．この表の振幅比 M_k [dB] と位相 ϕ_k を横軸を周波数 ω_k で2本のグラフに $k = 1, 2, \cdots, N$ と図 5.21 (d) のようにまとめる．これは，いわゆるボード線図と呼ばれる，最も一般的に使われる周波数応答を表す線図である．

二次遅れ伝達関数を例に，ボード線図とその周波数応答の物理的な意味をデモンストレーションするプログラムが付属のプログラムの 5-5 に収められている．

5.6.2 伝達関数の分解と周波数応答

伝達関数を簡単な基本要素の積に分解し，それらの周波数応答を用意しておくと，その合成で簡単に伝達関数の周波数応答 (ボード線図) を求めることができる．

前章でも述べたように，伝達関数は分子と分母をそれぞれ因数分解すると，定数，積分，一次進み要素，一次遅れ要素，二次遅れ要素などの積に分解することができる．

$$G(s) = \frac{K(T_1's + 1)}{s(T_1 s + 1) \cdots \left\{ (\frac{s}{\omega_n})^2 + \frac{2\zeta}{\omega_n} s + 1 \right\} \cdots} \tag{5.57}$$

この伝達関数のボード線図を描くためにゲインと位相を求めると，次のように因数

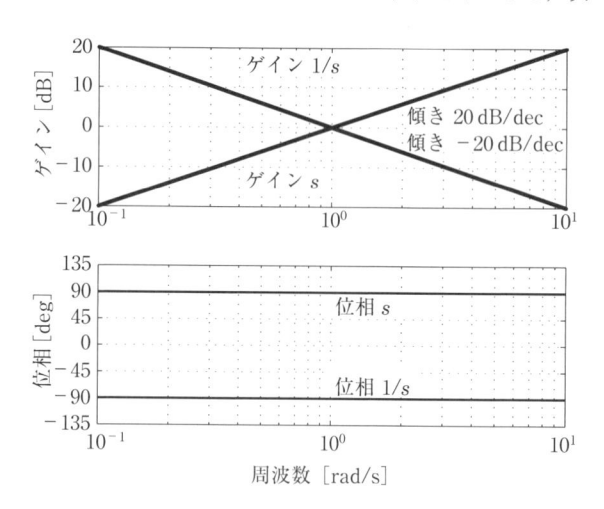

図 5.22: 微分および積分のボード線図

5.6. 周波数応答

分解された各要素のゲインと位相の和(あるいは差)となる.

$$20\log|G(\omega)| = 20\log|K| + 20\log|j\omega T_1'+1| + \cdots$$
$$- 20\log|j\omega| - 20\log|j\omega T_1+1| - \cdots$$
$$- 20\log\left|\left(\frac{j\omega}{\omega_n}\right)^2 + \frac{2\zeta}{\omega_n}j\omega + 1\right|\cdots \quad (5.58)$$

$$\angle G(j\omega) = \angle K + \angle(j\omega T_1'+1) + \cdots$$
$$- \angle(j\omega) - \angle(j\omega T_1+1) - \cdots$$
$$- \angle\left[\left(\frac{j\omega}{\omega_n}\right)^2 + \frac{2\zeta}{\omega_n}j\omega + 1\right]\cdots \quad (5.59)$$

上式を見るとわかるとおり，因数分解された各要素のボード線図を用意しておくと，全体のボード線図は各要素のボード線図の合成(ボード線図上の加算)で求めることができる．

式(5.58)と式(5.59)を見ればわかるとおり，基本要素は定数(ゲイン) K，微分 s および積分 $1/s$，一次進み $(T's+1)$ および一次遅れ $1/(Ts+1)$，二次進み $\{(s/\omega_n)^2 + (2\zeta/\omega_n)s+1\}$ および二次遅れ $1/\{(s/\omega_n)^2 + (2\zeta/\omega_n)s+1\}$ で構成できる．定数 K は，ゲインを一定値 $20\log|K|$ 上に上げ，位相を変化させないので省略する．微分と積分を図5.22に，また一次進みと一次遅れを図5.23に，さらに二次遅れを図

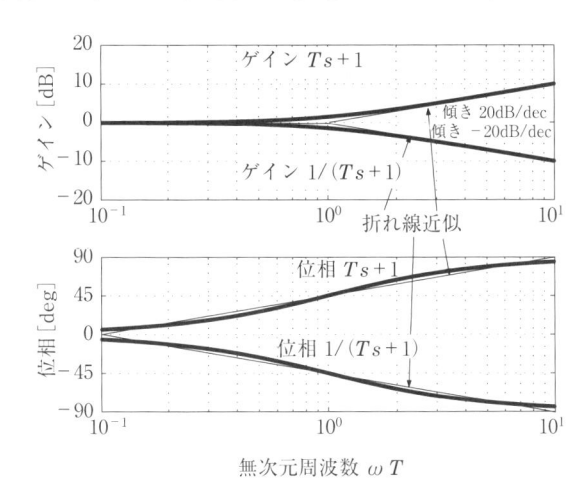

図 5.23: 一次進みおよび一次遅れのボード線図

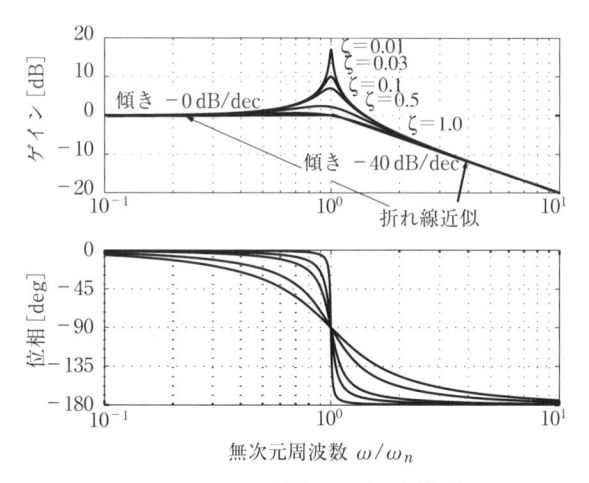

図 5.24: 二次遅れのボード線図

5.24 に示す．二次進みは，二次遅れ (図 5.24) を 0 [dB] と 0 [deg] に関して反転したものとなる．

　周波数応答の表示にボード線図を使うメリットの一つは，周波数応答曲線が漸近線を持ち，折れ線近似で応答特性の概略を知ることができる点がある．すなわち，定数項は 0 [dB/dec]，分子にある微分項 s は +20 [dB/dec]，分母にある積分項 $1/s$ は -20 [dB/dec] の傾きである．ここで，dec (decade) は周波数の 10 倍の間隔であり，+20 [dB/dec] あるいは -20 [dB/dec] は，周波数 10 倍ごとに 20 [dB] 上昇あるいは下降することを意味する．一次進み，一次遅れ，あるいは二次遅れは，接点周波数 $1/T'$，$1/T$ あるいは ω_n において漸近線が折れ，それより低い周波数では 0 [dB/dec] なのに対し，それより高い周波数ではそれぞれ +20 [dB/dec]，-20 [dB/dec]，および -40 [dB/dec] の傾きとなる．これらの性質は，周波数応答の概略を知る上で重要であり，それらの特性は例によって示す．

　図 5.22〜図 5.24 は，chp5 フォルダの中の Matlab ファイル fig5_22, fig5_23, fig5_24 の中で，命令

　　w = logspace(-1, 1, 2000);

　　[mag1, phase1, w] = bode(num1, den1, w);

5.6. 周波数応答

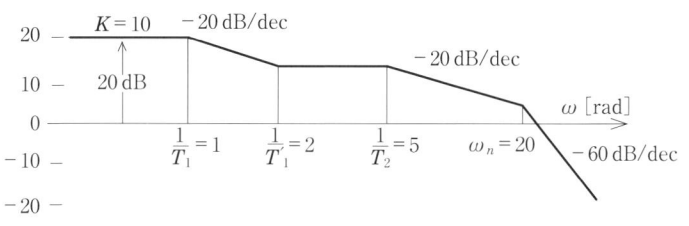

図 5.25: ゲイン $|G(s)|$ の折れ線近似

を使って描いている．

[例題 5-3] 伝達関数

$$G(s) = \frac{10(0.5s+1)}{(s+1)(0.2s+1)\left\{\left(\frac{s}{20}\right)^2 + \frac{2\times 0.5}{20}s + 1\right\}}$$

の周波数応答のゲインの概略(折れ線近似)を描いてみよう．この伝達関数は，

ゲイン要素 $K=10$, $1/T_1'=2$ の一次進み, $1/T_1=1$ の一次遅れ

$1/T_2=5$ の一次遅れ, $\omega_n=20$ の二次遅れ

に分解できる．従って，そのゲインの折れ線近似は，図 5.25 のように求めることができる．

[例題 5-4] 図 5.26 に示される周波数応答のゲインの概略から伝達関数を推定してみよう．実際の応答は曲線である．この曲線から折れ線近似が図の細線のように作られる．低周波での $-20\mathrm{dB/dec}$ の直線を点線のように延長すると，$\omega=1\,[\mathrm{rad/s}]$ で $+6\,\mathrm{dB}$ (2 倍) の値をとる．従って，この点線は $2/s$ の伝達関数のゲインである．また，折れ点周波数 $1/T'=0.5$，$\omega_n=2$ に，それぞれ一次進みと二次遅れがある．

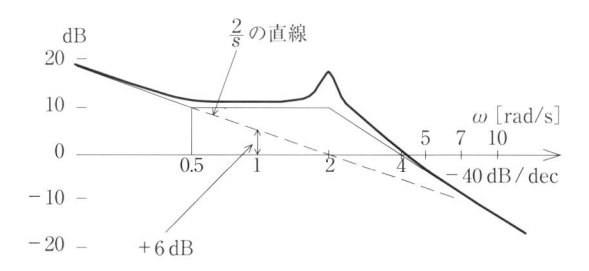

図 5.26: ボード線図（ゲインの概略）から伝達関数の推定

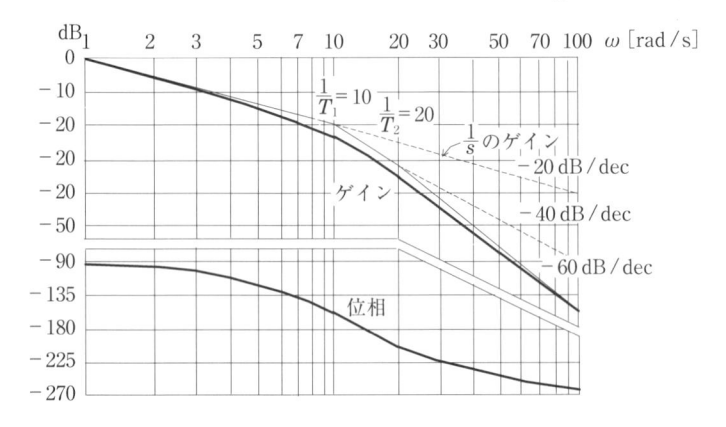

図 5.27: 制御対象 $G(s) = \dfrac{1}{s(0.1s+1)(0.05s+1)}$ のボード線図

従って，系の伝達関数は次のように表される．

$$G(s) = \dfrac{2(2s+1)}{s\left\{\left(\dfrac{s}{2}\right)^2 + \dfrac{2\times 0.2}{2}s + 1\right\}}$$

[例題 5-5] 前章で求めた電気回路の周波数応答を求める．伝達関数は，すでに

$$G(s) = \dfrac{1}{s(0.1s+1)(0.05s+1)}$$

と求められている．これは三つの要素 $1/s$，$1/(0.1s+1)$，$1/(0.05s+1)$ に分けられる．第一の要素は $\omega=1$ で 0 dB の点を通る -20 dB/dec の右下がりの直線（積分）である．第二，第三の要素は，折れ点周波数 10, 20 rad/s の一次遅れである．これらを描き合成すると，図 5.27 の周波数応答が得られる．

任意伝達関数から，そのボード線図を求めるプログラムが付属のプログラムの 5-6 に収められている．

5.6.3 周波数応答から定常偏差の評価

5.4 節より，図 5.11 のような単一フィードバック系において，前向き伝達関数が

$$G(s) = \dfrac{K(1+sT_1')(1+sT_2')\cdots(1+sT_m')}{s^l(1+sT_1)(1+sT_2)\cdots(1+sT_n)} \tag{5.60}$$

5.6. 周波数応答

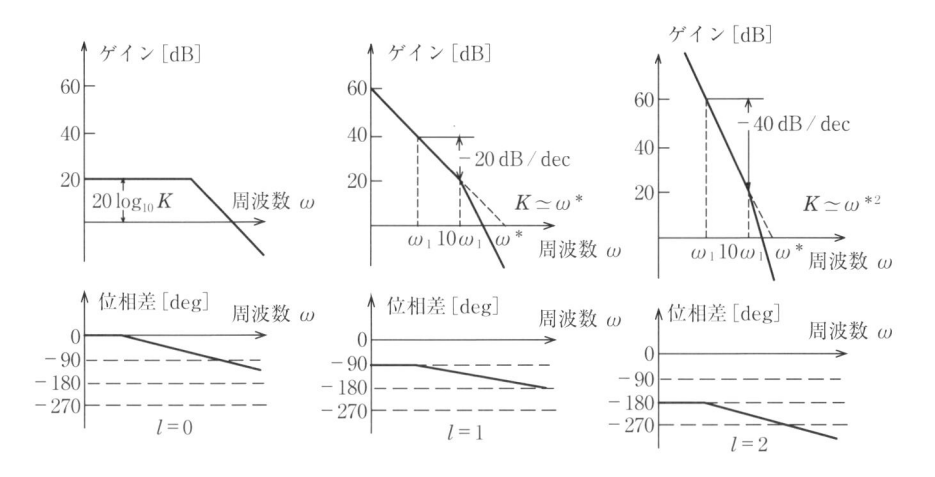

図 5.28: 前向き伝達関数のボード線図

で与えられる場合,定常偏差は二つの係数 K と l によって決まることを述べた.これらの係数は周波数応答のきわめて低い特性から推定できる.

図 5.28 に $l = 0, 1, 2$(それぞれ 0 型,1 型,2 型)の場合の前向き伝達関数の周波数応答の概要を示している.この応答から次のように推定できる.

(1) 0 型 ($l = 0$) の場合:周波数の低い領域でゲインは平坦であり,位相は $0°$ から変化を始める.K の値は,周波数のきわめて低い平坦な領域のゲインの値である.

(2) 1 型 ($l = 1$) の場合:周波数の低い領域でゲインは $-20\,\mathrm{dB/dec}$ で一定の傾きであり,位相は $-90°$ から変化を始める.K の値は,周波数の低い領域で傾き $-20\,\mathrm{dB/dec}$ のゲイン漸近線を延長し,$0\,\mathrm{dB}$ の線と交差した周波数から求めることができる ($K \simeq \omega^*$).

(3) 2 型 ($l = 2$) の場合:周波数の低い領域でゲインは $-40\,\mathrm{dB/dec}$ で一定の傾きであり,位相は $-180°$ から変化を始める.K の値は,周波数の低い領域で傾き $-40\,\mathrm{dB/dec}$ のゲイン漸近線を延長し,$0\,\mathrm{dB}$ の線と交差した周波数の 2 乗から求めることができる ($K \simeq \omega^{*2}$).

5.7 演習問題

[演習 5.1] 次の伝達関数が与えられているとき，ステップ応答を求めよ．

(1) $G(s) = \dfrac{s+1}{s^2 + 0.5s + 1}$, (2) $G(s) = \dfrac{10}{s^3 + 2s^2 + 8s + 10}$

[演習 5.2] 演習 5.1 の (1), (2) を状態方程式に変換し，サンプリング周期 $\tau = 0.01$ s で離散状態方程式に変換し，離散状態方程式からステップ応答を求めよ．

[演習 5.3] 上記伝達関数の周波数応答を求め，ボード線図に表せ．

[演習 5.4] 図 5.29 で与えられる周波数応答から伝達関数を求めよ．

[演習 5.5] 図 5.30 で与えられる周波数応答から伝達関数を求めよ．

[演習 5.6] 図 5.31 で与えられるステップ応答から伝達関数を求めよ．

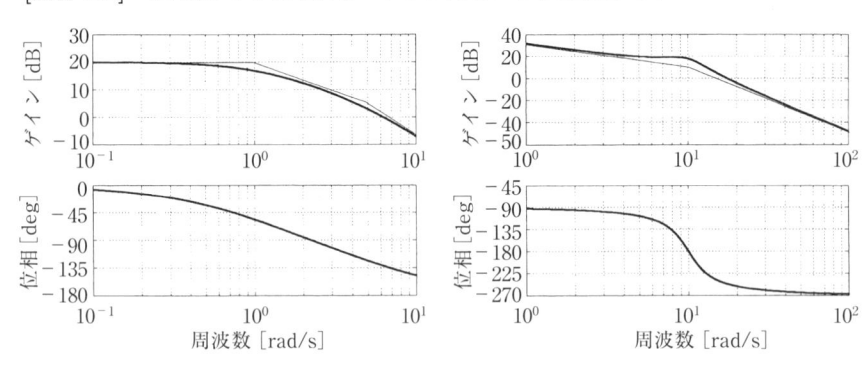

図 5.29: 周波数応答

図 5.30: 周波数応答

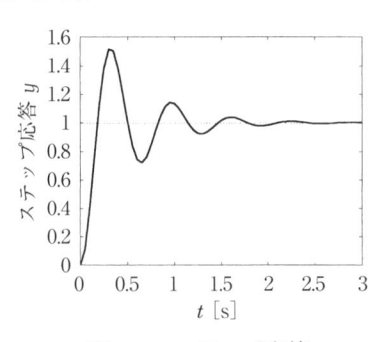

図 5.31: ステップ応答

5.7. 演習問題

[**演習 5.7**] 図 5.29 と 図 5.30 で与えられる周波数応答を前向き伝達関数とし，これらに単一フィードバックが加わった場合の定常偏差特性を求めよ．

[**演習 5.8**] 図 4.16 で与えた電気回路制御対象を作製し，正弦波発信器と2チャンネルオシロスコープを使い，周波数応答を測定し，ボード線図を作製せよ．

(dSPACE が使えるならば，次の演習を試みよ)

[**演習 5.9**] 図 4.16 の電気回路を作製し，図 5.32 のような dSPACE 回路の DAC #1 の出力で回路を矩形波駆動し，ADC #1 からの信号を ControlDesk に入れ，状態量の波形を観測し，一次遅れの出力，積分器の出力応答を確かめよ．dSPACE が使えない場合は，信号発生器とシンクロスコープで確認することも可能である．

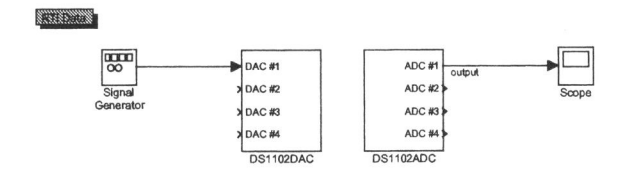

図 5.32: 電気回路制御対象に対するテスト

第6章 安定解析

フィードバック制御系設計の第一歩は，系の安定性を確保することである．本章ではまず，根の位置と応答について述べる．次に，ラウス-フルビッツの安定判別法，周波数応答による安定判別法を述べ，最後に根軌跡法を紹介する．

前章でも述べたように，フィードバック制御を適切に用いると，制御系の精度や動的応答を著しく改善することができる．しかし，フィードバック制御は出力信号を入力側に戻す構造を持っているため，制御系の安定性を損なう危険性がある．従って，フィードバックコントローラを適切に設計することが重要である．

フィードバック制御系の安定性は，実際の系にフィードバックを施すことで容易に判別できるが，これは避けなければならない．なぜなら，不安定現象は一種の爆発現象であり，システムが不安定になったと同時にシステムを危険な状態に追い込む．フィードバックの安定性は，実際の系にフィードバックを施す前に判別しなければならない．

6.1 特性根の位置と安定性

6.1.1 連続時間システム

フィードバック制御系の数学モデルが伝達関数か，または状態方程式で与えられる場合，それを解くことで安定性を判別できる．今，フィードバック系の入力から出力までが，伝達関数

$$Y(s) = \frac{b_m s^m + b_{m-1} s^{m-1} + \cdots + b_1 s + b_0}{s^n + a_{n-1} s^{n-1} + \cdots + a_1 s + a_0} R(s) \tag{6.1}$$

で与えられるか，次の状態方程式で与えられた場合を考える．

$$\left. \begin{array}{l} \dfrac{d\boldsymbol{x}}{dt} = \boldsymbol{A}\boldsymbol{x} + \boldsymbol{B}\boldsymbol{r}, \quad \boldsymbol{x}(0) = \boldsymbol{x}_0 \\ \boldsymbol{y} = \boldsymbol{C}\boldsymbol{x} \end{array} \right\} \tag{6.2}$$

このシステムの安定判別は，同次方程式

$$(s^n + a_{n-1}s^{n-1} + \cdots + a_1 s + a_0)Y(s) = 0$$

あるいは

$$\frac{d\boldsymbol{x}}{dt} = \boldsymbol{A}\boldsymbol{x}, \quad \boldsymbol{x}(0) = \boldsymbol{x}_0$$

が安定であるか否かで求めることができる．これは，特性方程式

$$|s\boldsymbol{I} - \boldsymbol{A}| = s^n + a_{n-1}s^{n-1} + \cdots + a_1 s + a_0 = 0 \tag{6.3}$$

の根(特性根)を $s = s_1, s_2, \cdots, s_n$ とすると，これに対応する応答は次式で与えられる．

$$y(t) = c_1 e^{s_1 t} + c_2 e^{s_2 t} + \cdots c_n e^{s_n t}$$

または

$$\boldsymbol{x}(t) = \boldsymbol{x}_{10} e^{s_1 t} + \boldsymbol{x}_{20} e^{s_2 t} + \cdots \boldsymbol{x}_{n0} e^{s_n t}$$

ここで，特性根 $s_1, s_2, \cdots, s_n$ は，実数，虚数を含む複素数である．これらの根は，s 平面上に描くとわかりやすい．根の s 平面上の位置と それに対応する応答 e^{st} の概略を 図 6.1 に示す．

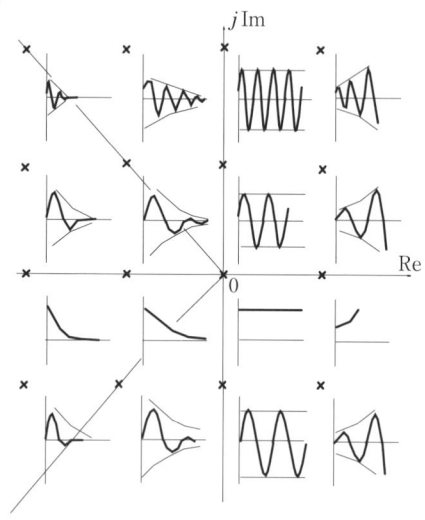

図 6.1: s 平面における根の位置と応答の概略

6.1. 特性根の位置と安定性

s 平面は実軸に関して対称なので，上半面だけを考えればよい．図からもわかるように，根の位置が左半面にあれば(すなわち根の実部が負であれば)，応答は安定である．逆に，右半面(実部が正)の根は不安定である．

安定な根でも，実部の絶対値が大きい(より左にある)根の方が安定性や速応性はよい．一方，特性根の虚部は振動特性を表す．虚部が大きければ振動の周波数は高くなる．虚部が0，すなわち実軸上にあれば，振動のない指数関数的な応答になる．

根 s は，式(6.3)を満たす解であるとともに，行列 $\boldsymbol{A}$ の固有値でもある．従って，フィードバックシステムの伝達関数が与えられた場合は，分母を0とする特性方程式から固有値を求め，状態方程式が与えられた場合は，行列 $\boldsymbol{A}$ の固有値を求め，その実部が全て負の場合，システムは安定である．

6.1.2 離散時間システム

式(6.2)の状態方程式で表せるフィードバックシステムを時間間隔 τ でサンプリングして離散化すると，

$$Y[z] = \frac{b_m z^m + b_{m-1} z^{m-1} + \cdots + b_1 z + b_0}{z^n + a_{n-1} z^{n-1} + \cdots + a_1 z + a_0} R[z] \tag{6.4}$$

あるいは，これを状態方程式に変換して，次の離散状態方程式が得られる．

$$\left.\begin{array}{l} \boldsymbol{x}[k+1] = \boldsymbol{A}_d \boldsymbol{x}[k] + \boldsymbol{B}_d \boldsymbol{r}[k], \quad \boldsymbol{x}[0] = \boldsymbol{x}_0 \\ \boldsymbol{y}[k] = \boldsymbol{C}_d \boldsymbol{x}[k] \\ \boldsymbol{A}_d = e^{\boldsymbol{A}\tau}, \quad \boldsymbol{B}_d = \int_0^\tau e^{\boldsymbol{A}\xi} d\xi \, \boldsymbol{B}, \quad \boldsymbol{C}_d = \boldsymbol{C} \end{array}\right\} \tag{6.5}$$

連続時間システムと同じように，このフィードバックシステムの安定性も同次差分方程式

$$\boldsymbol{x}[k+1] = \boldsymbol{A}_d \boldsymbol{x}[k], \quad \boldsymbol{x}[0] = \boldsymbol{x}_0$$

が安定かどうかから判別できる．

連続時間状態方程式の係数マトリクス $\boldsymbol{A}$ と離散時間状態方程式の係数マトリクス $\boldsymbol{A}_d$ とは，指数関数 $\boldsymbol{A}_d = e^{\boldsymbol{A}\tau}$ で対応づけられる．従って，離散時間系の固有値 z と連続時間系の固有値 s とは

$$z = e^{s\tau}, \quad s = \frac{1}{\tau} \ln z \tag{6.6}$$

(a) s 平面 (b) z 平面

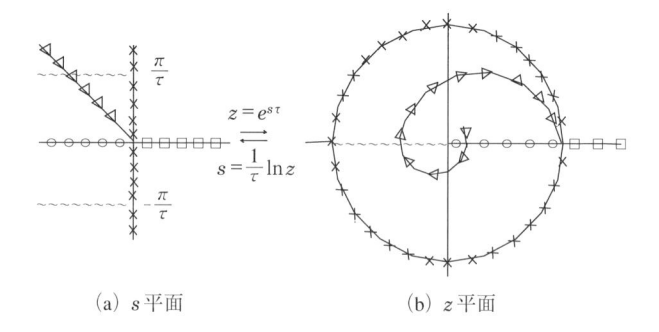

図 6.2: 連続時間系の根位置と離散時間系の根位置の対応

の関係がある．複素 s 平面と複素 z 平面の対応を 図 6.2 に示す．連続時間系の安定領域は s 平面の左半面である．一方，z 平面の安定領域は，原点を中心とする単位円の内側である．従って，離散時間の特性方程式，

$$|z\boldsymbol{I} - \boldsymbol{A}_d| = z^n + a_{n-1}z^{n-1} + \cdots + a_1 z + a_0 = 0 \tag{6.7}$$

の解(特性根)z を求め，それらの絶対値が全て 1 より小さい場合，その系は安定である．

付録の CD-ROM に収められているアニメーションプログラムには，連続時間系と離散時間系の根を複素面上で選び対応する応答を示すプログラムが，連続時間系は 6-1 に，また離散時間系は 6-2 に収められている．

6.2 ラウス‐フルビッツの安定判別法

システムの特性根を求めることなしに特性方程式の係数から安定性を判別する方法である．フィードバックシステムの伝達関数が

$$\frac{Y(s)}{R(s)} = \frac{b_m s^m + b_{m-1}s^{m-1} + \cdots + b_1 s + b_0}{a_n s^n + a_{n-1}s^{n-1} + \cdots + a_1 s + a_0} \tag{6.8}$$

とすると，このシステムの特性方程式は次式となる．

$$s^n + a_{n-1}s^{n-1} + \cdots + a_1 s + a_0 = 0 \tag{6.9}$$

この特性方程式を解かずに，方程式の係数 $a_n, a_{n-1}, \cdots, a_1, a_0$ から簡単な表を作成し，系の安定判別を行うのがラウス‐フルビッツ (Routh-Hurwitz) の方法で

6.2. ラウス-フルビッツの安定判別法

表 6.1: ラウス表

		列番号				
		1	2	3	4	$\cdots$
行番号	1	a_n	a_{n-2}	a_{n-4}	a_{n-6}	$\cdots$
	2	a_{n-1}	a_{n-3}	a_{n-5}	a_{n-7}	$\cdots$
	3	b_1	b_2	b_3	b_4	$\cdots$
	4	c_1	c_2	c_3	c_4	$\cdots$
	5	d_1	d_2	d_3	d_4	$\cdots$
	$\vdots$	$\vdots$	$\vdots$	$\vdots$	$\vdots$	
	$n+1$	e_1	0	0	0	$\cdots$

ある.

ラウスの安定判別法は，次のように実行される.

(1) 特性方程式の係数 $a_n, a_{n-1}, a_{n-2}, \cdots, a_1, a_0$ が，全て同符号であり 0 でない.

(2) 次のようにラウス表を作成する号 (表 6.1).

1. 第一行目には，係数を一つおきに $a_n, a_{n-2}, a_{n-4}, \cdots$ と並べる.

2. 第二行目には，残りの係数 $a_{n-1}, a_{n-3}, a_{n-5}, \cdots$ を並べる.

3. 第三行目には，第一行目と第二行目の係数で，／と＼にかけ算を行い，それを先頭の係数で割った次の係数を入れる.

$$b_1 = \frac{a_{n-1} \times a_{n-2} - a_n \times a_{n-3}}{a_{n-1}}, \quad b_2 = \frac{a_{n-1} \times a_{n-4} - a_n \times a_{n-5}}{a_{n-1}}, \cdots$$

4. 第四行目以降も同じように続け，$n-1$ 行目まで表を完成させる.

$$c_1 = \frac{b_1 \times a_{n-3} - a_{n-1} \times b_2}{b_1}, \quad c_2 = \frac{b_1 \times a_{n-5} - a_{n-1} \times b_3}{b_1}, \cdots$$

$$d_1 = \frac{c_1 \times b_2 - b_1 \times c_2}{c_1}, \quad d_2 = \frac{c_1 \times b_3 - b_1 \times c_3}{c_1}, \cdots$$

$\vdots$

(3) 完成したラウス表で，第一列目の数値 $a_n, a_{n-1}, b_1, c_1, d_1, \cdots, e_1$ が全て同符号であるとき，系は安定である.

[例題 6-1] 次の伝達関数で与えられるシステムの安定性を判別する.

$$G(s) = \frac{s^2 + 3s + 2}{s^4 + 2s^3 + 3s^2 + 4s + 5}$$

表 6.2: 特性方程式 $s^4 + 2s^3 + 3s^2 + 4s + 5 = 0$ のラウス表

		列番号		
		1	2	3
行番号	1	$a_4 = 1$	$a_2 = 3$	$a_0 = 5$
	2	$a_3 = 2$	$a_1 = 4$	
	3	$b_1 = 1$	$b_2 = 5$	
	4	$c_1 = -6$		
	5	$d_1 = 5$		

この特性方程式 $(s^4 + 2s^3 + 3s^2 + 4s + 5 = 0)$ から，第一行目の係数は $a_4 = 1$, $a_2 = 3$, $a_0 = 5$ であり，第二行目の係数は $a_3 = 2$, $a_1 = 4$ となる．これより，

$$b_1 = \frac{2 \times 3 - 1 \times 4}{2} = 1, \quad b_2 = \frac{2 \times 5 - 1 \times 0}{2} = 5$$
$$c_1 = \frac{1 \times 4 - 2 \times 5}{1} = -6$$
$$d_1 = \frac{-6 \times 5 - 1 \times 0}{-6} = 5$$

従って，ラウス表は 表6.2 のように作成できる．第一列目の数値 $a_4 = 1$, $a_3 = 2$, $b_1 = 1$, $c_1 = -6$, $d_1 = 5$ には負の係数が一つ $(c_1 = -6)$ あるので，この系は不安定である．

(4) ラウスの安定判別法は不安定根の数もわかる．すなわち，第一列目の数値を上から見て符号変化が何回生じたかが不安定根の数と一致する．例えば，例題6-1では第一列目の係数 $a_4 = 1$, $a_3 = 2$, $b_1 = 1$, $c_1 = -6$, $d_1 = 5$ には符号変化が2回ある．従って，このシステムには不安定根が2個存在する．

[**例題 6-2**] 図6.3に示されるフィードバック制御系で，係数 K_1, K_2 は調整可能な係数である．このシステムが安定であるためには，係数 K_1, K_2 はどのような値

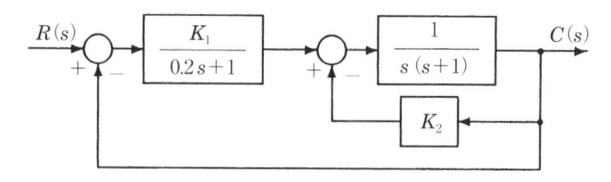

図 6.3: 二つのフィードバック係数を持つ制御系

6.2. ラウス - フルビッツの安定判別法

表 6.3: 特性方程式 $s^3 + 6s^2 + (K_2+5)s + 5K_1 + 5K_2 = 0$ のラウス表

行番号		列番号 1	列番号 2
1		$a_3 = 1$	$a_1 = K_2 + 5$
2		$a_2 = 6$	$a_0 = 5K_1 + 5K_2$
3		$b_1 = \dfrac{6(K_2+5) - (5K_1+5K_2)}{6}$	
4		$c_1 = 5K_1 + 5K_2$	

でなければならないか.

解 ブロック線図から，入出力伝達関数は次のように求められる.

$$\frac{C(s)}{R(s)} = \frac{5K_1}{s^3 + 6s^2 + (K_2+5)s + 5K_1 + 5K_2}$$

特性方程式(分母＝0)の係数からラウス表を作ると，表6.3のように求められる．これより安定領域は，

$$K_2 > -5$$
$$-5K_1 + K_2 + 30 > 0$$
$$5K_1 + 5K_2 > 0$$

となる.

(5) ラウスの判別法では，安定限界での振動数を求めることができる．例題6-2のように係数が安定限界に達すると，通常，システムは振動的になる．このゲインをラウス表の s^2 の行の式に代入して解くと安定限界の振動数となる．例えば，例題6-2で $K_2 = 0$ とすると，

$$-5K_1 + K_2 + 30 > 0, \quad K_1 + K_2 > 0$$

から，$6 > K_1 > 0$ でなければならない．従って，安定限界は $K_1 = 6$ となる．これを行番号3の式

$$a_2 s^2 + a_0 = 0$$

に代入すると，$6s^2 + 30 = 0$ を得る．これを解いて，

表 6.4: 特性方程式 $s^3 + 30s^2 + 200s + 200K = 0$ ラウス表

		列番号	
		1	2
行番号	1	$a_3 = 1$	$a_1 = 200$
	2	$a_2 = 30$	$a_0 = 200K$
	3	$b_1 = \dfrac{6000 - 200K}{30}$	
	4	$c_1 = 200K$	

$$s = \pm j\sqrt{5}$$

となる．これより $\omega = 2.24$ rad/s が安定限界での振動数である．

[例題 6-3] 図 4.16 に示した電気回路制御対象に，直結フィードバックを施した場合の安定限界と安定限界での振動数を求める．コントローラのゲイン K でフィードバックすると，次の入出力伝達関数が求められる．

$$T(s) = \frac{KG(s)}{1 + KG(s)} = \frac{200K}{s^3 + 30s^2 + 200s + 200K}$$

特性方程式は $s^3 + 30s^2 + 200s + 200K = 0$ なので，ラウス表は 表 6.4 となる．系が安定であるためには，

$$30 > K > 0$$

となる．従って，安定限界は $K = 30$ である．これを行番号 2 の補助方程式に代入し，

$$30s^2 + 6000 = 0, \quad s = \pm j\sqrt{200} = \pm j14.14$$

を得る．従って，安定限界の振動数は 14.14 rad/s である．

任意の次数の特性方程式に係数の数値を代入し，その安定判別を行うプログラムが，付録のプログラムの 6-3 に収められている．

6.3 周波数応答による安定判別法

ここでは，図 6.4 に示す単一フィードバック系を考える．図の開ループ伝達関数 $G(s)$ が安定であるか安定限界(例えば，積分特性を含む安定な系)であり，周波

6.3. 周波数応答による安定判別法

```
A sin ω_p t ──→(+)──→[ KG(s) ]──●──→ -AM sin ω_p t
              (-)↑
              
A(1+M) sin ω_p t              -AM(1+M) sin ω_p t
A(1+M+M²+⋯) sin ω_p t        -AM(1+M+M²+⋯) sin ω_p t
```

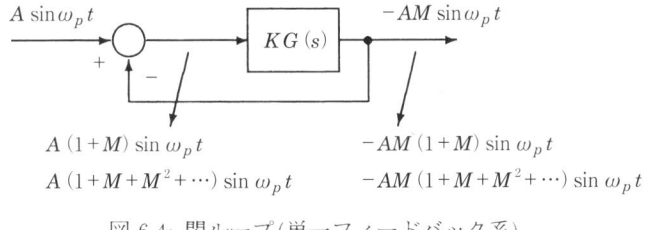

図 6.4: 閉ループ(単一フィードバック系)

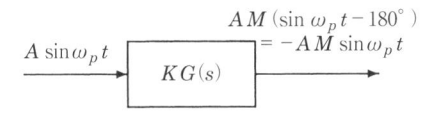

```
              AM(sin ω_p t - 180°)
A sin ω_p t →[ KG(s) ]──→ = -AM sin ω_p t
```

図 6.5: 開ループ

数応答が定義できるか測定可能であれば,次のような簡略な方法でフィードバック後の安定性を判別できる.なお,$G(s)$ は不安定であるが,フィードバックにより安定化したい問題の場合は,ナイキストの安定判別法を適用しなければならない.このような問題は少し煩雑なので,本書では省略する.

図6.5の開ループシステムが安定であっても,図6.4の閉ループ系が安定であるとは限らない.しかしこのフィードバック系は,図6.5の開ループシステムの周波数応答を求め,それより判定することができる.しかもこの方法は,制御対象 $KG(s)$ の数学モデルが求められなくても,周波数応答を実験的に求めることができれば適用できる.

図6.5の開ループシステムの周波数応答が 図6.6の実線のように求められたとしよう.この図で,ゲイン応答曲線が $1(0\,\mathrm{dB})$ を切る周波数をゲイン交差周波数 ω_c といい,位相が $-180°$ を切る周波数を位相交差周波数 ω_p という.

制御系(図6.5)の入力端に,位相交差周波数の信号 $A\sin\omega_p t$ を加えたとしよう.この信号は,前向き要素 $KG(s)$ を通過し,位相が $180°$ 遅れ,ゲインが M 倍されて,出力に

$$AM\sin(\omega_p t - 180°) = -AM\sin\omega_p t$$

となって現れる.ここで,M は位相交差周波数における周波数応答のゲインである.

このような周波数特性を持つ伝達関数 $KG(s)$ に，図6.4のようなフィードバックを施したとしよう．出力は，図に示すように $-AM\sin\omega_p t$ となる．これは，フィードバックされ，入力との差 $A(1+M)\sin\omega_p t$ が再び伝達関数 $KG(s)$ に加わり，出力 $-AM(1+M)\sin\omega_p t$ を作り出す．さらに，この信号がフィードバックされ，出力 $-AM(1+M+M^2)\sin\omega_p t, \cdots, -AM(1+M+M^2+\cdots+M^n)\sin\omega_p t$ を作る．$n\to\infty$ となった無限級数は，M が1以下のとき安定で，次のように収束する．

$$\lim_{n\to\infty}(1+M+M^2+\cdots+M^n) = \lim_{n\to\infty}\frac{1-M^n}{1-M} = \frac{1}{1-M} \tag{6.10}$$

図6.6の実線の周波数応答は，位相交差周波数 ω_p でのゲイン M は1以下であり，これはフィードバックを施しても安定な系である．

もし，図6.6の点線のようにゲインを増加させ，$M>1$ としてフィードバックを施すと，

$$\lim_{n\to\infty}(1+M+M^2+\cdots+M^n) = \lim_{n\to\infty}\frac{1-M^n}{1-M} \to \infty \tag{6.11}$$

となり，振幅は無限に大きくなってしまう．以上のことから，開ループ周波数応答において，

位相交差周波数 ω_p > ゲイン交差周波数 ω_c \hfill (6.12)

のとき，閉ループ周波数応答は安定となる．図6.6の実線の周波数応答をフィードバックした場合は，安定であることがわかる．

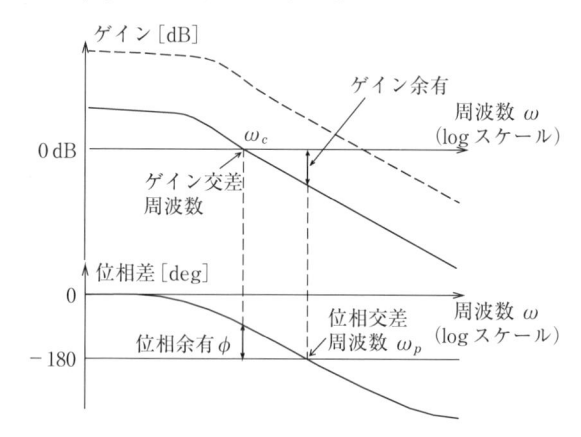

図 6.6: 開ループシステムの周波数応答

6.3. 周波数応答による安定判別法

フィードバック系がどの程度安定であるかの指標にゲイン余裕と位相余裕が使われる．ゲイン余裕とは，位相交差周波数 ω_p におけるゲインが，ゲイン 0 dB よりいくつ下にあるかであり，安定限界までどの程度ゲインが上げられるかを示している．また位相余裕は，ゲイン交差周波数 ω_c における位相が，位相 $-180°$ までどの程度離れているかであり，この周波数での位相をどの程度遅らせても安定かを示している．

[例題 6-4] 電気回路制御対象の周波数応答 (図 5.27) から閉ループでの安定性を求める．安定であれば，ゲイン余裕と位相余裕を求める．周波数応答を書き直すと図 6.7 を得る．図からわかるように，ゲイン交差周波数は $\omega_c = 1\,\text{rad/s}$ であり，ここでの位相遅れは $98°$ である．また，位相交差周波数は $\omega_p = 14\,\text{rad/s}$ であり，この周波数でのゲインは $-30\,\text{dB}$ である．この系に単一フィードバックをかけても安定であり，ゲイン余裕は $30\,\text{dB}$，位相余裕は $81°$ である．

任意伝達関数の周波数応答を求め，それにナイキストの安定判別法を適用するプログラムは，付属プログラムの 6-4 に収められている．

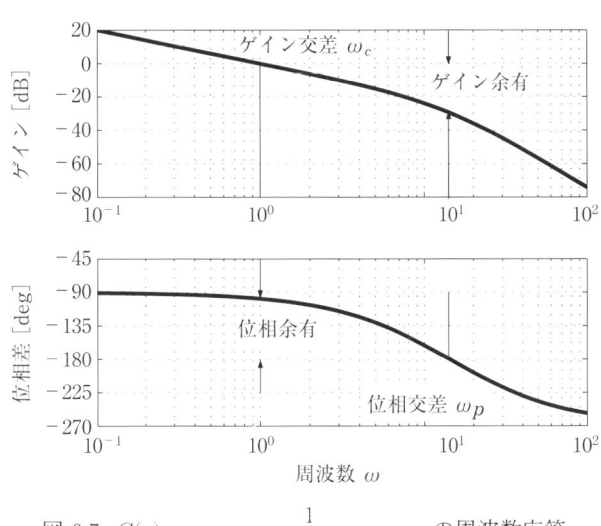

図 6.7: $G(s) = \dfrac{1}{s(0.1s+1)(0.05s+1)}$ の周波数応答

6.4 根軌跡法

制御系の設計では,ゲインのような特定のパラメータを可変として,好ましい特性となるようにこの係数を決めることが多い.例えば,図 6.8 のようなフィードバック制御系を考えよう.設計パラメータであるゲイン K を変えたときの特性を求め,良好な応答を得る K を決めたい.この特定のパラメータ変化に対して,根の軌跡を描くことができれば,安定限界を知るのみならず最適なパラメータを決めることができる.

6.4.1 特性根の計算法

図 6.8 に示すフィードバック制御系において特性根の計算法を例示する.図に示すように,状態変数 x_1, x_2, x_3, x_4 を定め運動方程式を求めると,

$$\dot{x}_1 = -\frac{1}{T_1}x_1 - \frac{K}{T_1}x_4 + \frac{K}{T_1}r$$
$$\dot{x}_2 = \frac{1}{T_2}x_1 - \frac{1}{T_2}x_2$$
$$\dot{x}_3 = \frac{1}{T_3}x_2 - \frac{1}{T_3}x_3$$
$$\dot{x}_4 = x_3$$

これより状態方程式の係数は,

$$\boldsymbol{A} = \begin{bmatrix} -\dfrac{1}{T_1} & 0 & 0 & -\dfrac{K}{T_1} \\ \dfrac{1}{T_2} & -\dfrac{1}{T_2} & 0 & 0 \\ 0 & \dfrac{1}{T_3} & -\dfrac{1}{T_3} & 0 \\ 0 & 0 & 1 & 0 \end{bmatrix}, \quad \boldsymbol{B} = \begin{bmatrix} \dfrac{K}{T_1} \\ 0 \\ 0 \\ 0 \end{bmatrix}, \quad \boldsymbol{C} = \begin{bmatrix} 0 & 0 & 0 & 1 \end{bmatrix}$$

(6.13)

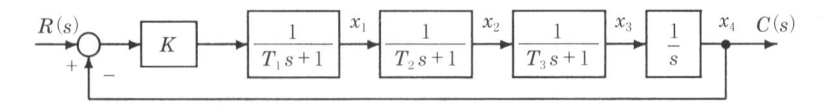

図 6.8: 四次のフィードバック制御系

6.4. 根軌跡法   151

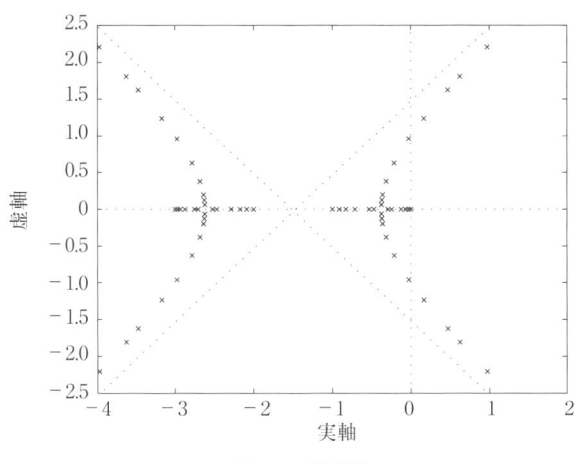

図 6.9: 根軌跡

と求められる．このマトリクス A の固有値は，フィードバックシステムの特性根に一致する．これを二段 QR 法などを使って求めればよい．二段 QR 法は，付属のプログラムの中で使われている．

Matlab には，根軌跡を描く命令 rlocus がある．システムを定義して，rlocus(num, den) または rlocus(A, B, C, D) で自動的に連続した根軌跡を rlocus(num, den, k) または rlocus(A, B, C, D, k) で指定したゲインでの根位置に × を描く．先ほどの四次系で，$1/T_1 = 1$, $1/T_2 = 2$, $1/T_3 = 3$ を例に後者の方法による根軌跡を描くと，図 6.9 のように求められる．図中で斜めの点線は，後に述べる根軌跡の漸近線である．

6.4.2 根軌跡の描き方

エバンスによって導入された根軌跡の描き方を要約する．図式的な根軌跡法は正確に根軌跡を描くことはできないが，描かれた根軌跡の解釈や設計への応用では役に立つ．また，この根軌跡を描く方法は，離散時間系の根を z 平面に描く場合や第 8 章で述べる LQ 制御にも適用できる．

ここで対象とするのは，図 6.10 に示す単一フィードバックを考える．フィードバック後の特性方程式は

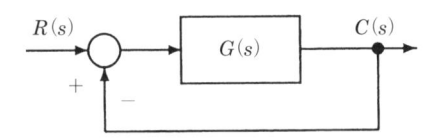

図 6.10: 単一フィードバック系

$$1 + G(s) = 0$$

である．根軌跡上の点 s は上式を満足しなければならない．すなわち，複素数では

$$G(s) = -1 + j0$$

となる．さらに，ゲインと位相に分けると

$$|G(s)| = 1 \tag{6.14}$$

$$\angle G(s) = 180° + k\,360° \tag{6.15}$$

と表すことができる．エバンスの方法は，この二つの式の性質を使い図式に根軌跡を描くものである．例えば，伝達関数

$$G(s) = \frac{K(s + z_1)}{s(s + p_1)(s + p_2)} \tag{6.16}$$

を考えよう．複素 s 平面上に，点 s_1 を図 6.11 のように取る．この点での関数値 $G(s_1)$ は，各根とゼロ点から s_1 までのベクトルを図 6.11 のように $\vec{A}, \vec{B}, \vec{C}, \vec{D}$ とすると，

$$G(s_1) = \frac{K(s_1 + z_1)}{s_1(s_1 + p_1)(s_1 + p_2)} = K\frac{\vec{D}}{\vec{A} \cdot \vec{B} \cdot \vec{C}} \tag{6.17}$$

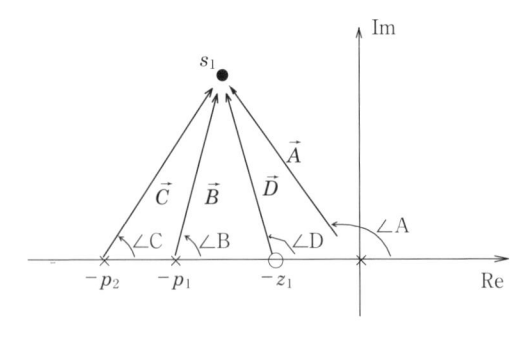

図 6.11: 解ループ根，ゼロ点からの s_1 へのベクトル

6.4. 根軌跡法

と表すことができる．これが根軌跡上の点であるためには，式 (6.14) と式 (6.15) に代入し，

$$|G(s_1)| = K \frac{|D|}{|A| \cdot |B| \cdot |C|} = 1 \tag{6.18}$$

$$\angle G(s_1) = \angle D - \angle A - \angle B - \angle C = 180° + k\,360° \tag{6.19}$$

を満たさなければならない．特に，式 (6.19) は根軌跡を描く上で重要な式である．

以下に根軌跡の描き方をまとめる．実在の制御系では，系の特性が実係数の微分方程式で与えられるので，複素根は必ず共役であり，根軌跡は実軸に対して上下対称となる．また，ここでは分母の次数 n が，分子の次数 m より大きい ($n > m$) 厳密にプロパーな場合を仮定する．

(1) $K \to 0$ の根：開ループの根 $-p_1, -p_2, \cdots, -p_n$ と一致する．

(2) $K \to \infty$ の根：開ループのゼロ点 $-z_1, -z_2, \cdots, -z_m$ と一致し，残りの $(n-m)$ 個は無限遠方へ移動する．

これは，次のように説明できる．開ループ伝達関数を $G(s) = k\,p(s)/q(s)$ とおくと，特性方程式は

$$\frac{p(s)}{q(s)} = -\frac{1}{K} \tag{6.20}$$

と変形できる．$K \to 0$ のときは，$q(s) = 0$，$K \to \infty$ のときは，$p(s) = 0$ または $q(s) = \infty$ とならなければならない．従って，$K \to 0$ のときは開ループの根，$K \to \infty$ のときは，開ループのゼロ点と一致するか無限遠方へ移動する．

以上の性質から，根軌跡の数は開ループ伝達関数の根の数と一致する．

(3) 根軌跡の漸近線：$(n-m)$ 個の無限遠方に移動する根軌跡は，

$$\text{実軸との傾き} \quad \theta_k = \frac{1}{n-m}(180° + k\,360°) \tag{6.21}$$

$$\begin{aligned}
\text{実軸上での交点} \quad \sigma &= -\frac{\sum_{i=1}^{n} p_i - \sum_{j=1}^{m} z_j}{n-m} \\
&= -\frac{\sum \text{開ループの根} - \sum \text{開ループのゼロ点}}{n-m}
\end{aligned} \tag{6.22}$$

の直線に漸近する．

(4) **実軸上の根軌跡**：実軸上では，開ループ伝達関数の根とゼロ点のうち実軸上にある根とゼロ点を右から数えて奇数番目と偶数番目の間に根軌跡は存在する．

(5) **出発角と到達角**：根軌跡は，開ループの根から出発しゼロ点に到達するが，この出発角と到達角 α は，その点から微少離れた点を s_1 とすれば，次の角度の定理から求められる．

$$\sum_{i=1}^{m} \angle(s_1 + z_i) - \sum_{j=1}^{n} \angle(s_1 + p_j) = 180° + k\,360° \tag{6.23}$$

ここで，s_1 は微少離れた点なので，$\angle(s_1+z_i)$ および $\angle(s_1+p_j)$ のうち，出発角および到達角に相当する項は α となり，それ以外は開ループの特異点から出発点または到達点へ結んだベクトルの実軸となす角度である．

(6) **虚軸との交点**：虚軸との交点は安定限界であるから，前節のラウス‐フルビッツの安定判別法によって虚軸上でのゲインが，またそのときの補助方程式から虚軸との交点の周波数が求められる．

(7) **分岐点**：根軌跡上で二つ以上の軌跡がぶつかり，そして離れる点を分岐点という．分岐点では特性方程式は s の重根となるので，開ループ伝達関数 $G(s)$ を s で微分すると0となる．

$$\frac{dG(s)}{ds} = 0 \tag{6.24}$$

分岐点では式(6.24)を満足するが，この式から求められた s の値全てが分岐点というわけではない(必要条件)．しかし，式(6.24)を満たす s の値の中から分岐点を見つけることは困難ではない．

(8) **根の値の和**：開ループ伝達関数の分母の次数 n が，分子の次数 m よりも2以上大きい $(n-m \geq 2)$ 場合，根軌跡上の根の値の総和(または重心 σ_s)は，変化しない．

$$\sigma_s = -\frac{s_1 + s_2 + \cdots + s_n}{n} = -\frac{p_1 + p_2 + \cdots + p_n}{n} \tag{6.25}$$

ここで，$-s_1, -s_2, \cdots, -s_n$ は根軌跡上の根であり，$-p_1, -p_2, \cdots, -p_n$ は，開ループ伝達関数の根である．

6.4. 根軌跡法

(9) ゲイン K の計算：根軌跡を描き終えると，根軌跡上の点 s_1 でのゲイン K は

$$|K| = \frac{1}{|G(s_i)|} = \frac{G \text{ の根から } s_i \text{ へのベクトルの長さの積}}{G \text{ のゼロ点から } s_i \text{ へのベクトルの長さの積}} \tag{6.26}$$

によって計算できる．ただし，これは開ループ伝達関数を

$$KG(s) = \frac{K(s+z_1)(s+z_2)\cdots(s+z_m)}{(s+p_1)(s+p_2)\cdots(s+p_n)} \tag{6.27}$$

と定義した場合のゲイン K で，次式のように表した場合のゲイン K' ではないので，換算が必要である．

$$K'G(s) = \frac{K(s/z_1+1)(s/z_2+1)\cdots(s/z_m+1)}{(s/p_1+1)(s/p_2+1)\cdots(s/p_n+1)} \tag{6.28}$$

ここで，K と K' との関係は次式で与えられる．

$$K' = \frac{p_1 p_2 \cdots p_n}{z_1 z_2 \cdots z_m} K \tag{6.29}$$

[例題 6-5] 簡単な例で根軌跡の描き方を示そう．次のような開ループ伝達関数に単一フィードバックをかけたときの根軌跡を求める．

$$KG(s) = \frac{K}{s(s+3)(s+4)} \tag{6.30}$$

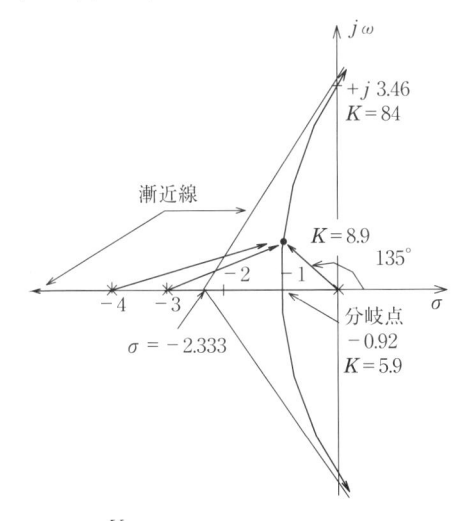

図 6.12: $KG(s) = \dfrac{K}{s(s+3)(s+4)}$ に単一フィードバックをかけたときの根軌跡

(1) $K \to 0$ の根：$s = 0, \ -3, \ -4$

(2) $K \to \infty$ の根：$s = \infty, \ \infty, \ \infty$，従って，根軌跡は3本ある．

(3) 根軌跡の漸近線：

   傾き　$\theta_k = \dfrac{1}{3}(180° + k\,360°) = 60°, \ 180°, \ -60°$

   実軸との交点　$\sigma = -\dfrac{0+3+4}{3} = -2.333$

以上の結果は，図6.12に $K \to 0$ の根を × で漸近線を細線で示す．

(4) 実軸上の根軌跡：実軸上では，$s \leq -4, \ -3 \leq s \leq 0$ の区間に根軌跡が存在する．

(5) 出発角および到達角：この開ループ伝達関数には複素根や複素ゼロ点はない．

(6) 虚軸との交点：フィードバック系の特性方程式

$$s^3 + 7s^2 + 12s + K = 0$$

よりラウス表を作成すると，以下のようになる．

		列番号	
		1	2
行番号	1	1	12
	2	7	K
	3	$(84-K)/7$	
	4	K	

従って，安定限界は $K = 84$ となる．このときの虚軸との交点は，補助方程式

$$7s^2 + K = 7s^2 + 84 = 0$$

より，$s = \pm j\omega = \pm j\,3.464$ と求められる．

(7) 分岐点：$dG(s)/ds = 0$ を計算すると，

$$\dfrac{3s^2 + 14s + 12}{(s^3 + 7s^2 + 12s)^2} = 0$$

を得る．これより，$s = -1.13, \ -10.6$ を得る．このうち $s = -1.13$ のみが根軌跡上にあるので，これが分岐点である．

(8) 根の和：$n - m = 3 - 0 = 3 \geq 2$ であるので，根の和(重心)は不変で，次の値である．

$$\sigma_s = -\dfrac{0+3+4}{3-0} = -\dfrac{7}{3} = -2.333$$

6.4. 根軌跡法

(9) ゲイン K の計算：根軌跡は，図 6.12 の太線のように求められる．この根軌跡上のゲインを求め，目盛りを付ければよい．ここでは，代表点として，135°方向 ($\zeta = 0.5$) の複素根 (・印) のゲインを求めてみよう．式 (6.26) に，開ループ根から・の点までの長さを測り，それを代入すると，

$$K = 1.17 \times 2.333 \times 3.27 = 8.9$$

と求められる．

　任意伝達関数に適当なフィードバックゲインを与え，フィードバック後の根の位置を計算し，最後にステップ応答を求めるプログラムが，付録のプログラム 6-5 に収納されている．

[例題 6-6] ディジタル制御系の根軌跡を描き安定限界を求める．開ループ伝達関数は

$$G[z] = \frac{Kz}{(z-0.5)(z-1)}$$

と与えられている．

(1) $K \to 0$ の根：$z = 0.5, 1$ (図 6.13 の ×)
(2) $K \to \infty$ の根：$z = 0, \infty$ (図 6.13 の ○ と左方無限遠点)
(3) 根軌跡の漸近線：傾き $\theta_k = 180°$ (実軸の負の方向)
(4) 実軸上の根軌跡：$z \leq 0, 0.5 \leq z \leq 1$

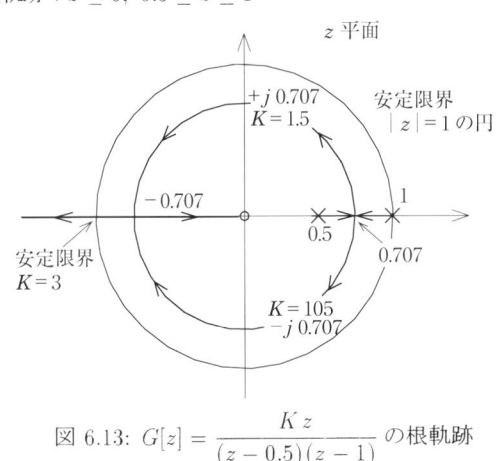

図 6.13: $G[z] = \dfrac{Kz}{(z-0.5)(z-1)}$ の根軌跡

(5) 出発角および到達角：開ループで複素ゼロ点や複素根がないので，$0°$ か $180°$ で自明である．

(6) 虚軸との交点：これは，連続系と違って安定限界ではないが，ラウス表を使って同じように求めることができる．閉ループ系の特性方程式

$$z^2 + (K - 1.5)z + 0.5 = 0$$

から，虚軸を切るゲインは，$K = 1.5$ であり，そのときの虚軸上の値は $z = \pm j0.707$ と求められる．

(7) 分岐点：$dG[z]/dz = 0$ を計算すると，

$$-\frac{Kz(2z - 1.5) + K(z - 1)(z - 0.5)}{(z - 1)^2(z - 0.5)^2} = 0$$

より $z = \pm 0.707$ と計算される．従って，分岐点は $z = 0.707$ と $z = -0.707$ である．

(8) 根の和：$n - m = 1$ なので，根の和は変化し，全体が左へ動く．

(9) ゲイン K の計算：根軌跡は，図 6.13 のように求められる．これに各点から開ループ根までの長さを測定し，ゲインを計算して目盛りを入れればよい．

根軌跡は，z 平面の根軌跡であっても s 平面の根軌跡の描き方をそのまま使って描くことができる．しかし，根軌跡の意味するところは全く異なる．安定限界は $|z| = 1$ の円の内側であり，$z = 1$ は s 平面の原点，$z = 0$ は s 平面の安定な無限遠に対応する．従って，図 6.13 の安定限界は $z = -1$ を横切る点であり，そのゲインは

$$K = \frac{1.5 \times 2}{1} = 3$$

と求められる．

6.5　演習問題

[演習 6.1]　フィードバック制御系が 図 6.14 のように与えられているとき，次の問に答えよ．

(1) 安定であるための範囲をラウス-フルビッツの方法を適用して求めよ．

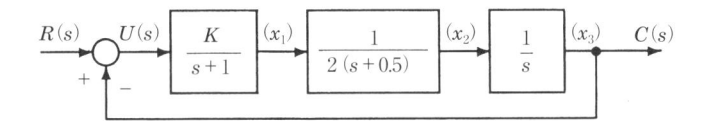

図 6.14: 演習 6.1 のフィードバック系

(2) この系の状態方程式を求めよ.

(3) 係数マトリクスの固有値を計算するプログラムを利用して, $K = -1, 0, 1, 1.5, 2$ の場合での安定性をチェックせよ.

[**演習 6.2**] 開ループ伝達関数が, 次の二つの特性方程式で与えられるとき, ラウス-フルビッツの方法により安定限界のゲインを求めよ.

(1) $KG(s) = \dfrac{K}{s(0.1s+1)(0.02s+1)}$

(2) $KG(s) = \dfrac{K(s+30)}{s(s+10)(s+50)(s+100)}$

[**演習 6.3**] 図 6.15 に, 開ループ周波数応答を示す. これに単一フィードバックを施す場合, 以下の問いに答えよ.

(1) 図 6.15 の開ループ周波数応答に単一フィードバックを施した系は安定か. また安定な場合, ゲイン余裕, 位相余裕はいくつか.

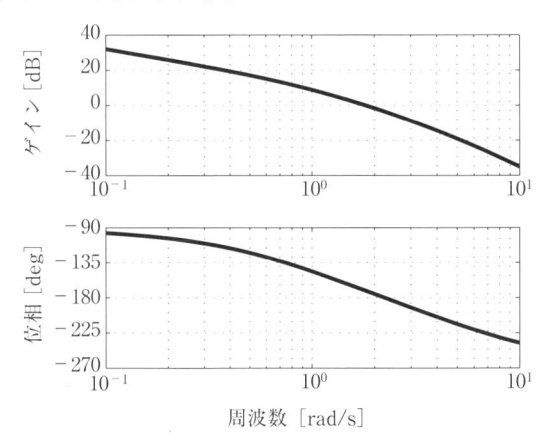

図 6.15: 演習 6.3 の周波数応答

(2) 図 6.15 の周波数応答から,伝達関数 $G(s)$ を推定せよ.

(dSPACE が使えるならば,次の演習を試みよ)

[演習 6.4] 図 4.16 の電気回路を制御対象として,図 5.32 のように dSPACE 回路で一定ゲインのコントローラを製作し,DAC#1 の出力で回路を駆動し,ADC#1 からの出力信号を検出して,安定限界を求めよ.これと例題 6-3 で求めた安定限界 $K = 30$ と比較せよ.なお,回答のファイルは都合により DAC#4 から操作信号を出力し,ADC#4 から出力信号を取り込んでいる.

第7章　フィードバック制御系の設計

フィードバック制御系の設計は，他の機械設計とはだいぶ異なる．通常，制御対象となるプラントは与えられており，機械として果たすべき役割も指定されている．しかし，プラント単独では充分な性能を発揮できず，フィードバック制御を必要とする．このようなフィードバック制御系の構成を 図7.1 に示す．

7.1　フィードバック制御系の設計ステップ

制御系の設計を特性改善設計と呼ぶことがある．しかし制御系の設計を終えた段階で，機械としての性能を満足し得ない場合も考えられる．このような場合には，制御対象であるプラントを含めて設計を再検討することが必要となる．この場合，アクチュエータの設計に立ち戻って設計し直すことが必要になるであろう．本書では，このような総合的な設計問題までを含めるものではなく，特性改善設計に重点をおく．制御系の設計ステップは，以下のように行われる．

7.1.1　制御対象のモデル化

制御系設計の第一歩は，制御対象のモデル化である．この最も簡単な方法は，制御対象の入力(操作量)をスッテップ状に変化させ，そのときの応答(出力)の過渡的な変化からプラントの特性を知る方法である．この方法はステップ応答法と呼ば

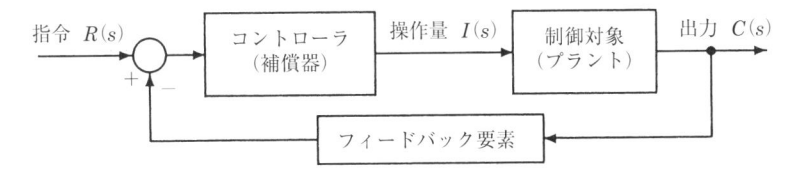

図 7.1: 設計対象のフィードバック制御系

れる.

また多少時間がかかるが,正確な方法として制御対象の入力を正弦波状に変化させ,出力で観測される正弦波状の振幅の比(ゲイン)と位相の差から,制御対象の特性を知る方法もある.この方法は周波数応答法と呼ばれ,5.5節ですでに述べた.

これ以外にも,制御対象の特性を知る方法はいくつかの方法がある.プラントの入力にランダムな信号を加え,その応答との統計的な解析から特性を求める方法などである.これらは制御対象の同定問題と呼ばれ,いろいろな手法が提案されている.

7.1.2 コントローラの設計

制御対象がモデル化できれば,これに基づいてコントローラを設計することができる.本章以降の主なテーマはコントローラの設計である.コントローラの設計は,制御対象のモデル化のレベルに応じて決まってくる.ステップ応答の結果を利用する設計法はステップ応答法と呼ばれ,また周波数応答を利用する方法は周波数応答法と呼ばれる.これらは,制御対象の部分的な情報のみを利用した設計法であり,古典制御理論に基づいた設計法である.

制御対象の動特性が完全に常微分方程式で記述できる場合には,次節以降で述べる現代制御理論を利用した制御系設計が可能である.最近では,制御対象の特性変化に応じて,コントローラの特性を変化させる適応制御も次第に使われるようになってきた.あるいは制御対象の動特性にある程度の不確定性がある場合に,制御系の頑強性を補償するようなロバスト制御も使われるようになった.適応制御やロバスト制御に関しては本書では含めないことにする.

7.1.3 コントローラの実装

コントローラが設計できると,最後にこれを実装し,フィードバック制御系を完成させなければならない.かつては,プラントの信号に適合したコントローラが使われていた.例えば誤差信号,操作信号ともに電圧の場合,電子回路と増幅器でコントローラが作られた.油圧や空圧アクチュエータの場合,油空圧回路が使われることもあった.しかし,これらの回路で実現できる伝達特性には限界がある.一方

で，物理変数を電圧に変換できる多くのトランスデューサが開発され，かつマイクロコンピュータが発達するに従って，コンピュータ制御が多く使われるようになった．すなわち，制御すべき物理量をトランスデューサで電圧に変換し，それをA/D変換してコンピュータに取り込み，ディジタル制御器をコンピュータ内で実現して，操作量をD/A変換してプラントに加える．このようなディジタルコンピュータ制御の場合，ソフトウェア次第でどのような制御も可能となる．

ディジタルコンピュータ制御にはいくつかの設計手法が存在する．制御系の離散モデルを作成し，それから直接ディジタル制御器を設計することも可能であるが，直感的に制御特性を把握しにくい欠点がある．そこで本書では，アナログな制御対象に対してアナログな制御器を設計し，最後にこれをディジタル制御器に変換し，実装することを主に取り扱う．

7.2　ステップ応答によるフィードバック制御系の設計

これは，制御対象の特性が未知の場合，操作信号に単位ステップを入力し，応答(出力)を観測することで特性を知る方法である．これを簡単な伝達関数で近似し，コントローラを設計する．この方法によって，制御系設計の基本的な流れを説明しよう．ただし，この方法は制御対象を近似的に表しているため，高性能な制御系設計には向いていないことに注意しなければならない．

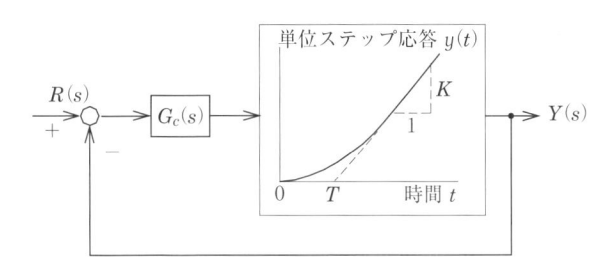

図 7.2: 積分特性を持つ系のフィードバック制御

7.2.1 積分特性を持つプラント

モータを含むサーボ機構のように，積分特性を持つ制御対象に単位ステップ入力を加えると，図7.2のブロック内に示すような応答が認められた．すなわち，単位ステップ印加後の過渡的な変化が終了すると，ほぼ直線的に出力が増加し，増加の傾きが K で，この直線を延長した線と時間軸の交点が T であった．このとき伝達関数は

$$G(s) = \frac{K}{s(Ts+1)} \tag{7.1}$$

と近似できる．伝達関数 $G(s)$ の分母に s が一つあるので，このフィードバック系は1型であり，フィードバック系が安定に構成できれば定常偏差は0となる．

コントローラ $G_c(s) = 1$ とおいてフィードバックを施すと，入力から出力までの伝達関数は，

$$\frac{Y(s)}{R(s)} = \frac{\omega_n^2}{s^2 + 2\zeta\omega_n s + \omega_n^2}, \quad \omega_n = \sqrt{\frac{K}{T}}, \quad \zeta = \frac{1}{2\sqrt{KT}} \tag{7.2}$$

となる．ゲイン K の増加による応答の変化を 図7.3に示す．単にゲイン K を大きくしたのでは，減衰率 ζ が小さくなり，応答の行き過ぎ量は増加してしまう．ここ

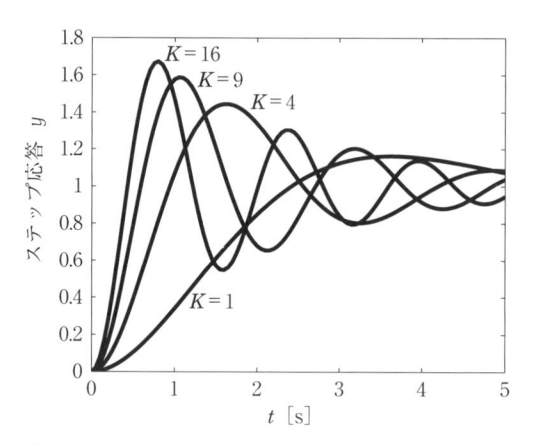

図 7.3: フィードバック制御の単位ステップ応答

7.2. ステップ応答によるフィードバック制御系の設計

で，最大行き過ぎ量と最大行き過ぎ時間は

$$\left. \begin{array}{l} O_v = \exp(-\pi\zeta/\sqrt{1-\zeta^2}) = \exp(-\pi/\sqrt{4KT-1}) \\ T_{max} = \dfrac{\pi}{\omega_n\sqrt{1-\zeta^2}} = \dfrac{2\pi T}{\sqrt{4KT-1}} = 2T|\ln O_v| \end{array} \right\} \tag{7.3}$$

と求められる．

このままで制御特性を上げようとしても，変えられる係数はゲイン K のみであり，ゲイン K を増加すると，図7.3に示したように速応性はよくなるが，最大行き過ぎ量も増加してしまう．そこで，図7.2のコントローラに次のような伝達関数

$$G_c(s) = K_c \frac{T_2 s + 1}{T_1 s + 1} \tag{7.4}$$

を挿入したフィードバック系を用いる．ここで簡単のために $T_2 = T$ と選ぶと，一巡伝達関数は

$$G_c(s)\,G(s) = K_c \frac{T_2 s + 1}{T_1 s + 1} \frac{K}{s(Ts+1)} = \frac{K_c K}{s(T_1 s + 1)} \tag{7.5}$$

となる．この伝達関数は，式(7.1)で $K \to K_c K,\ T \to T_1$ と変化しただけである．従って，二次系のステップ応答で，固有振動数，減衰率，最大行き過ぎ量および最大行き過ぎ時間が

$$\begin{array}{l} \omega_n^* = \sqrt{\dfrac{K_c K}{T_1}} \\ \zeta^* = \dfrac{1}{2\sqrt{K_c K T_1}} \\ O_v^* = \exp(-\pi\zeta^*/\sqrt{1-\zeta^{*2}}) = \exp(-\pi/\sqrt{4K_c K T_1 - 1}) \\ T_{max}^* = 2T_1|\ln O_v^*| \end{array}$$

と変わる．K_c と T_1 はコントローラである程度自由に選ぶことができるので，速応性がよく，かつ最大行き過ぎ量が大きすぎない系を設計することができる．

すなわち，最大行き過ぎ量 O_v^* と行き過ぎ時間 T_{max}^* を指定すると，コントローラの時定数 T_1 とゲイン K_c は，次式で与えられる．

$$T_1 = \frac{T_{max}^*}{2|\ln O_v^*|}, \quad K_c = \frac{1}{4KT_1}\left\{1 + \left(\frac{\pi}{\ln O_v^*}\right)^2\right\} \tag{7.6}$$

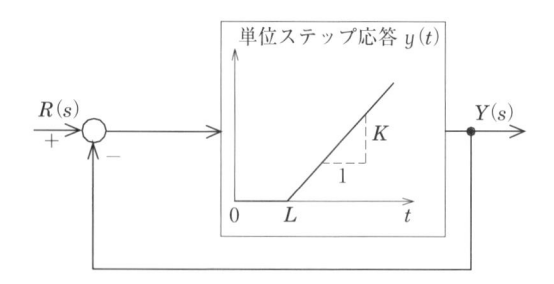

図 7.4: むだ時間と積分特性を持つ系のフィードバック制御

7.2.2 むだ時間と積分特性を持つプラント

ある制御プラントのステップ応答が，図 7.4 のブロックの中に示すような波形で求められた．単位ステップ印加後 L [s] だけ応答が現れず，その後，直線的に増加する．この傾きは K であった．このプラントの伝達関数は

$$G(s) = \frac{Ke^{-sL}}{s} \tag{7.7}$$

と近似できる．実際の系は，図 7.2 と 図 7.4 の中間の応答波形を持つことが多い．フィードバックを施す場合，図 7.4 の応答で近似した方が計算上不安定化しやすく，実際の系に適用する場合は安全側である．事実，式 (7.1) の伝達関数にフィードバックをかけても不安定化することはないのに対して，式 (7.7) の伝達関数にフィードバックを施すと，あるゲイン以上で不安定化する．このような むだ時間を含む制御系の取扱いは複雑となる．ここでは，フィードバックの安定性のみを考える．6.4 節で述べた周波数応答による安定判別法を適用する．開ループ周波数応答 $G(j\omega)$ は，式 (7.7) において $s = j\omega$ を代入することで求められる．

$$G(j\omega) = \frac{Ke^{-j\omega L}}{j\omega} \tag{7.8}$$

これより，ゲインと位相を計算する．

$$\left.\begin{array}{l} \text{ゲイン} = |G(j\omega)| = \left|\dfrac{Ke^{-j\omega L}}{j\omega}\right| = \dfrac{K}{\omega} \\ \text{位相} = \angle \dfrac{Ke^{-j\omega L}}{j\omega} = -\dfrac{\pi}{2} - j\omega L \end{array}\right\} \tag{7.9}$$

6.4 節で述べた周波数応答による安定判別法より，ゲイン交差周波数 ω_c が位相交差周波数 ω_p より小さい場合，フィードバック制御系は安定である．ゲインが 1 と

7.2. ステップ応答によるフィードバック制御系の設計　　　　　　　　　　167

なる周波数 ω_c と，位相が $-180°$ となる周波数 ω_p は，

$$\omega_c = K, \quad \omega_p = \frac{\pi}{2L}$$

と求められる．これより，フィードバック制御系が安定であるためには，

$$\omega_c = K < \omega_p = \frac{\pi}{2L} \implies KL < \frac{\pi}{2} \tag{7.10}$$

を満たさなければならない．

7.2.3　むだ時間と一次遅れ特性を持つプラント

　ある制御プラントのステップ応答が，図7.5のブロックの中に示すような波形で求められた．単位ステップ印加後 L [s] だけ応答が現れず，その後，指数関数的に増加する．この系の応答は充分に時間が経過すると一定値 K となる．このプラントの伝達関数は

$$G(s) = \frac{K e^{-sL}}{Ts + 1} \tag{7.11}$$

と近似できる．この系も，K, L, T の値によって，図7.5のフィードバック制御系は不安定となることがある．安定限界は前項の場合と同様に，6.4節で述べた周波数応答による安定判別法を適用する．開ループ周波数応答 $G(j\omega)$ は，式(7.11) において $s = j\omega$ を代入したものなので，これよりゲインと位相を計算する．

$$\left.\begin{array}{l} \text{ゲイン} = |G(j\omega)| = \left|\dfrac{K e^{-j\omega L}}{Tj\omega + 1}\right| \\ \text{位相} = \angle \dfrac{K e^{-j\omega L}}{Tj\omega + 1} = -j\omega L - \tan^{-1} T\omega \end{array}\right\} \tag{7.12}$$

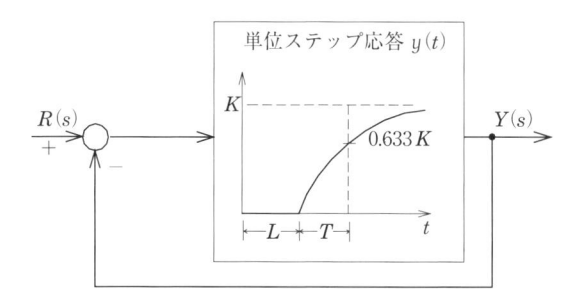

図 7.5: むだ時間と一次遅れ特性を持つ系のフィードバック制御

この場合，ゲイン交差周波数は，$\omega_c = \sqrt{(K^2-1)}/T$ と求められるが，位相交差周波数は次の数値計算を必要とする．

$$j\omega_p L + \tan^{-1} T\omega_p = \pi$$

これより ω_p を求める．この値が $\omega_c < \omega_p$ を満たす条件が安定条件である．

7.2.4 むだ時間を含むフィードバック制御系の安定化

前2項で述べたフィードバック制御系のように，フィードバックループの中にむだ時間があると，系は，不安定化しやすかったり，解析や設計での取扱いが困難となる．いかにフィードバック制御系を工夫しても，むだ時間を短くすることは不可能である．そこで，むだ時間を短くすることをあきらめ，見かけ上フィードバックの外に追い出し，むだ時間を過ぎた後の応答を改善する方法が提案された．これはスミスの方法と呼ばれ，次のような手順で設計される．

図7.6(a) のブロック線図のように，制御対象をむだ時間の項 $G_3(s)$ とそれ以外の項 $G_2(s)$ に分けて考える．この制御対象に対してコントローラを図の点線のように作成する．これは，図7.6(b) のように等価変換可能である．例えば，図7.4の

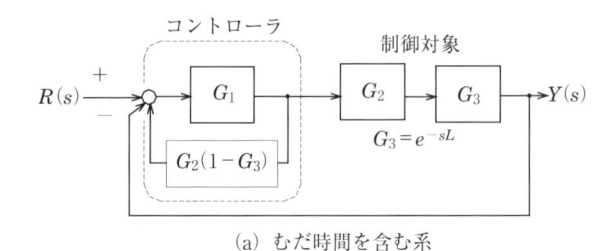

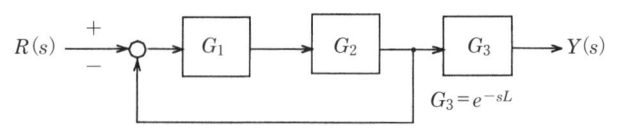

(a) むだ時間を含む系

(b) むだ時間を追い出した系

図 7.6: むだ時間を含むフィードバック制御系の安定化

7.2. ステップ応答によるフィードバック制御系の設計

フィードバック系を考えると，制御対象は

$$G(s) = G_2(s)G_3(s) = \frac{K}{s}e^{-sL} \tag{7.13}$$

図 7.5 の場合,

$$G(s) = G_2(s)G_3(s) = \frac{K}{Ts+1}e^{-sL} \tag{7.14}$$

と分解し，$G_3(s) = e^{-sL}$ と考えればよい．図 7.6(a) のフィードバック制御系は，等価的に 図 7.6(b) と変形できるから，フィードバックループからむだ時間 $G_3(s) = e^{-sL}$ が追い出されている．コントローラの伝達関数 $G_1(s)$ は，制御対象のむだ時間 e^{-sL} を取り除いた残りの伝達関数 $G_2(s)$ の特性を改善するためのコントローラである．

図 7.7(a) に，むだ時間と積分特性を含む制御対象に対して，スミスの方法を適用した場合を示す．点線のコントローラを挿入すると，同図 (b) のように むだ時間

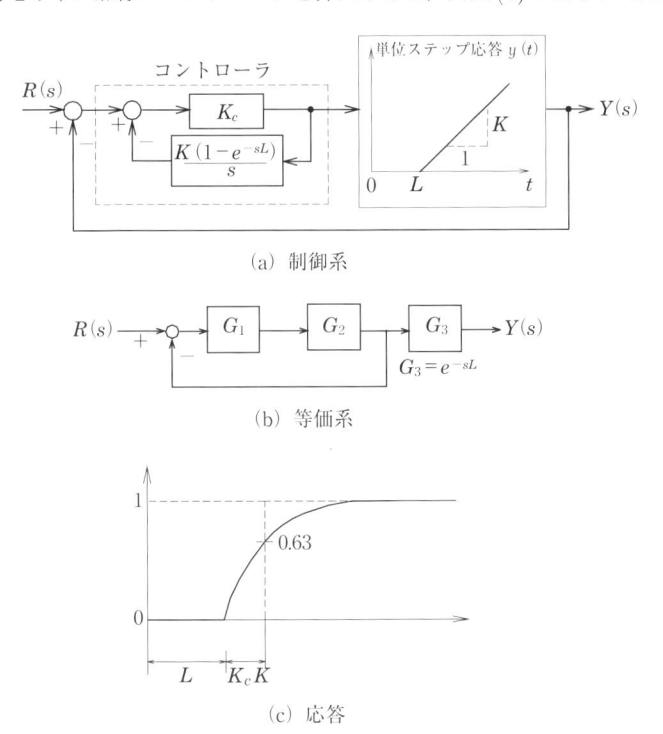

(a) 制御系

(b) 等価系

(c) 応答

図 7.7: むだ時間と積分特性を含むフィードバック制御系の安定化

要素がフィードバックの外に追い出される．この系のステップ応答は，同図 (c) のようにオーバシュートがない応答を得ることができる．さらにゲイン K_c を増加することで，むだ時間 L は小さくできないが，その後の応答をいくらでも速くすることができる．

7.3　PID 制御

PID コントローラは，サーボ機構やプロセス制御など，多くのフィードバック制御に使われている．第 5 章で明らかとしたように，0 型の制御系では定常偏差が残ってしまう．サーボ機構のように 1 型の系でも，ランプ入力に対しては定常偏差が生じる．このような場合，コントローラに積分特性を持たせれば定常偏差を小さくすることができる．さらに，多くの制御対象は遅れ要素を持っており，不安定化しやすい．遅れとは分母に s が加わる系であるから，コントローラの分子に s を加えると，より安定化できる．すなわち，PID コントローラとは 比例＋微分＋積分補償器のことである．

図 7.1 のコントローラに，次の伝達関数を使う．

$$G_c(s) = K_p + \frac{K_i}{s} + K_d s \tag{7.15}$$

ここで，ゲイン K_p, K_i, K_d を調整 (チューニング) し，フィードバック系の性能を向上させる．

PID コントローラのチューニングには，大きく分けて二つ考えられる．一つは，制御対象のモデル化を行わず，実験によって調整する方法である．この代表的な手法として，本書ではジーグラ-ニコルスの限界感度法を紹介する．もう一つは，制御対象をモデル化し，モデル化で得られた伝達関数に基づいて設計する方法である．この場合は，Matlab などの制御系設計 CAD を使って設計を進めることができる．

付属のプログラム 7-1 に，PID コントローラの動作アニメーションが収録されている．

7.3. PID 制御

表 7.1: 限界感度法による PID コントローラ

コントローラ	K_p	K_i	K_d
比例 P	$0.5 K_c$	0	0
比例+積分 PI	$0.45 K_c$	$0.54 K_c/T_c$	0
比例+積分+微分 PID	$0.6 K_c$	$1.2 K_c/T_c$	$0.075 K_c T_c$

7.3.1 限界感度法

この方法はジーグラ-ニコルスの限界感度法と呼ばれ，制御対象に直列に PID コントローラを挿入し，実験的に K_p, K_i, K_d を調整する方法である．制御対象は化学プラントのような積分特性のない伝達関数を考えており，ステップ応答に対する振幅減衰比を 25% にするような調整法である．次の手順に従って設計する．

(1) PID コントローラを比例 K_p のみとし ($K_i = 0$, $K_d = 0$)，K_p を少しずつ増加してフィードバック系が安定限界になるようにする．このときの K_p の値を限界感度 K_c という．

(2) K_p を限界感度 K_c としたときは，フィードバック系の応答は振動的となる．この振動周期 T_c を測定する．

(3) 測定された K_c, T_c を 表 7.1 に代入し，K_p, K_i, K_d を決定する．

[例題 7-1] 図 7.8 のステップ応答を持つ制御対象に，限界感度法で PID コントローラを設計する．まず，PID コントローラを付けてフィードバック系を作成し，

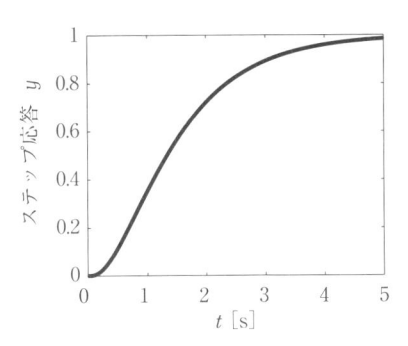

図 7.8: 制御対象のステップ応答　　図 7.9: 限界感度での応答

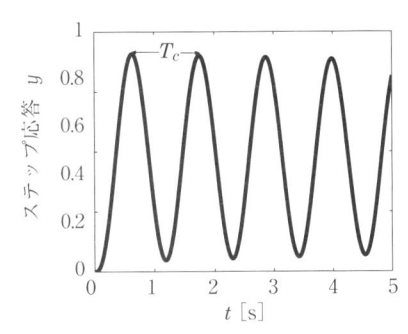

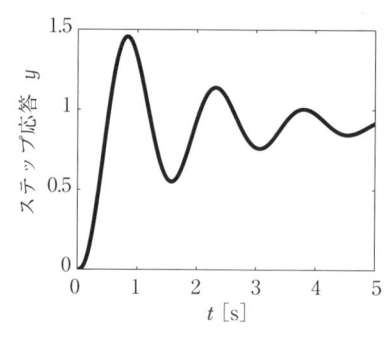

図 7.10: P コントローラでの応答 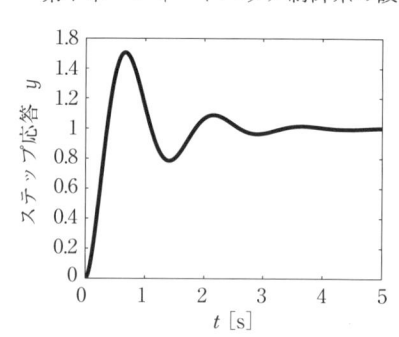　　図 7.11: PID コントローラでの応答

$K_i = 0$, $K_d = 0$ として K_p のみを徐々に増加させる．すると，$K_p = K_c = 19.5$ で 図 7.9 の応答を得た．これを安定限界として振動周期を求めると，$T_c = 1.15$ と求められる．表 7.1 より，比例のみを使う (P) コントローラであれば，

$$K_p = 0.5\,K_c = 9.75$$

PID コントローラであれば，

$$K_p = 0.6\,K_c = 11.7, \quad K_i = 1.2\,K_c/T_c = 20.35, \quad K_d = 0.075\,K_c T_c = 1.68$$

と求められる．それぞれの応答を，図 7.10 と 図 7.11 に示す．図 7.10 の比例コントローラのみでは，応答は振動的で，しかも定常偏差を持ってしまう．一方，図 7.11 の PID コントローラでは定常偏差は 0 に収れんしている．しかし，まだ少し振動的な応答である．

本来，この方法は制御対象が未知の場合に使う手法であるが，ここでは Matlab を使って応答を求めているので，伝達関数

$$G(s) = \frac{1}{(s+1)(0.5s+1)(0.1s+1)} \tag{7.16}$$

を使って計算している．

7.3.2　伝達関数に基づく設計

制御対象の伝達関数が実験的または解析的に推定できれば，それを使った設計が可能である．これには，周波数応答に基づく方法，根軌跡に基づく方法など，多く

7.3. PID制御

の手法が使える．しかし，解析的な設計手法は次節以降のテーマなので，ここでは，Matlabを使ったシミュレーション設計を例示する．

設計手順は，以下のように要約できる．

(1) 制御対象のモデルにPIDコントローラを付け，まずPDコントローラの設計を行う．これは，フィードバック制御系が望む動特性(応答速度と安定性)を持つように，比例ゲイン K_p と微分ゲイン K_d を決定することである．この場合，周波数応答法や根軌跡法などの解析的な手法が使えれば，設計はより合理的になる．

(2) 設計された比例ゲイン K_p と微分ゲイン K_d が満足できるかをチェックするため，系をシミュレーションする．満足できない場合は，比例ゲイン K_p と微分ゲイン K_d を変更し，満足できるコントローラを求める．

(3) 定常偏差を小さくするように積分ゲイン K_i を決める．通常，積分制御は安定性を悪化させるので，積分時定数 $T_i = K_p/K_i$ が，制御対象の最大時定数の10倍程度に設定する．

(4) 積分制御を含めた系の特性を確かめるためシミュレーションを行う．この際，特性が思ったよりも悪化していれば，係数を調整する．

[例題7-2] ここでは，例題7-1で取り扱った制御対象[式(7.16)]をシミュレーションによって設計する．例題7-1の結果では，思ったよりも応答は振動的である．これは，プロセス制御を前提としたコントローラなので，むだ時間などが入っている

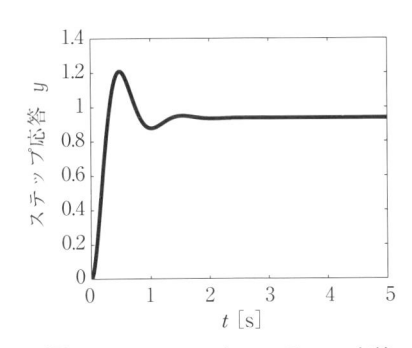

図 7.12: PDコントローラでの応答 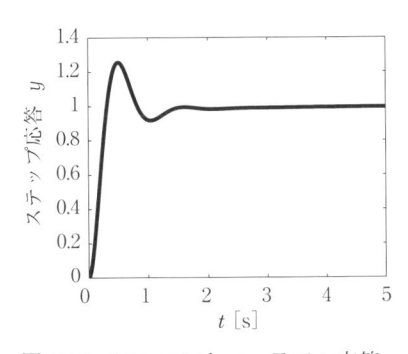　　図 7.13: PIDコントローラでの応答

制御対象に対する調整条件のためである．そこで，図 7.11 の PID コントローラを PD のみとして，比例ゲインと微分ゲインを調整する．得られた結果を 図 7.12 に示す．比例ゲイン $K_p = 15$ と微分ゲイン $K_d = 2.68$ で，図示するような行き過ぎ量 25% の良好な応答となっている．

図 7.12 の応答は，立ち上がりは速く，行き過ぎ量も 25% と良好であるが，定常偏差が残っている．そこで積分時定数 $T_i = K_p/K_i$ を制御対象の最大の時定数 $T_1 = 1$ の 10 倍，すなわち $T_i = K_p/K_i = 10T_1 = 10 \Rightarrow K_i = 1.5$ としてシミュレーションする．定常偏差は徐々に 0 に収れんするが，この収れんは遅すぎる．そこで K_i の値を増やすと，応答を悪化することなしに，$K_i = 6$ で 図 7.13 のような応答を得ることができる．

任意伝達関数を代入して，シミュレーションによって PID コントローラを設計するプログラムが，付属のプログラム 7-2 に収録されている．

7.3.3　PID コントローラ実装上の問題点

PID コントローラを実際の制御系に使う場合，問題が生ずる．積分は低周波のゲインを無限大とし，また微分は高周波のゲインを無限大とする．これを実現することはきわめて困難である．

積分器は，第 2 章のオペアンプで導入したように，作ることは可能であるが，出力電圧が飽和してしまう可能性が高い．そこで，近似積分

$$\frac{1}{s} \Rightarrow \frac{1}{s+\alpha}$$

を使う．ここで，α は低周波のゲインに制限を設けるための小さな正の定数である．この近似積分回路に比例ゲインを加えると，折れ点周波数が低周波に設定された位相遅れ回路であり，以降に述べる位相遅れ制御の設計と同じこととなる．

微分回路は，非プロパーな(分母の次数より，分子の次数の方が高い)伝達関数であり，製作はより困難である．オペアンプで作る積分器の抵抗とコンデンサを入れ換えると微分器になるが，ノイズだらけで使えない．このような高周波の信号は，ディジタル制御ではエイリアジングの問題もあり，高周波のゲインを無限に大きくすることは避けなければならない．従って，微分回路も次のように近似微分回路と

7.4. 周波数応答による位相進み，位相遅れ制御の設計

する．

$$s \Rightarrow \frac{s}{\beta s + 1}$$

β が充分に小さければ，微分回路のよい近似となる．この近似微分回路に比例ゲインを加えると，位相進み回路となる．従って，近似微分と比例ゲインを加えると，次節で述べる位相進み制御となる．

7.4 周波数応答による位相進み，位相遅れ制御の設計

前節の最後にも述べたように，位相進み，位相遅れは，近似微分＋比例，近似積分＋比例コントローラと同じである．ここでは，それぞれの周波数領域における設計法を述べる．

7.4.1 位相進み制御の設計

位相進み補償は，制御系応答の動特性を改善する働きがある．これは，次の伝達関数で与えられる．

$$G_c(s) = \frac{T_2 s + 1}{T_1 s + 1}, \quad T_1 < T_2 \tag{7.17}$$

この周波数応答を 図 7.14 に示す．周波数 $1/T_1 > \omega > 1/T_2$ の範囲で位相進み特性が現れている．ここで，周波数比を $\alpha = T_2/T_1$ とすると，最大位相進み ϕ_{max} は α

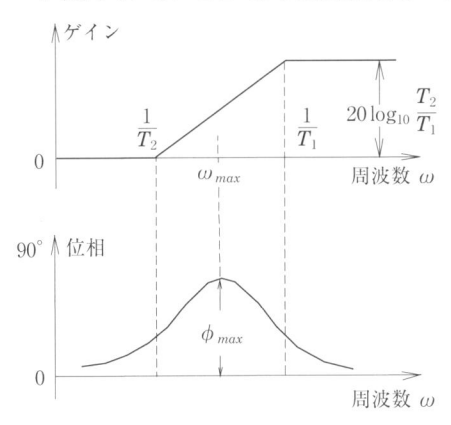

図 7.14: 位相進み回路の周波数応答

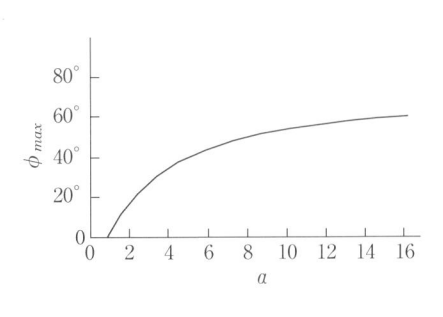

図 7.15: 最大位相進みと周波数比 α

の関数で，周波数 ω_{max} で現れる．

$$\phi_{max} = \sin^{-1}\frac{\alpha-1}{\alpha+1}, \quad \omega_{max} = 1/\sqrt{T_1 T_2} \tag{7.18}$$

ϕ_{max} と α との関係を 図 7.15 に示す．この位相進み回路の特性を利用した周波数応答での設計は，以下のようにまとめられる．

(1) 制御対象と適当なコントローラゲイン (例えば，定常偏差特性を満足するとか，次に説明するゲイン交差周波数が動的な応答速度を満足するように) K_c を決め，一巡伝達関数の周波数応答を 図 7.16 のように描く．

(2) ゲイン交差周波数 ω_c での位相余裕 ϕ_c を調べる．これが安定度を満たさなければ，必要な位相進み ϕ' を求め，$\phi_{max} = \phi'$ とおいて，位相進み回路の α を式(7.18)から求める．

(3) 最大位相進み周波数 ω_{max} を，(1) 項で描いた周波数応答のゲインが $-10\log\alpha$ [dB] を通る点に定める．この点が補償後の新しいゲイン交差周波数 $\omega_c' = \omega_{max}$ と期待される．これらの ω_{max} と α から位相進みの時定数 T_1, T_2 を決定する．

(4) 位相進み補償器を組み込んだ一巡伝達関数の周波数応答を 図 7.17 のように描き，制御仕様 (特に安定性) が満たされているかをチェックする．満たされていなければ，(2) 項に戻り，再度設計し直す．

(5) 必要があればステップ応答などをシミュレーションし，総合的に仕様を満たし

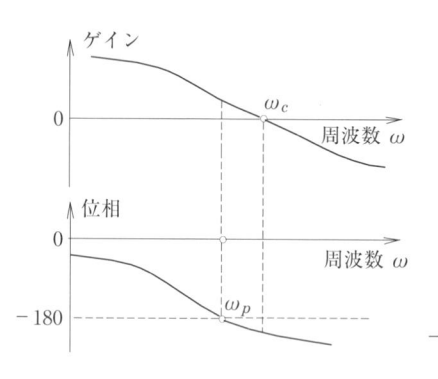

図 7.16: 制御対象の周波数応答 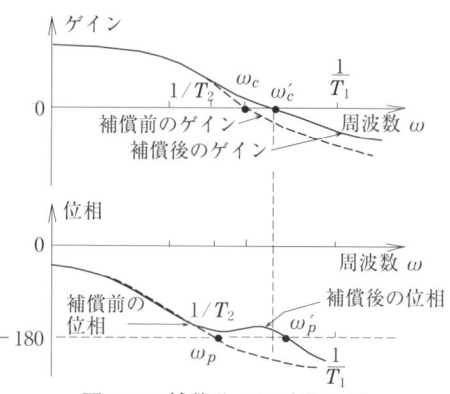　　図 7.17: 補償後の周波数応答

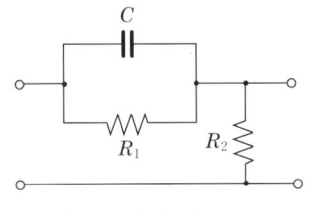

7.4. 周波数応答による位相進み，位相遅れ制御の設計

図 7.18: 位相進み回路

ているかをチェックする．よければコントローラを実装し，実際の系で調整することもある．

最近は，コンピュータの発達で，コントローラの大部分はディジタルコンピュータで作られることが多くなった．しかし，記録系サーボのように，安価なコントローラを電気回路のみで作りたい場合もある．そのような目的で，図7.18の位相進み回路が使われる．ここで，

$$\alpha = \frac{R_1 + R_2}{R_2} \tag{7.19}$$

$$T_1 = \frac{R_1 R_2}{R_1 + R_2} C, \quad T_2 = R_1 C \tag{7.20}$$

なる関係があるので，これより回路を設計し，実装する．

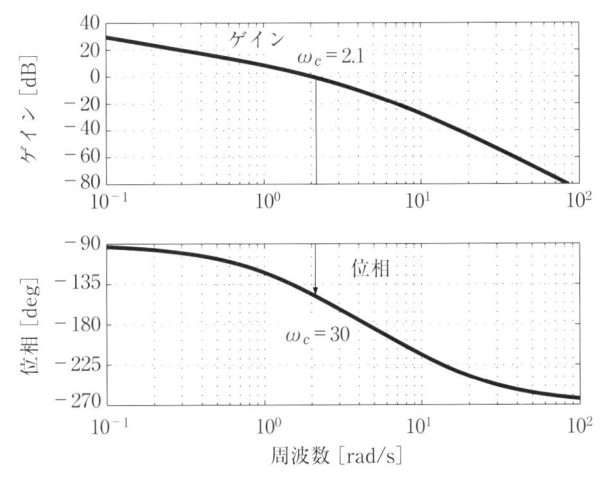

図 7.19: 例題 7-3 の制御対象

位相進みコントローラの動作アニメーションは，付属プログラムの 7-3 に収められている．

[例題 7-3] 次のような伝達関数で与えられる制御対象に位相進みコントローラを設計する．

$$G(s) = \frac{1}{s(0.5s+1)(0.1s+1)} \tag{7.21}$$

これにフィードバック制御を加え，速度誤差定数 3，位相余裕 45 deg としたい．

速度誤差定数の仕様から，$K_c = 3$ として一巡伝達関数の周波数応答は図 7.19 のように求められる．ゲイン交差周波数 $\omega_c = 2.1$ での位相は $\phi = 150°$ であり，位相余裕は $\phi_c = 30°$ である．従って，45° の位相余裕を持たせるためには，15° 以上の位相進み補償を必要とする．ゲイン交差周波数付近での位相の変化が大きいので，余裕を考えて $\phi_{max} = 30°$ として位相進み回路を設計する．

$$\alpha = \frac{1+\sin\phi_{max}}{1-\sin\phi_{max}} = \frac{1+0.5}{1-0.5} = 3.0$$

ゲインが，$-10\log 3.0 = -4.8$ dB を通過する周波数 $\omega = 2.9$ を新しいゲイン交差周波数として，進み補償を設計する．

$$T_2 = \alpha T_1, \quad T_1 T_2 = 1/\omega_{max}^2 \Rightarrow T_1 = 0.2, \quad T_2 = 0.6$$

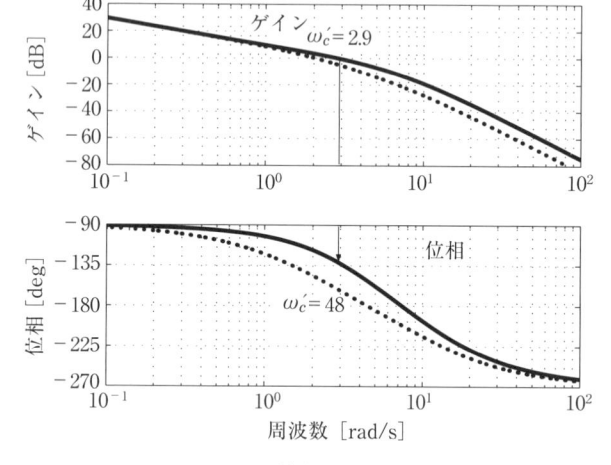

図 7.20: 補償後の制御対象

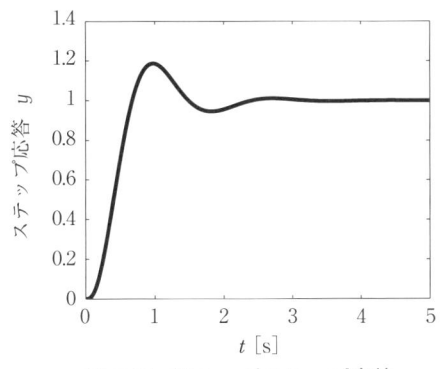

7.4. 周波数応答による位相進み,位相遅れ制御の設計

図 7.21: 閉ループステップ応答

この補償器を直列に接続した一巡伝達関数の周波数応答を 図 7.20 に示す.点線で示した未補償系に比べ,補償後の応答では位相余裕 48° が確保されており,良好な特性を示している.

閉ループ系の特性をステップ応答でシミュレートする.図 7.21 のように良好な応答が得られている.この位相進みを 図 7.18 の RC 回路で実現するためには,

$$\frac{R_1 + R_2}{R_2} = 3 \Rightarrow R_1 = 100 \text{ k}\Omega, \quad R_2 = 200 \text{ k}\Omega$$

$$T_2 = R_1 C \Rightarrow C = \frac{0.6}{100 \text{ k}\Omega} = 6 \text{ }\mu\text{F}$$

と求められる.この回路は低周波のゲインを 1/3 倍に落とすので,アンプでゲインを 3 倍に上げなければならない.

位相進み補償の欠点,または限界は何であろうか.前の例題でも明らかなように,位相進みは安定性を増すとともに応答も速くする.従って,

(1) 安定性は改善したいが,応答速度(バンド幅)は速くしたくない系,例えば,高周波のノイズを減少したい系などには向いていない.

(2) ゲイン交差周波数付近で位相の変化の激しい系には効果が期待できない.

(3) 高周波のゲインを上げたくないような系には適さない.

などの問題がある.

7.4.2 位相遅れ制御の設計

位相遅れ補償は，制御系応答の定常偏差を改善するために使われる．位相遅れ特性は，次の伝達関数で与えられる．

$$G_c(s) = \frac{T_2 s + 1}{T_1 s + 1}, \quad T_1 > T_2 \tag{7.22}$$

この周波数応答を 図 7.22 に示す．低周波でのゲインが上昇している．しかし，周波数 $1/T_1 < \omega < 1/T_2$ の範囲で位相が遅れ，安定性を悪化させる恐れがある．なお，最大位相遅れ ϕ_{max} は周波数 ω_{max} で現れる．

$$\phi_{max} = \sin^{-1}\frac{\alpha - 1}{\alpha + 1}, \quad \omega_{max} = 1/\sqrt{T_1 T_2} \tag{7.23}$$

ϕ_{max} と α との関係は，図 7.15 に示した位相進みの ϕ_{max} とまったく同じである．位相遅れ補償の設計は，以下のようにまとめられる．

(1) 望まれる動特性を持つように制御系を設計する．この際，コントローラはゲイン K_c のみで，その値を定めることもあるし，前項の位相進みで補償することもある．

(2) 一巡伝達関数の周波数応答を描き，定常偏差定数を求める．誤差特性が設計仕様を満たさない場合は，不足ゲインから α の値を定め，図 7.22 の折れ点周波数 $1/T_1$

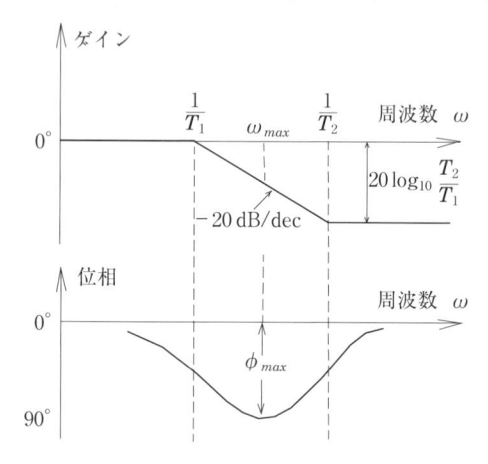

図 7.22: 位相遅れ回路の周波数応答

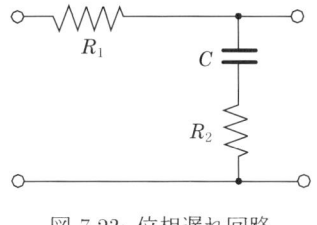

7.4. 周波数応答による位相進み，位相遅れ制御の設計

図 7.23: 位相遅れ回路

を (1) で描いた一巡周波数応答の接点周波数の数分の 1 から 1/10 に定める．図 7.22 の応答のように，高周波のゲインを落とす回路を使う場合はゲインを α 倍する．

(3) 設計された位相遅れを加えた一巡伝達関数の周波数応答を描き，全体の特性を検討する．必要があればフィードバック系の応答をシミュレートする．性能を満たさない場合は再設計する．

位相遅れ補償も，位相進みと同様にコンピュータで実現することが多い．しかし電気サーボだけで実現する場合には，図 7.23 の遅れ回路を直列に挿入する．この回路を使う場合，

$$\alpha = \frac{R_1 + R_2}{R_2} \tag{7.24}$$

$$T_1 = (R_1 + R_2)C, \quad T_2 = R_2 C \tag{7.25}$$

なる関係があるので，これより回路を設計し，実装する．

[例題 7-4] 位相進み制御で使った 式 (7.21) の伝達関数を制御対象として考える．設計仕様としては，バンド幅を 2.5 rad/s 以下に保ったまま位相余裕を 45° 確保し，速度誤差定数を 20 確保したい．

未補償系の周波数応答で，位相余裕が 45° の周波数は $\omega = 1.5$ rad/s である．この周波数でゲインが 0 dB を通るようにするためには，$K_c = 2.5$ と求められる．位相遅れ補償のゲイン交差周波数付近への影響を考え $K_c = 2$ と定める．このときの一巡伝達関数を 図 7.24 の点線に示す．このままでは速度誤差定数は 2 なので，$\alpha = 10$ の位相進み回路を挿入する．式 (7.21) の伝達関数では，最低接点周波

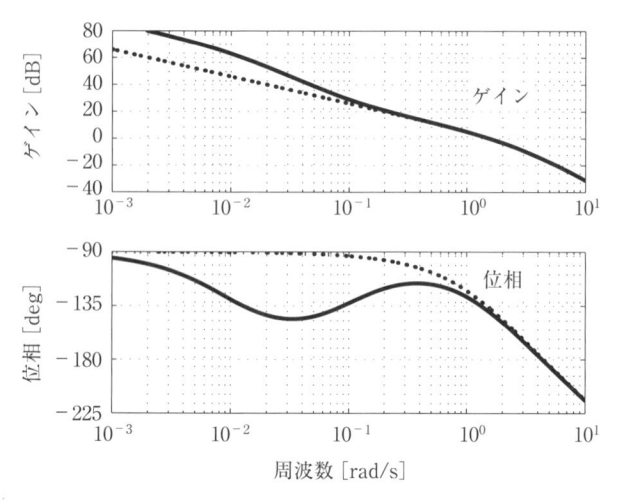

図 7.24: 一巡伝達関数の周波数応答

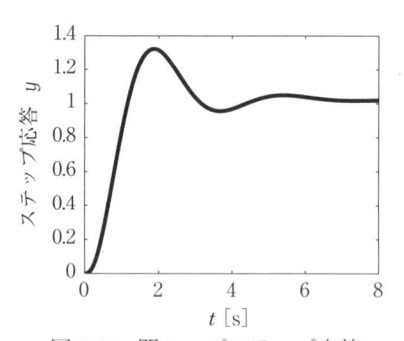

図 7.25: 閉ループステップ応答

数 2 の 1/10 に選ぶ．すなわち，

$$\alpha = 10, \quad \frac{1}{T_1} = 0.2, \quad \frac{1}{T_2} = 0.05$$

補償後の周波数応答を 図 7.24 の実線に示す．低周波のゲインが上昇し，速度誤差定数 20 が確保されている．やはり，位相遅れ回路の影響で位相余裕が 45° をわずかに切っているが，実用上は問題ない．

閉ループ系の特性をステップ応答でチェックする．シミュレートされたステップ応答を 図7.25 に示す．若干 振動的ではあるが，実用上 問題とはならないであろう．

7.4. 周波数応答による位相進み，位相遅れ制御の設計

この補償回路を 図 7.23 の回路で実現するときには，

$$\alpha = 10 = \frac{R_1 + R_2}{R_2} \quad \Rightarrow \quad R_2 = 100\,\mathrm{k\Omega}, \ R_1 = 900\,\mathrm{k\Omega}$$

$$T_2 = 20 = R_2 C \quad \Rightarrow \quad C = 200\,\mu\mathrm{F}$$

位相遅れ補償の欠点，または限界は何であろうか．前の例題でも明らかなように，位相遅れは定常偏差は小さくするが，安定性には有害である．従って，

(1) 定常偏差を改善するのみならず，安定性や応答速度 (バンド幅) もよくしたい系には，位相進み制御などを併用しなければならない．

(2) 位相遅れを 図 7.23 の電気回路で実現する場合，折れ点周波数が低くなってしまうので大きい容量のコンデンサ (例題では $C = 200\,\mu\mathrm{F}$) を必要とし，実装が困難である．

位相進み回路 [式 (7.17)] と位相遅れ回路 [式 (7.22)] は，時定数 T_1 と T_2 の大きさの関係が違うだけでまったく同じ式である．これらは，ゲインと T_1, T_2 の 3 個の変数で設計できる．従って，3 自由度コントローラと呼ばれる．任意な制御対象に対する 3 自由度コントローラの設計は，付属プログラムの 7-4 に収められている．

7.4.3 進み遅れ制御

通常の制御系の応答は，動特性をよくし，また定常偏差も小さくしたい．そのような場合，進み遅れ補償は有効である．コンピュータ制御の場合は，位相進みと位相遅れを別々に設計し，コントローラを実現できる．しかし電気サーボの場合は，

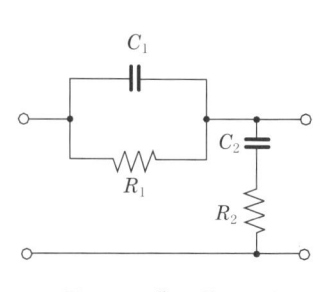

図 7.26: 進み遅れ回路

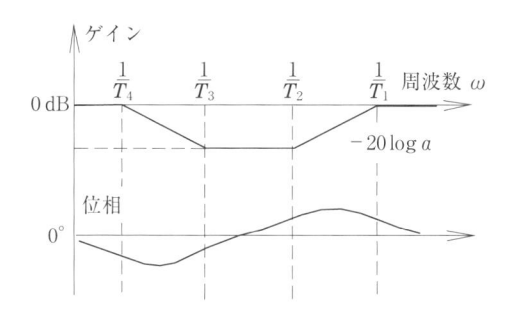

図 7.27: 進み遅れの周波数応答

図 7.26 に示す簡単な回路で，図 7.27 に示すような進みと遅れ特性を同時に実現できる．ここで，$R_2 C_2 > R_1 C_1$ であれば，次の伝達関数を得る．

$$G_c(s) = \frac{(T_2 s + 1)}{(T_1 s + 1)} \frac{(T_3 s + 1)}{(T_4 s + 1)}, \quad T_2 = \alpha T_1, \quad T_4 = \alpha T_3 \tag{7.26}$$

ただし，$T_2/T_1 = T_4/T_3 = \alpha$ で，前段が進み，後段が遅れである．進み遅れ回路の設計式は

$$\alpha = \frac{R_1 + R_2}{R_2} \tag{7.27}$$

$$T_2 = R_1 C_1, \quad T_3 = R_2 C_2 \tag{7.28}$$

より RC の値を定めることができる．この使い方は例題で示そう．

[**例題 7-5**] 式 (7.21) の伝達関数を制御対象として考える．設計仕様は，速度誤差定数を 6，バンド幅を 3 rad/s 以上で位相余裕を $45°$ 確保したい．位相進み補償のみでは，例題 7-3 から実現は不可能である．そこで，進み遅れ補償を使う．まず $K_c = 6$ として，未補償系の周波数応答を描くと，図 7.28 の点線で与えられる．ゲイン交差周波数 $\omega_c = 3$ で，位相余裕 $\phi = 20°$ しかない．ここで，$\phi_{max} = 30° \Rightarrow \alpha = 3$ の進み遅れ補償を入れる．進みと遅れの中間の周波数でゲインを 1/3 とするので，新

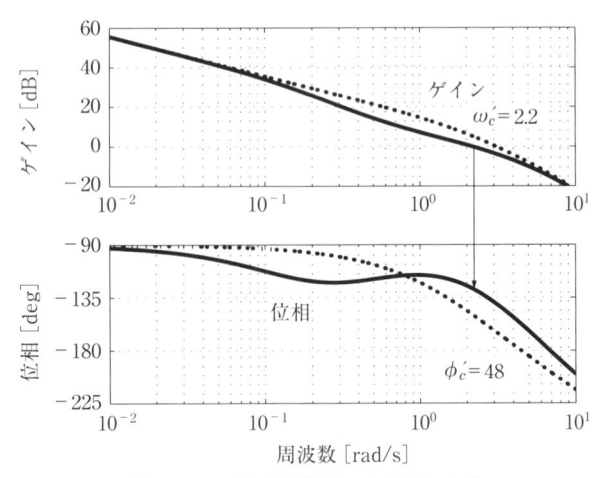

図 7.28: 一巡伝達関数の周波数応答

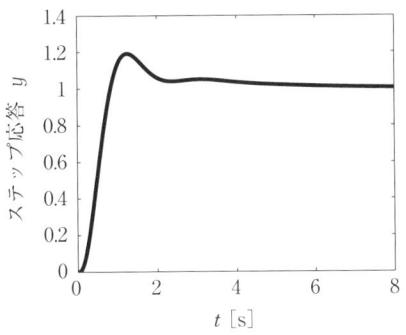

7.4. 周波数応答による位相進み，位相遅れ制御の設計

図 7.29: 閉ループステップ応答

しいゲイン交差周波数をゲインが $10\log 3 = 4.8$ の点，すなわち $\omega'_c = \omega_{max} = 2.5$ に選び，進み補償を設計する．

$$T_2 = \alpha T_1, \quad T_1 T_2 = 1/\omega_{max}^2 \Rightarrow T_1 = 0.23, \quad T_2 = 0.69$$

さらに，遅れ回路をこの 1/10 の周波数に選べば，

$$T_4 = 10 T_2 = 6.9, \quad T_3 = 10 T_1 = 2.3$$

この進み遅れを 図 7.26 の電気回路で実現すると，

$$\alpha = \frac{R_1 + R_2}{R_2} = 3 \quad \Rightarrow \quad R_2 = 100\,\mathrm{k\Omega}, \quad R_1 = 200\,\mathrm{k\Omega}$$

$$T_2 = R_1 C_1 = 0.69 \quad \Rightarrow \quad C_1 = \frac{0.69}{200\,\mathrm{k\Omega}} = 3.45\,\mu\mathrm{F}$$

$$T_3 = R_2 C_2 = 2.3 \quad \Rightarrow \quad C_2 = \frac{2.3}{100\,\mathrm{k\Omega}} = 23\,\mu\mathrm{F}$$

となる．さらに，閉ループ系の特性をステップ応答でチェックする．シミュレートされた応答を 図 7.29 に示す．このように，良好な応答を得ている．

7.4.4 多段進み制御

サーボ機構の制御対象にフレキシブル構造があり，多数の共振があるような場合，広い周波数帯域で安定化したい．このような制御対象を一段の位相進みで安定化することは好ましくない．幅広い進みを持たせることは，ゲイン比 α が大きく，高周波のゲインを非常に大きい補償器を設計することになる．どんなに性能のよい

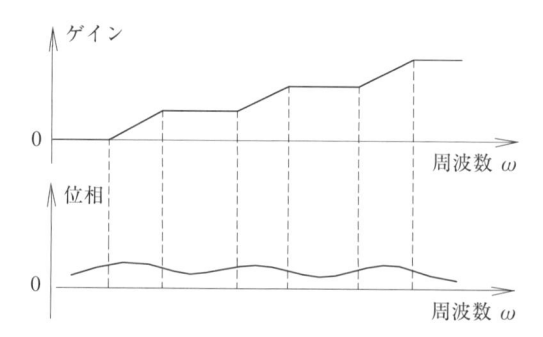

図 7.30: 多段進みの周波数応答

アクチュエータでも高周波では高次の遅れがあり，高次の不安定特性を増長することになるからである．

このような制御対象に対して多段進み補償が提案されている．これは，$\alpha = 3$ 程度の比較的ゲイン比の小さな進み補償を 図 7.30 のように周波数を離して複数段入れる方法である．α と ϕ との関係は，図 7.15 にもあるように，$\alpha = 3$ 程度までは進みは直線的に増加するのに対して，それ以上は穏やかにしか増加しない．一方，位相の進む周波数幅は割合と広い．多段位相進みは，これを利用した補償制御である．この使い方も例題で説明しよう．

[例題 7-6] 次の伝達関数で与えられる制御対象を考える．

$$G(s) = \frac{(0.5s+1)\left[\left(\dfrac{s}{20}\right)^2 + \dfrac{2 \times 0.2}{20}s + 1\right]}{s\left[\left(\dfrac{s}{10}\right)^2 + \dfrac{2 \times 0.1}{10}s + 1\right]\left[\left(\dfrac{s}{100}\right)^2 + \dfrac{2 \times 0.025}{100}s + 1\right]} \quad (7.29)$$

これは，積分特性と減衰の悪い二次の共振要素が 10 rad/s と 100 rad/s に入っているため，幅の広い位相進みが要求される．そこで，$\alpha = 3$ の次のような位相進み 2 段を入れる．

$$G_{c1}(s) = \frac{0.2s+1}{0.067s+1}, \quad G_{c2}(s) = \frac{0.02s+1}{0.0067s+1}$$

一巡伝達関数の周波数応答を 図 7.31 に示す．補償する前の点線の応答に対して，2段位相進み補償後(実線)は幅広い周波数帯域で位相が進んでおり，良好な特性を持

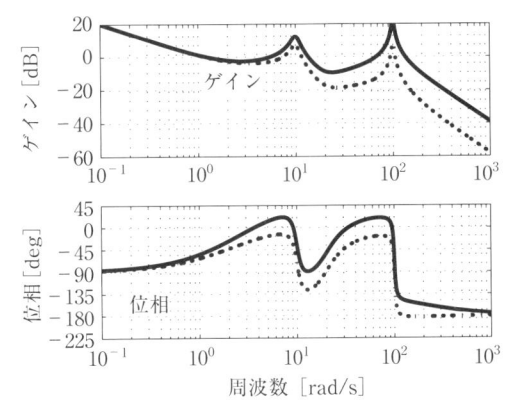

図 7.31: 一巡伝達関数の周波数応答

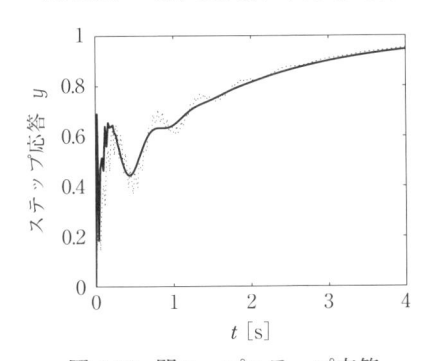

図 7.32: 閉ループステップ応答

つものと考えられる．フィードバック後のステップ応答を 図 7.32 に示す．位相進みによって高周波の振動が押さえられていることがわかる．

この例からもわかるように，多段位相進みは幅広い周波数で安定度を保つのに有効である．しかし，安定度を大幅に改善することは困難である．

7.5 根軌跡法によるコントローラの設計

閉ループ系の根の位置がわかれば，時間応答の概略が推定できる．コントローラのパラメータ変化による根軌跡を知ることで補償器をチューニングできる．根軌跡による補償器の設計は，例によって説明しよう．

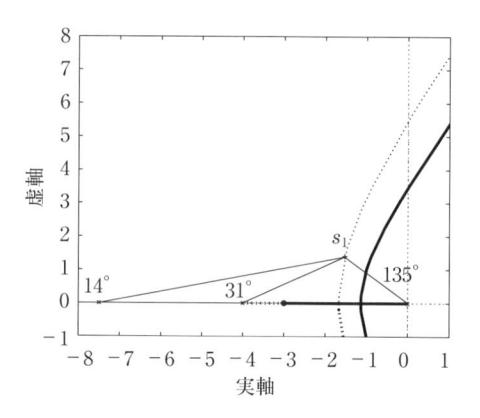

図 7.33: 根軌跡による設計

前章で取り上げた次の伝達関数

$$G(s) = \frac{1}{s(s+3)(s+4)} \tag{7.30}$$

を考える.コントローラを単純な比例ゲイン K_c とした根軌跡は,図 6.12 に描かれている.これを再び 図 7.33 の実線に示す.

根軌跡の設計で得意とするのは,過渡特性の指定である.定常特性(定常偏差)は,フィードバックゲインを計算することで求められる.特性根 $-p$ に対応する応答は e^{-pt} なので,過渡応答を指定した設計が最もわかりやすい.図 7.33 の実線のような根軌跡の場合,代表根(最も原点に近く,応答に支配的な影響のある根)として安定な複素共役根が選ばれることが多いので,二次遅れ伝達関数で近似できる.従って,ステップ応答は 図 5.8 の応答となる.

根軌跡法を使った設計法の仕様として,ステップ応答の最大行き過ぎ量 $O_v = 5\%$,行き過ぎ時間 $T_{max} = 1.7$s と指定されたとする.図 7.33 の根軌跡は,代表振動根による二次遅れで近似できるので,式 (5.12) と式 (5.13) を使って閉ループの固有振動数と減衰係数に換算できる.

$$\omega_n = 2.12 \text{ rad/s}, \quad \zeta = 0.707 \tag{7.31}$$

これより補償後の根軌跡は,図 7.33 の + の点 s_1 を通過しなければならない.

位相進みコントローラの根とゼロ点を追加し,+ の点 s_1 が根軌跡上の点となるためには,この点での位相条件が式 (6.15) あるいは式 (6.19) を満たせばよい.計算

7.6. 等価離散(パルス)伝達関数

を簡略化するために，位相進みのゼロ点を制御対象の根 $-p_2 = -3$ と一致させる．コントローラの根 $-1/T_1$ を これより左に選び，+の点が位相条件

$$\psi + \angle p_1 + \angle p_3 = \psi + 135° + 31° = 180° \tag{7.32}$$

を満たすように決める．これより $\psi = 14°$ と求められ，以下のコントローラが得られる．

$$G_c(s) = K_c \frac{s+3}{s+7.5} \tag{7.33}$$

コントローラを含む開ループ伝達関数は次式となる．

$$G_c(s) = \frac{K_c}{s(s+4)(s+7.5)} \tag{7.34}$$

+点 s_1 でのゲイン K_c は，ベクトル長の積より

$$K_c = 2.12 \times 2.92 \times 6.18 = 38.3$$

と求められる．補償後の根軌跡を点線で示す．

図7.33の根軌跡は，Matlabのコマンドrlocus(num,den)を使って描いている．また点 s_1 のゲインは，根軌跡の中のカーソルで指定した点に対するゲインと根位置を求めるコマンドrlocfind(num,den)を使っている．従って，根の位置とゲインは指定と少し違って，

$$s_1 = -1.4931 + 1.4035i, \quad K_c = 36.3177$$

となってしまっている．

例題とは少し違うが，位置フィードバックと速度フィードバック補償を持った三次の制御対象に対する根位置とステップ応答の動作アニメーションが，付属プログラムの中で，連続系は7-5に，また離散系は7-6に収められている．

7.6 等価離散(パルス)伝達関数

コンピュータでコントローラを作る場合，差分方程式(あるいはパルス伝達関数)を使ってプログラムする．このようなディジタル制御器の設計手法としては多くの

方法が考案されている.量子化誤差やサンプリング誤差を小さくする手法となると,制御器の設計は複雑となる.

A/D コンバータの変換精度が高く,サンプリングが速ければ,これらの誤差は小さい.そこで,アナログなコントローラを設計し,これを等価なディジタル制御器へ変換して実装することは広く使われている.本節では,アナログなコントローラをディジタル変換する方法を説明する.しかしこの方法は,エイリアジングや量子化誤差を充分には考慮しておらず,設計よりも悪い応答となることが多いので,充分に注意しなければならない.また実装に当たっては,コンピュータの演算遅れも不安定化の原因になるので,この点も考慮しながら設計しなければならない.

7.6.1 極ゼロマッピング

アナログなコントローラ $G_c(s)$ が設計されると,その根(極)とゼロ点を,

$$z = e^{s\tau} \tag{7.35}$$

を使って,ディジタルなコントローラ $G_c[z]$ へマッピングする方法である.ここで,τ はサンプル周期である.マッピングは,以下の手順で行われる.

(1) 全ての根は,$z = e^{s\tau}$ を使ってマッピングする.すなわち,$G_c(s)$ が $s = -a$ に根を持てば,$G_c[z]$ は $z = e^{-a\tau}$ に根を持つ.

(2) 全ての有限なゼロ点も $z = e^{s\tau}$ を使ってマッピングする.すなわち,$G_c(s)$ が $s = -b$ にゼロ点を持てば,$G_c[z]$ は $z = e^{-b\tau}$ にゼロ点を持つ.

(3) $G_c(s)$ の $s = \infty$ のゼロ点は,$G_c[z]$ では $z = -1$ へマッピングする.ただし,ディジタルコンピュータ制御のように演算のために 1 サンプル遅れた出力が必要な場合には,$G_c(s)$ の $s = \infty$ のゼロ点より一つ少なく $G_c[z]$ の $z = -1$ へマッピングする.すなわち,$G_c[z]$ の有限なゼロ点は,有限な根より一つ少ない.

(4) $G_c[z]$ のゲインを $G_c(s)$ の直流ゲインと同じに決める.すなわち

$$G_c[z]|_{z=1} = G_c(s)|_{s=0} \tag{7.36}$$

[例題 7-7] ディジタル PID コントローラ

7.6. 等価離散(パルス)伝達関数

実際に使われるPIDコントローラは，次の近似微積分コントローラである．

$$G_c(s) = K_p + K_i \frac{1}{s+\alpha} + K_d \frac{s}{\beta s + 1} \tag{7.37}$$

これを極ゼロマッピングで離散伝達関数に変換する．近似積分器は $s = -\alpha$ に根，$s = \infty$ にゼロ点を持ち，近似微分器は $s = -1/\beta$ に根，$s = 0$ にゼロ点を持つ．従って，おのおの

$$G_i[z] = K_i \frac{z+1}{z - e^{-\alpha\tau}}, \quad G_d[z] = K_d \frac{z-1}{z - e^{-\tau/\beta}}$$

とマッピングできる．ゲインを合わせて，次のようなディジタルPIDコントローラを得ることができる．

$$G_c[z] = K_p + K_i \frac{(1-e^{-\alpha\tau})(z+1)}{2\alpha(z - e^{-\alpha\tau})} + K_d \frac{z-1}{\tau(z - e^{-\tau/\beta})} \tag{7.38}$$

7.6.2 双一次変換(Pade'法)

双一次変換は，台形積分則あるいはPade'法と呼ばれ，最もロバストで安定性が保存される変換法といわれている．アナログなコントローラ $G_c(s)$ に次の双一次変換

$$s = \frac{2}{\tau} \frac{z-1}{z+1} \quad \left(z = \frac{1 + \tau s/2}{1 - \tau s/2} \right) \tag{7.39}$$

を代入するだけで，等価離散伝達関数が得られる．

[例題7-8] 位相進みコントローラ

次の位相進みコントローラを等価離散伝達関数に変換する．

$$G_c(s) = K_c \frac{T_2 s + 1}{T_1 s + 1} \tag{7.40}$$

式(7.39)を代入すると，次のディジタルコントローラを得る．

$$G_c[z] = K_c \frac{(2T_2 + \tau)z - (2T_2 - \tau)}{(2T_1 + \tau)z - (2T_1 - \tau)} \tag{7.41}$$

Matlabには，アナログなコントローラからディジタルなコントローラへの変換 c2d.m が，またその逆の変換 d2c.m がある．例えば、双一次変換を使ってアナログからディジタルコントローラへの変換は，

[numz, denz] = c2d(num, den, τ, 'tustin')

である. 極ゼロマッピングの場合には, 'tustin' を 'matched' に変更する. ただし, Matlab ではサンプリングなどの誤差を減らすため, ここで示した式よりも複雑な変換を行っているため, 係数などは少し異なる伝達関数を得ることがある.

7.7 フィードバック補償法

今までに述べてきたコントローラは, 制御対象に直列に伝達関数を入れる補償器であった. このようなコントローラは, 位相進みに代表されるように高周波のゲインを高くする. このようなコントローラを使う限界は何であろうか.

制御系が完全に線形で, 大きな入力に対しても飽和がなく, ノイズのないシステムであれば, このような直列補償のコントローラで何ら問題はない. しかし, 実際の制御システムには飽和特性を持ち, 高周波のノイズが存在する. このようなシステムでゲインの差が大きい位相進み回路を使っても, 増幅器の飽和や高周波のノイズで効果を殺がれてしまう.

一方, フィードバックは非線形やノイズに強いという性質がある. 補償制御もフィードバックで構成すれば, そのようなフィードバックの長所が生かせる. フィードバック補償を構成するためには, それに対応するセンサを必要とする. 幸い, サーボ機構には第3章で紹介した速度センサ, 加速度センサ, 力センサなどが利用可能である.

図 7.34 に, サーボ機構で広く使われる速度フィードバック補償を示す. 制御対

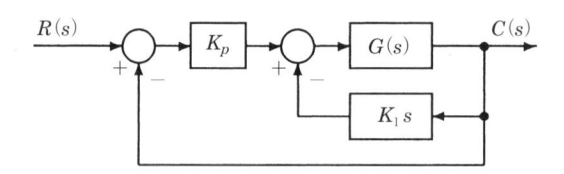

図 7.34: 速度フィードバック補償

7.7. フィードバック補償法

象の伝達関数が二次の

$$G(s) = \frac{1}{s(s+1)} \tag{7.42}$$

で与えられたとしよう．これに図7.34の速度フィードバックをかけると，閉ループ伝達関数は次式となる．

$$\frac{Y(s)}{R(s)} = \frac{K_p}{s^2 + (1+K_1)s + K_p} \tag{7.43}$$

この閉ループ伝達関数からわかるように，K_p と K_1 を適切に選択すれば，任意の動特性を持った系に設計できる．

しかし，制御対象が三次の伝達関数となった場合

$$G(s) = \frac{1}{s(s+1)(s+2)} \tag{7.44}$$

速度フィードバック補償だけでは，任意の特性に変えることはできない．このような場合によく使われる方法は，制御対象と直列に位相進み回路を挿入し，根の一つを遠方に移動してから速度フィードバック補償を用いることである．例えば，式(7.44) の制御対象に $G_c(s) = (s+2)/(s+10)$ を直列に挿入すると，見かけ上の制御対象は

$$G'(s) = G_c(s)G(s) = \frac{1}{s(s+1)(s+10)} \tag{7.45}$$

となり，速度フィードバックによる特性改善効果を期待できる．

では，式(7.44)のような三次の制御対象に対して，どのようなフィードバック補償が効果的であろうか．この場合には，位置フィードバックに加えて，速度＋加速度フィードバックを採用すれば，次の閉ループ伝達関数を得る．

$$\frac{Y(s)}{R(s)} = \frac{K_p}{s^3 + (3+K_2)s^2 + (2+K_1)s + K_p} \tag{7.46}$$

K_p, K_1, K_2 を適切に選定することで，任意の動特性に変更できる．

さらに一般化して，n 次の制御対象の場合はどうであろうか．

$$G(s) = \frac{1}{s^n + a_{n-1}s^{n-1} + a_{n-2}s^{n-2} + \cdots + a_1 s + a_0} \tag{7.47}$$

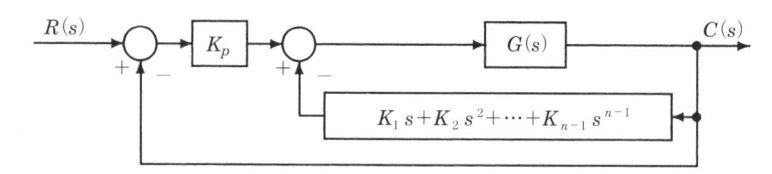

図 7.35: マルチフィードバック補償

この場合は，図 7.35 に示すように $n-1$ 次までの微分フィードバック補償を使うことで，次の閉ループ伝達関数に変更できる．

$$\frac{Y(s)}{R(s)} = \frac{K_p}{\begin{bmatrix} s^n + (a_{n-1}+K_{n-1})s^{n-1} + (a_{n-2}+K_{n-2})s^{n-2} \\ + \cdots + (a_1+K_1)s + (a_0+K_p) \end{bmatrix}} \quad (7.48)$$

しかし実際には，$n-1$ 次までの微分センサを入手することは不可能であり，このようなフィードバックコントローラは作ることができない．実用になるのは，せいぜい加速度センサが限度であろう．このような高次フィードバックコントローラは，次章以降の状態フィードバックで実現しなければならない．

[例題 7-9] 図 4.16 で紹介した電気回路制御対象は，途中で検出できる電圧 e_1, e_2 と，出力信号 e_3 で，フィードバック補償系が作れるかどうかを検討する．カスケードに分解したブロック線図は 図 4.22 に示した．

電圧 e_1 からのフィードバックゲインを K_1，電圧 e_2 からのフィードバックゲインを K_2，入力 R と出力 $R(=e_3)$ の差にゲイン K_p がかかるフィードバック系を，図

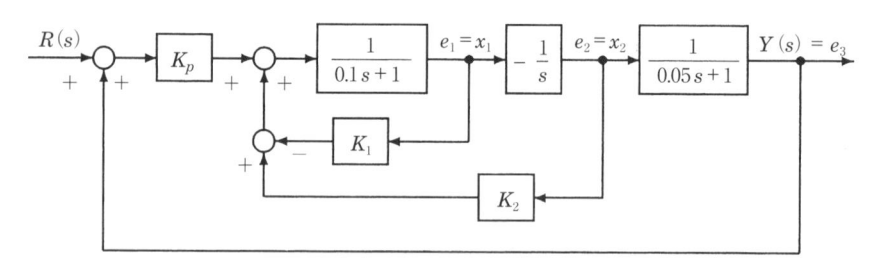

図 7.36: 途中の電圧を利用したフィードバック制御

7.36 に示す．これをリダクションして入出力伝達関数を求めると，

$$\frac{Y(s)}{R(s)} = \frac{-K_p}{0.05\,s^3 + (0.15 + 0.05\,K_1)s^2 + (1 + K_1 + 0.05\,K_2)s + K_2 + K_p}$$

と求められる．これは三次伝達関数なので，三つの係数 K_1, K_2, K_p によって任意の根が指定できる．しかし，定常ゲインが

$$G(s)|_{s=0} = \frac{-K_p}{K_2 + K_p} \neq -1$$

となり，ステップ入力に対しても定常偏差を生じてしまう．これは，制御対象の積分特性にマイナーフィードバックをかけることで，1 型の制御対象でなくしてしまったことによる．状態フィードバックを使い，かつ定常偏差を生じさせない制御系設計は，次章で紹介する．

7.8 演習問題

[**演習 7.1**] 図 7.37 に示すフィードバック制御系の制御対象 $G(s)$ 単独でステップ応答試験を行ったところ，図 7.38 の応答を得た．充分に時間が経過したときの応答は直線であり，その傾きは 3 で，直線を伸ばし，時間軸との交点は $t = 1$ であった．また途中の増加曲線は，指数関数的であると推定できる．このとき，次の設問に答えよ．

(1) 制御対象の伝達関数を推定せよ．

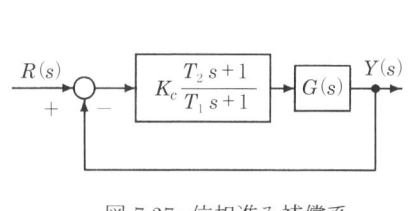

図 7.37: 位相進み補償系

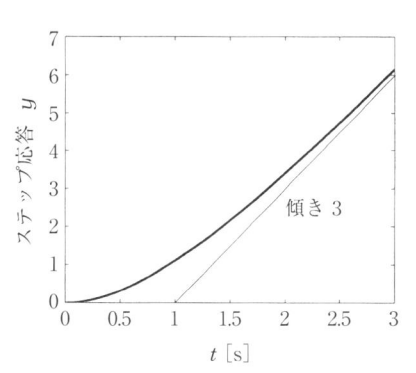

図 7.38: 制御対象のステップ応答

(2) この制御対象に，図 7.37 において補償器をゲイン K_c のみとして単一フィードバックを施した場合，入出力伝達関数はどのようになるか．また型数はいくらになるか．

(3) 設問 (2) のフィードバック系が安定であるとして，位置誤差定数，速度誤差定数，加速度誤差定数を求めよ．

(4) 図 7.37 のように，位相進み回路

$$G_c(s) = K_c \frac{T_2 s + 1}{T_1 s + 1}$$

で補償し，$T_2 = 1$ と定める．図 7.37 のフィードバック系が固有振動数 $\omega_n = 5$，減衰係数 $\zeta = 0.5$ のオーバシュートを持つように K_c, T_1 を定めよ．

[演習 7.2] 図 7.39 に示すフィードバック系がある．補償伝達関数は PID コントローラで $G_c(s) = K_p + (K_i/s) + K_d s$ とする．制御対象は，次の伝達関数を持つものとする．

$$G(s) = \frac{1}{(s+1)(0.5s+1)^2}$$

まず，PID コントローラを比例ゲイン K_p のみとして，安定限界までゲインを上げたところ，$K_p = K_c = 9.3$ で図 7.40 の応答を得た．これを安定限界として振動周期を求めると，$T_c = 2.3$ と求められる．このとき，次の設問に答えよ．

(1) ジーグラ-ニコルスの限界感度法 (表 7.1) より，PID コントローラを設計せよ．

(2) 求められた PID コントローラを使い閉ループステップ応答を求めよ．

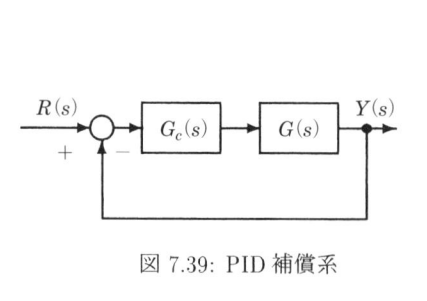

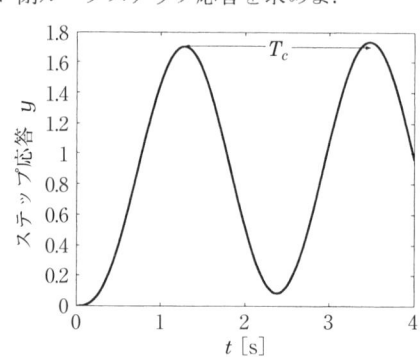

図 7.39: PID 補償系

図 7.40: 制御対象のステップ応答

7.8. 演習問題

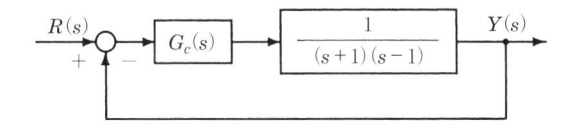

```
R(s) →+○− → G_c(s) → 1/((s+1)(s−1)) → Y(s)
```

図 7.41: 磁気浮上系

(3) 設問 (2) の PID コントローラから積分を除くと，安定性は改善されるが，定常偏差を持つ．このときの閉ループステップ応答を求め，定常偏差を計算せよ．

[**演習 7.3**] 図 7.41 に示すような単純化した磁気浮上系を制御対象とするフィードバック制御系がある．磁気浮上系は負のばねを持つ本来不安定な系である．これをフィードバック制御系で安定化する問題で，次の設問に答えよ．

(1) コントローラに PD 制御 $G_c(s) = K_p + K_d s$ を使う場合，フィードバック系が安定であるための K_p, K_d の範囲を求めよ．

(2) 根の位置が

$$s_1, s_2 = -1 \pm 2j$$

となる．K_p, K_d の値を求め，フィードバック系のステップ応答を求めよ．

[**演習 7.4**] 図 7.42 に示すようなフィードバック制御系を取り上げる．このフィードバック制御系に関して，次の設問に答えよ．

(1) コントローラを $G_c(s) = K_c$ とし，ゲイン K_c を変えたときの根軌跡を描き，代表振動根の減衰率が $\zeta = 0.5$ となるようなゲイン K_c を求めよ．

(2) 位相進みコントローラ

$$G_c(s) = K_c \frac{s+1}{Ts+1}$$

を使い，代表振動根が

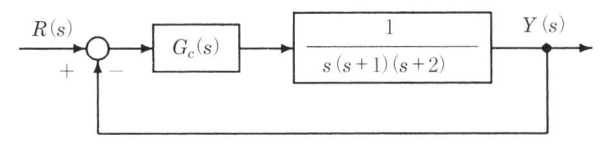

```
R(s) →+○− → G_c(s) → 1/(s(s+1)(s+2)) → Y(s)
```

図 7.42: フィードバック制御系

$$s_1,\ s_2 = -0.5 \pm j1$$

となるように，コントローラのゲイン K_c と時定数 T を求めよ．

(3) 設問2の根軌跡を描け．

(dSPACE が使えるならば，次の演習を試みよ)

[演習 7.5] 前章の演習6.4で行った結果より，図4.16の電気回路を制御対象として，比例制御 K_p のみでゲインを上げたのでは，およそ $K_p = 30$ 以上で不安定となる．これに PID コントローラを入れ，特性改善を試みよ．なお，回答のファイルは都合により，DAC#4から操作信号を出力し，ADC#4から出力信号を取り込んでいる．また完全な微分は不可能なので，次の近似微分回路

$$G_d(s) = \frac{K_d s}{0.01s + 1}$$

を使っている．

第8章 状態フィードバック制御 I

前章の最後に述べたように,伝達関数の次数だけのフィードバックを使うと,系の動特性を任意の速さや安定度に改善することが可能である.一方,4.5節で導入した状態方程式は,内部状態を表す変数(状態変数) x を用いてシステムを表現した.この表記法は,伝達関数の次数 n と同じ数の状態変数を必要とする.状態変数を用いたいわゆる状態フィードバックは,当然ながら任意の動特性のフィードバック系を得ることが可能である.本章では,状態方程式やその解の性質をまとめ,状態フィードバック制御について述べる.さらに,最適レギュレータとオブザーバの設計法を学ぶ.

簡単な状態フィードバック系の動作アニメーションは,付属のプログラム 8-1 に収められている.

8.1 状態方程式

8.1.1 連続系の状態方程式

n 階の動的システムは,n 次の状態方程式,

$$\dot{x}(t) = A\,x(t) + B\,u(t) \tag{8.1}$$

と出力方程式

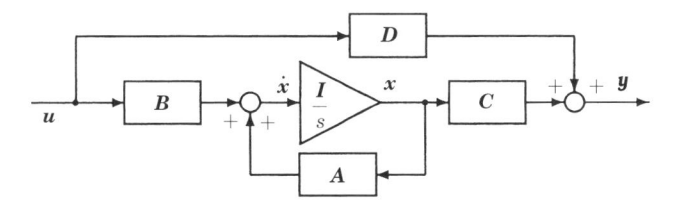

図 8.1: 連続系の状態方程式表現

$$y(t) = C\,x(t) + D\,u(t) \tag{8.2}$$

を使って表すことができる．ここで，$x = [x_1, x_2, \cdots, x_n]^T \in R^{n*1}$ は状態変数，$A \in R^{n*n}$, $B \in R^{n*r}$, $C \in R^{m*n}$, $D \in R^{m*r}$ はシステムを表す行列で，r は入力 u の数，m は出力 y の数である．この状態方程式を使ったシステムの表現を図8.1 に示す．本書では，ほとんどの場合1入力1出力 ($r = m = 1$) の系を扱う．また通常は，u から y への直達項はなく ($D = 0$)，そのような系は厳密にプロパーな系と呼ばれる．

ここで重要なことは，時刻 t における内部状態は，$x(t)$ のみで一義的に決まることである．

[例題 8-1] 第4章の二次遅れ系でも取り上げた図8.2の1自由度機械運動系を取り上げる．このような系は，左右の運動 $x(t)$ だけでは内部状態を完全に表すことはできない．変位は同じでも，速度 $v(t)$ によって系の状態(例えばエネルギー)は異なる．しかし，x と v を決めると，系の状態は過去の履歴に関係なく決まる．状態量

$$x(t) = [x(t),\ v(t)]^T$$

を使って，系の状態方程式を次のように表すことができる．

$$\frac{d}{dt}\begin{bmatrix} x(t) \\ v(t) \end{bmatrix} = \begin{bmatrix} 0 & 1 \\ -\dfrac{k}{m} & -\dfrac{c}{m} \end{bmatrix} \begin{bmatrix} x(t) \\ v(t) \end{bmatrix} + \begin{bmatrix} 0 \\ \dfrac{1}{m} \end{bmatrix} u \tag{8.3}$$

もし，出力として変位 $y(t) = x(t)$ を選ぶのであれば，出力方程式は次式となる．

$$y = \begin{bmatrix} 1 & 0 \end{bmatrix} \begin{bmatrix} x(t) \\ v(t) \end{bmatrix} \tag{8.4}$$

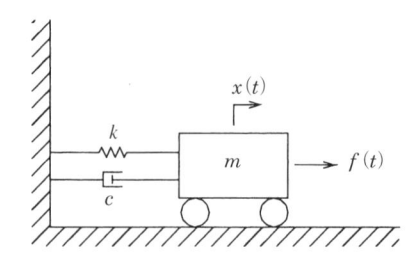

図 8.2: 外力で駆動される機械運動系

8.1. 状態方程式

このような状態方程式で与えられる系の伝達関数は，次式で表される．

$$G(s) = C(sI - A)^{-1}B + D \tag{8.5}$$

さて，状態方程式 (8.1) の解は，すでに 5.5.1 項で求めたように次式となる．

$$x(t) = e^{At}x(0) + \int_0^t e^{A(t-\tau)} B u(\tau) d\tau \tag{8.6}$$

この指数関数は，式 (8.1) の同次方程式をラプラス変換を用いて解き，

$$e^{At} = \mathcal{L}^{-1}[(sI - A)^{-1}] \tag{8.7}$$

と計算できる．

[例題 8-2] 図 8.2 の機械運動系の状態方程式は式 (8.3) で与えられた．ここで，$m = 1\,\mathrm{kg}$, $c = 1\,\mathrm{N\cdot s/m}$, $k = 0\,\mathrm{N/m}$ とし応答を求める．これは，力アクチュエータで慣性負荷を駆動する簡単なサーボ系に相当する．式 (8.1) の同次方程式をラプラス変換すると，次式を得る．

$$sX(s) - x(0) = AX(s) \tag{8.8}$$

ここで

$$(sI - A)^{-1} = \begin{bmatrix} s & -1 \\ 0 & s+1 \end{bmatrix}^{-1} = \begin{bmatrix} \dfrac{1}{s} & \dfrac{1}{s(s+1)} \\ 0 & \dfrac{1}{s+1} \end{bmatrix}$$

これより行列指数関数は，次のように求められる．

$$e^{At} = \mathcal{L}^{-1} \begin{bmatrix} \dfrac{1}{s} & \dfrac{1}{s} - \dfrac{1}{s+1} \\ 0 & \dfrac{1}{s+1} \end{bmatrix} = \begin{bmatrix} 1 & 1 - e^{-t} \\ 0 & e^{-t} \end{bmatrix}$$

従って，応答 $x(t)$ は，次式となる．

$$x(t) = \begin{bmatrix} 1 & 1 - e^{-t} \\ 0 & e^{-t} \end{bmatrix} \begin{bmatrix} x_0 \\ v_0 \end{bmatrix} + \int \begin{bmatrix} 1 & 1 - e^{-(t-\tau)} \\ 0 & e^{-(t-\tau)} \end{bmatrix} \begin{bmatrix} 1 \\ 1 \end{bmatrix} f(\tau) d\tau$$

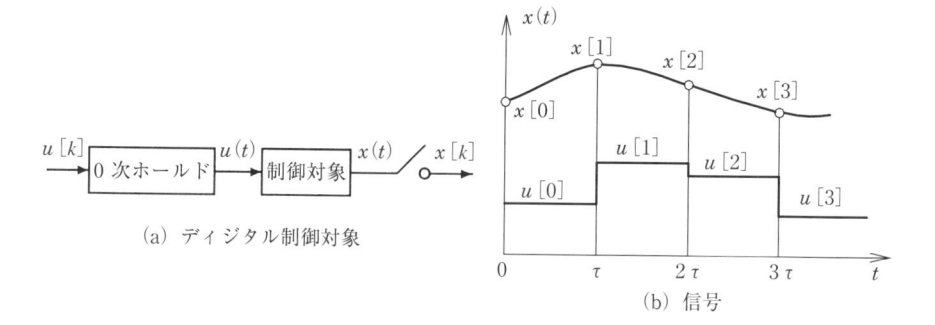

8.1.2 離散系の状態方程式

サンプル周期 τ ごとに離散化された状態方程式は,

$$\boldsymbol{x}[k+1] = \boldsymbol{A}_d\,\boldsymbol{x}[k] + \boldsymbol{B}_d\,\boldsymbol{u}[k] \tag{8.9}$$

$$\boldsymbol{y}[k] = \boldsymbol{C}_d\,\boldsymbol{x}[k] + \boldsymbol{D}_d\,\boldsymbol{u}[k] \tag{8.10}$$

と表される．ディジタルコンピュータ制御を適用する場合，制御対象の連続系状態方程式を上記の離散系に変換しなければならない．前項で求めた解を元に連続系の等価離散モデルを考えよう．2.7.2 項で述べたように，コンピュータからの出力はサンプル間では D/A コンバータで一定に保たれ，いわゆる 0 次ホールドを介して制御対象を駆動する．この様子を 図 8.3 に示す．操作信号 $\boldsymbol{u}(t)$ は，サンプル間隔では一定値

$$\boldsymbol{u}(t) = \boldsymbol{u}[k]; \quad k\tau \leq t < (k+1)\tau \tag{8.11}$$

となる．また，出力信号 $\boldsymbol{x}(t)$ は $t = k\tau$ でサンプルされ，

$$\boldsymbol{x}[k] = \boldsymbol{x}(k\tau), \quad \boldsymbol{y}[k] = \boldsymbol{y}(k\tau) \tag{8.12}$$

として定義される．このとき離散状態方程式 (8.9), (8.10) の係数 $\boldsymbol{A}_d, \boldsymbol{B}_d, \boldsymbol{C}_d, \boldsymbol{D}_d$ は，次式で与えられる．

$$\left.\begin{aligned}
\boldsymbol{A}_d &= e^{\boldsymbol{A}\tau} \\
\boldsymbol{B}_d &= \int_0^\tau e^{\boldsymbol{A}\xi}\,d\xi\,\boldsymbol{B} = [e^{\boldsymbol{A}\tau} - \boldsymbol{I}]\,\boldsymbol{A}^{-1}\boldsymbol{B} \\
\boldsymbol{C}_d &= \boldsymbol{C}, \quad \boldsymbol{D}_d = \boldsymbol{D}
\end{aligned}\right\} \tag{8.13}$$

図 8.3: ディジタル制御系とその信号

8.1. 状態方程式

これは，第5章で求めた式(5.45)と同じものである．制御対象などの連続なシステムを離散システムに変換する場合に用いられる．

第5章でも述べたように，計算の簡略化と安定性を両立させ，最もロバストな変換法として推奨されるのが双一次変換(Bilinear Transformation，またはPade'法)である．これは，伝達関数に

$$z = \frac{1+\tau s/2}{1-\tau s/2}, \quad s = \frac{2(z-1)}{\tau(z+1)} \tag{8.14}$$

を代入して離散化する方法で，次の離散状態方程式の係数が得られる．

$$\left.\begin{array}{l} \boldsymbol{A}_d = \left(\boldsymbol{I}+\dfrac{\tau}{2}\boldsymbol{A}\right)\left(\boldsymbol{I}-\dfrac{\tau}{2}\boldsymbol{A}\right)^{-1} \\ \boldsymbol{B}_d = \tau\left(\boldsymbol{I}-\dfrac{\tau}{2}\boldsymbol{A}\right)^{-1}\boldsymbol{B} \\ \boldsymbol{C}_d = \boldsymbol{C}, \quad \boldsymbol{D}_d = \boldsymbol{D} \end{array}\right\} \tag{8.15}$$

この離散化の方法は，主に連続系で制御系を設計し，でき上がったコントローラを離散化してコンピュータ制御としてインストールする場合とか，線形連続システムのコンピュータシミュレーションを行う際に広く利用される．

式(8.9), (8.10)で表される離散状態方程式のブロック線図を図8.4に示す．厳密にプロパーな系では$\boldsymbol{D}_d = 0$である．なお本書では，厳密にプロパーな連続系を対象に制御系の設計を行い，得られたコントローラを式(8.15)の双一次変換でディジタルなコントローラを作る．最初から離散系で制御系を設計する手法に関しては，文献(例えば21)を参照されたい．

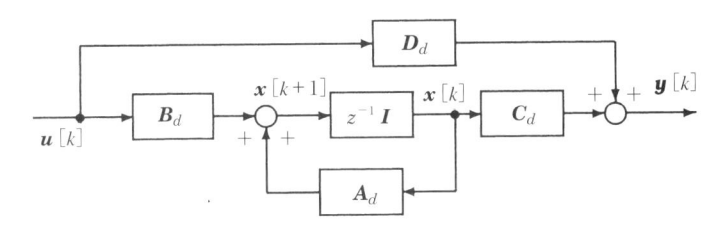

図 8.4: 離散系の状態方程式のブロック線図

8.2 状態方程式の性質と可制御性,可観測性

厳密にプロパーな連続時間システム

$$\left.\begin{array}{l}\dot{x}(t) = A\,x(t) + B\,u(t) \\ y(t) = C\,x(t)\end{array}\right\} \tag{8.16}$$

を取り上げ,レギュレータを設計するための係数マトリクスの性質を考える.

8.2.1 状態方程式の対角変換

ここでは,簡単のために係数マトリクス A の固有値は全て単根であると仮定する.状態方程式の係数マトリクス A の固有値,固有ベクトルをそれぞれ λ_i, t_i ($i = 1, 2, \cdots, n$) とし,座標変換マトリクス

$$T = [t_1, \ t_2, \ \cdots, t_n]$$

を定義する.これを用いて状態変数 $x(t)$ を次のように線形変換し,新たな状態変数 $x^*(t)$ を導入する.

$$x^*(t) = T^{-1}\,x(t), \quad x(t) = T\,x^*(t) \tag{8.17}$$

式 (8.16) は新しい変数ベクトル $x^*(t)$ を用いて

$$\left.\begin{array}{l}\dfrac{dx^*(t)}{dt} = T^{-1}A\,T\,x^*(t) + T^{-1}B\,u(t) \\ y(t) = C\,T\,x^*(t)\end{array}\right\} \tag{8.18}$$

と表される.このとき

$$T^{-1}A\,T = \Lambda = \begin{bmatrix} \lambda_1 & 0 & \cdots & 0 \\ 0 & \lambda_2 & \cdots & 0 \\ \vdots & \vdots & \ddots & \vdots \\ 0 & 0 & \cdots & \lambda_n \end{bmatrix} \tag{8.19}$$

$$T^{-1}B = \begin{bmatrix} b^*_{11} & b^*_{12} & \cdots & b^*_{1n} \\ b^*_{21} & b^*_{22} & \cdots & b^*_{2n} \\ \vdots & \vdots & \ddots & \vdots \\ b^*_{n1} & b^*_{n2} & \cdots & b^*_{nn} \end{bmatrix}, \quad C\,T = \begin{bmatrix} c^*_{11} & c^*_{12} & \cdots & c^*_{1n} \\ c^*_{21} & c^*_{22} & \cdots & c^*_{2n} \\ \vdots & \vdots & \ddots & \vdots \\ c^*_{n1} & c^*_{n2} & \cdots & c^*_{nn} \end{bmatrix} \tag{8.20}$$

8.2. 状態方程式の性質と可制御性，可観測性

すると，式 (8.18) は

$$\left.\begin{aligned}\frac{dx_1^*(t)}{dt} &= \lambda_1 x_1^*(t) + \sum_{i=1}^{r} b_{1i}^* u_i(t) \\ \frac{dx_2^*(t)}{dt} &= \lambda_2 x_2^*(t) + \sum_{i=1}^{r} b_{2i}^* u_i(t) \\ &\vdots \\ \frac{dx_n^*(t)}{dt} &= \lambda_n x_n^*(t) + \sum_{i=1}^{r} b_{ni}^* u_i(t)\end{aligned}\right\} \quad (8.21)$$

となる．このことは，式 (8.18) が一階微分方程式の n 個連立している系に変換されたことを意味する．これは，状態方程式が対角変換されたと考えることができる．この対角変換された方程式から元の方程式の多くの性質を知ることができる．また，この変換は離散系の状態方程式にも適用できる．

8.2.2 方程式の安定性および入出力関係

もし，方程式の係数マトリクス $\boldsymbol{A}$ の全ての固有値に関して，その実数部が負 (Re$(\lambda_i) < 0$, $i = 1, 2, \cdots, n$) であれば，その方程式は安定である．実数の固有値 λ_i に対応する解 (応答) は $\exp(\lambda_i t)$ の形の関数となり，非振動的で応答の速さは $T_i = -1/\lambda_i$ により定まる．T_i は時定数と呼ばれ，T_i の大きさに比例して応答は遅くなる．

固有値 λ_i と λ_{i+1} が共役複素数

$$\lambda_i = -\zeta\omega_n + j\omega_n\sqrt{1-\zeta^2}, \quad \lambda_{i+1} = -\zeta\omega_n - j\omega_n\sqrt{1-\zeta^2} \quad (8.22)$$

の場合は，この固有値に対応する解 (応答) は $\exp(-\zeta\omega_n t)\sin(\omega_n\sqrt{1-\zeta^2}\,t + \phi)$ であり，応答の特徴はパラメータ ζ, ω_n で決まる．

次に，対角変換された状態方程式の入力と出力の関係を考えよう．状態方程式のラプラス変換から，入力 $u_i(s)$ から出力 $y_k(t)$ までの伝達関数は，次式となる．

$$G_{ik}(s) = \frac{b_{1i}^* c_{k1}^*}{s - \lambda_1} + \frac{b_{2i}^* c_{k2}^*}{s - \lambda_2} + \cdots + \frac{b_{ni}^* c_{kn}^*}{s - \lambda_n} \quad (8.23)$$

これらの関係から，状態フィードバック制御で重要な可観測性と可制御性を導くことができる．

8.2.3 可制御性と可観測性

行列 $T^{-1}B$ の i 番目の行の全ての要素が 0 であるとき,すなわち

$$T^{-1}B = \begin{bmatrix} b^*_{11} & b^*_{12} & \cdots & b^*_{1r} \\ \vdots & \vdots & \ddots & \vdots \\ b^*_{i-1\ 1} & b^*_{i-1\ 2} & \cdots & b^*_{i-1\ r} \\ 0 & 0 & \cdots & 0 \\ b^*_{i+1\ 1} & b^*_{i+1\ 2} & \cdots & b^*_{i+1\ r} \\ \vdots & \vdots & \ddots & \vdots \\ b^*_{n1} & b^*_{n2} & \cdots & b^*_{nr} \end{bmatrix} \tag{8.24}$$

対角化された方程式のうち,第 i 番目の方程式は次のようになる.

$$\frac{dx^*_i(t)}{dt} = \lambda_i x^*_i(t) \tag{8.25}$$

この解は初期値 x^*_{i0} のみによって定まり,入力 $u(t)$ の影響を受けない.いい換えれば,$x^*_i(t)$ は入力 $u(t)$ によって制御できない.このようなシステムを不可制御という.このように行列 $T^{-1}B$ の行の要素全てが 0 である行がなければ,そのシステムは可制御である.

対角変換しなくとも,元の状態方程式 (8.16) から可制御行列

$$L_c = [B,\ AB,\ A^2B,\cdots,\ A^{n-1}B] \tag{8.26}$$

を作成し,そのランクが n であれば,システム (A, B) は可制御である.ランクが n 以下のとき,システム (A, B) は不可制御である.

これと双対の関係で,可観測という概念がある.対角変換された出力行列 CT において,ある列 j の全ての要素が 0 であるとき,すなわち

$$CT = \begin{bmatrix} c^*_{11} & \cdots & c^*_{1j-1} & 0 & c^*_{1j+1} & \cdots & c^*_{1n} \\ c^*_{21} & \cdots & c^*_{2j-1} & 0 & c^*_{2j+1} & \cdots & c^*_{2n} \\ \vdots & \ddots & \vdots & \vdots & \vdots & \ddots & \vdots \\ c^*_{m1} & \cdots & c^*_{mj-1} & 0 & c^*_{mj+1} & \cdots & c^*_{mn} \end{bmatrix} \tag{8.27}$$

観測値 $y(t)$ の中には,状態量 $x^*_j(t)$ の成分が含まれない.つまり,$x^*_j(t)$ は $y(t)$ によって観測できない.このような場合,システムは不可観測という.それ以外の場合,システムは可観測である.

8.3. レギュレータ

可観測に関しても，対角変換していない元の状態方程式(8.16)から，可観測行列

$$L_0 = \begin{bmatrix} C \\ CA \\ CA^2 \\ \vdots \\ CA^{n-1} \end{bmatrix} \tag{8.28}$$

を作成し，そのランクが n であれば，システム (C, A) は可観測である．ランクが n 以下のとき，システム (C, A) は不可観測である．

[例題 8-3] 例題 8-2 の可観測性と可制御性を検討する．状態方程式(8.3)と式(8.4)から

$$L_c = \begin{bmatrix} 0 & \frac{1}{m} \\ \frac{1}{m} & -\frac{c}{m^2} \end{bmatrix}, \quad L_0 = \begin{bmatrix} 1 & 0 \\ 0 & 1 \end{bmatrix} \tag{8.29}$$

と求められる．L_c, L_0 ともにランクは2であり，この系は可観測かつ可制御である．

例題 8-2 のように数値が与えられていれば，Matlab のコマンド eig(A) によって固有値と固有ベクトルを求め，対角変換することもできる．また，可制御行列，可観測行列を ctrb(A,B) と obsv(A,C) を使って求めることもできる．

8.3 レギュレータ

ある定常状態 $x = 0$ に保つような制御系をレギュレータという．本節では，状態フィードバックを使ったレギュレータについて学ぶ．

8.3.1 状態フィードバックによる安定化

状態フィードバックによって系を任意の動特性に変更できるためには，式(8.16)で与えられたシステムが可制御でなければならない．このとき，状態フィードバック

$$u(t) = K x(t) \tag{8.30}$$

によって，系を安定化することを考える．式(8.30)を式(8.16)に代入すると，閉ループ系は次式となる．

$$\frac{dx(t)}{dt} = (A - BK) x(t) \tag{8.31}$$

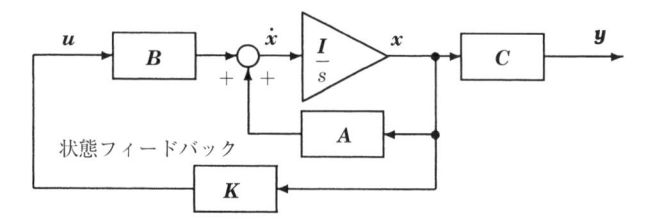

図 8.5: 状態フィードバック制御系

この状態フィードバックのブロック線図を 図 8.5 に示す．もし閉ループの根，すなわち $A - BK$ の固有値全てを s 平面の左半面の任意の位置に設定できるのであれば，この閉ループ系は安定で，かつ任意の速さで定常状態 $x = 0$ に収束する．

このことは，4.5 節で導入した可制御正準形を考えると より明確である．1 入力系では

$$A = \begin{bmatrix} 0 & 1 & 0 & \cdots & 0 \\ 0 & 0 & 1 & \cdots & 0 \\ \vdots & \vdots & \vdots & \ddots & \vdots \\ 0 & 0 & 0 & \cdots & 1 \\ -a_0 & -a_1 & -a_2 & \cdots & -a_{n-1} \end{bmatrix}, \quad B = \begin{bmatrix} 0 \\ 0 \\ \vdots \\ 0 \\ 1 \end{bmatrix} \quad (8.32)$$

で表される．これに状態フィードバック

$$K = \begin{bmatrix} K_0 & K_1 & \cdots & K_{n-1} \end{bmatrix} \quad (8.33)$$

を施すと，閉ループの特性マトリクスは

$$A - BK = \begin{bmatrix} 0 & 1 & 0 & \cdots & 0 \\ 0 & 0 & 1 & \cdots & 0 \\ \vdots & \vdots & \vdots & \ddots & \vdots \\ 0 & 0 & 0 & \cdots & 1 \\ -(a_0 + K_0) & -(a_1 + K_1) & -(a_2 + K_2) & \cdots & -(a_{n-1} + K_{n-1}) \end{bmatrix} \quad (8.34)$$

となり，次の特性方程式を得る．

$$s^n + (a_{n-1} + K_{n-1})s^{n-1} + \cdots + (a_1 + K_1)s + (a_0 + K_0) = 0 \quad (8.35)$$

8.3. レギュレータ

一方，望まれる根を λ_i $(i = 1, 2 \cdots n)$ とする．この根で作られる特性方程式は，

$$\alpha(s) = \prod_{i=1}^{n}(s - \lambda_i) = s^n + \alpha_{n-1}s^{n-1} + \cdots + \alpha_1 s + \alpha_0 = 0 \tag{8.36}$$

となる．式 (8.35) と式 (8.35) の係数を比較すると，状態フィードバック係数は次のように設定すればよいことがわかる．

$$K_i = \alpha_i - a_i \quad (i = 0, 1 \cdots, n-1) \tag{8.37}$$

では，$(\boldsymbol{A}, \boldsymbol{B})$ が可制御正準形で与えられていないときは，どのようにして状態フィードバック係数を求めればよいであろうか．この場合には，座標変換

$$\boldsymbol{x}(t) = \boldsymbol{T}\boldsymbol{x}^*(t), \quad \boldsymbol{x}^*(t) = \boldsymbol{T}^{-1}\boldsymbol{x}(t) \tag{8.38}$$

を用いて正準形に変換する．

$$\left.\begin{aligned}\frac{d\boldsymbol{x}^*(t)}{dt} &= \boldsymbol{A}^*\boldsymbol{x}^*(t) + \boldsymbol{B}^*\boldsymbol{u}(t) \\ \boldsymbol{y}(t) &= \boldsymbol{C}^*\boldsymbol{x}^*(t)\end{aligned}\right\} \tag{8.39}$$

ここで，開ループの特性方程式が

$$|s\boldsymbol{I} - \boldsymbol{A}| = s^n + a_{n-1}s^{n-1} + \cdots + a_1 s + a_0 = 0 \tag{8.40}$$

で与えられている場合は，座標変換行列

$$\boldsymbol{T} = [\boldsymbol{B}, \boldsymbol{A}\boldsymbol{B}, \cdots \boldsymbol{A}^{n-1}\boldsymbol{B}]\begin{bmatrix} a_1 & a_2 & \cdots & a_{n-1} & 1 \\ a_2 & a_3 & \cdots & 1 & 0 \\ \vdots & \vdots & \vdots & \ddots & \vdots \\ a_{n-1} & 1 & \cdots & 0 & 0 \\ 1 & 0 & \cdots & 0 & 0 \end{bmatrix} \tag{8.41}$$

を用いて可制御正準形 $\boldsymbol{A}^* = \boldsymbol{T}^{-1}\boldsymbol{A}\boldsymbol{T}$, $\boldsymbol{B}^* = \boldsymbol{T}^{-1}\boldsymbol{B}$, $\boldsymbol{C}^* = \boldsymbol{C}\boldsymbol{T}$ に変換できる．従って，式 (8.37) の状態フィードバックを

$$K_i^* = \alpha_i - a_i \quad (i = 0, 1 \cdots, n-1) \tag{8.42}$$

と選び，これを逆変換

$$\boldsymbol{K} = \boldsymbol{K}^*\boldsymbol{T}^{-1} \tag{8.43}$$

によって，元の系の状態フィードバック係数を得ることができる．

[例題 8-4] 式(8.3)で状態方程式を求めた機械運動系を考える．操作信号を $u(t) = f(t)/m$ とすれば，この系は1入力の可制御正準形となる．例題8-2のように，$m = 1, c = 1, k = 0$ とすれば

$$\frac{d}{dt}\begin{bmatrix} x \\ v \end{bmatrix} = \begin{bmatrix} 0 & 1 \\ 0 & -1 \end{bmatrix}\begin{bmatrix} x \\ v \end{bmatrix} + \begin{bmatrix} 0 \\ 1 \end{bmatrix}u$$

と与えられる．今，望む閉ループの根を

$$\lambda_{1,2} = -10 \pm j10$$

と指定すると，特性方程式は次式で与えられる．

$$(s + 10 + j10)(s + 10 - j10) = s^2 + 20s + 200 = 0$$

従って，次の状態フィードバックが得られる．

$$u(t) = f(t) = -\begin{bmatrix} 200 & 19 \end{bmatrix}\begin{bmatrix} x(t) \\ v(t) \end{bmatrix}$$

Matlab が使える場合は，根指定の命令 K = place(a,b,p) によって，閉ループ指定根pを得る状態フィードバック $-K$ を求めることができる．指定根を得るmファイルを ex8_4.m に収める．

任意制御対象に対する根指定レギュレータの計算と応答は，付属プログラムの8-2 に収められている．

8.3.2 最適レギュレータ

前項の手法で，閉ループの根の位置を s 平面の適切な位置に指定して状態フィードバック K を求めれば，閉ループの応答は充分に速くすることができる．その半面操作信号は大きくなり，大きなアクチュエータが要求される．また次数の大きい系では，根指定の自由度が大きすぎてどこへ指定すべきか不明である．特に多入力系では，同じ根を指定する K は無限にあり，どの解が最もよいかわからない．

このような問題を解決する方法の一つとして，二乗評価関数を最小とする状態フィードバック K を求める方法がある．このような制御をLQ(最小二乗)制御と呼び，これをレギュレータに適用したものを最適レギュレータという．

8.3. レギュレータ

$(\boldsymbol{A},\ \boldsymbol{B})$ が可制御なシステム

$$\frac{\boldsymbol{x}(t)}{dt} = \boldsymbol{A}\,\boldsymbol{x}(t) + \boldsymbol{B}\,\boldsymbol{u}(t) \tag{8.44}$$

において，評価関数 (Performance Index)

$$J = \int_0^\infty [\boldsymbol{x}(t)^T \boldsymbol{Q}\ \boldsymbol{x}(t) + \boldsymbol{u}(t)^T \boldsymbol{R}\ \boldsymbol{u}(t)]\,dt \tag{8.45}$$

を最小とする制御入力 $\boldsymbol{u}(t)$ を求める．ここで，$\boldsymbol{Q} \in R^{n*n}$, $\boldsymbol{R} \in R^{m*m}$ は設計仕様で与えられる重み行列であり，$\boldsymbol{Q} > 0$, $\boldsymbol{R} \geq 0$ で，$(\boldsymbol{Q}^{1/2}, \boldsymbol{A})$ は可観測条件を満たす必要がある．

式 (8.45) の第一項は状態変数の重み付き二乗積分誤差を，また第二項は操作信号の二乗積分値を与える．どちらも重み付きのエネルギーを表し，より少ない操作エネルギーで収束を速くしようとする評価関数である．これを満足する操作入力は，状態フィードバック

$$\boldsymbol{u}(t) = -\boldsymbol{K}\,\boldsymbol{x}(t) = -\boldsymbol{R}^{-1}\boldsymbol{B}^T\boldsymbol{P}\,\boldsymbol{x}(t) \tag{8.46}$$

で与えられる．ここで，$\boldsymbol{P} \in R^{n*n}$ はリッカチ方程式 (Riccati equation)

$$\boldsymbol{P}\boldsymbol{A} + \boldsymbol{A}^T\boldsymbol{P} - \boldsymbol{P}\boldsymbol{B}\boldsymbol{R}^{-1}\boldsymbol{B}^T\boldsymbol{P} + \boldsymbol{Q}^T = 0 \tag{8.47}$$

を満たす正定唯一解をとるものとする．このとき，

$$\boldsymbol{K} = \boldsymbol{R}^{-1}\boldsymbol{B}^T\boldsymbol{P} \tag{8.48}$$

は最適フィードバック行列である．閉ループシステム

$$\frac{d\boldsymbol{x}(t)}{dt} = (\boldsymbol{A} - \boldsymbol{B}\boldsymbol{K})\,\boldsymbol{x}(t) \tag{8.49}$$

は漸近安定であり，この系の固有値は $\boldsymbol{Q}$ と $\boldsymbol{R}$ から自動的に決定される．このとき，J の最小値は，次式で与えられる．

$$J_{min} = \boldsymbol{x}(0)^T \boldsymbol{P}\ \boldsymbol{x}(0) \tag{8.50}$$

任意制御対象に対する，最適レギュレータの設計とステップ応答の計算は，付属プログラムの 8-3 に収められている．

8.3.3 リッカチ方程式の解

定常リッカチ方程式 (8.47) の解法は種々提案されているが，ここでは有本 - ポッターの方法を紹介する.

$(2n \times 2n)$ のハミルトン行列

$$H = \begin{bmatrix} A & -BR^T B^T \\ -Q & -A^T \end{bmatrix} \tag{8.51}$$

を定義すると，次の性質が成立する.

$$|sI_{2n} - H| = (-1)^n |sI - (A - BK)| \cdot | -sI - (A - BK)| \tag{8.52}$$

従って，H の固有値は虚軸に関して対象である．このうち，左半面(安定)な根を $\lambda_1, \lambda_2, \cdots \lambda_n$ とすると，これが最適根である．

λ_i が求められたならば，H の固有ベクトルを二つに分けて

$$H \begin{bmatrix} w_i \\ v_i \end{bmatrix} = \lambda_i \begin{bmatrix} w_i \\ v_i \end{bmatrix} \tag{8.53}$$

のように w_i, v_i $(n \times 1)$ を求める．λ_i に重複した根がない場合には，定常解は次式で与えられる．

$$P = [v_1, \cdots v_n][w_1, \cdots w_n]^{-1} \tag{8.54}$$

[**例題 8-5**] 例題 8-4 で取り上げた 1 自由度運動系で

$$A = \begin{bmatrix} 0 & 1 \\ 0 & -1 \end{bmatrix}, \quad B = \begin{bmatrix} 0 \\ 1 \end{bmatrix}, \quad Q = \begin{bmatrix} 1 & 0 \\ 0 & 0 \end{bmatrix}, \quad R = r$$

と与えられたと考える．これより，

$$H = \begin{bmatrix} 0 & 1 & 0 & 0 \\ 0 & -1 & 0 & -1/r \\ -1 & 0 & 0 & 0 \\ 0 & 0 & -1 & 1 \end{bmatrix}$$

$$|sI - H| = \begin{vmatrix} s & -1 & 0 & 0 \\ 0 & s+1 & 0 & 1/r \\ 1 & 0 & s & 0 \\ 0 & 0 & 1 & s-1 \end{vmatrix} = s^4 - s^2 + 1/r$$

8.3. レギュレータ

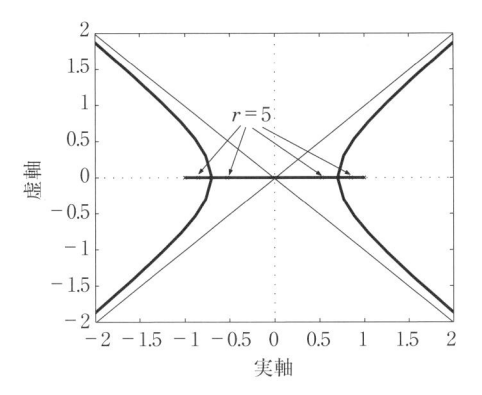

図 8.6: 例題 8.5 の根軌跡

従って，$r \to \infty$ から $r \to 0$ までの最適根とその対称根は，図 8.6 のように移動する．今，簡単のために $r = 5$ としよう．この場合の根は，

$$s^2 = \frac{1 \pm \sqrt{1 - 0.8}}{2} = 0.28,\ 0.72 \implies s = \pm 0.53,\ \pm 0.85$$

と求められる．従って，$\lambda_1 = -0.53$, $\lambda_2 = -0.85$ を得る．このとき

$$(\lambda_1 \boldsymbol{I} - \boldsymbol{H}) \begin{bmatrix} \boldsymbol{w}_1 \\ \boldsymbol{v}_1 \end{bmatrix} = \begin{bmatrix} -0.53 & -1 & 0 & 0 \\ 0 & 0.47 & 0 & 0.2 \\ 1 & 0 & -0.53 & 0 \\ 0 & 0 & 1 & -1.53 \end{bmatrix} \begin{bmatrix} 0.81 \\ -0.43 \\ 1.53 \\ 1 \end{bmatrix}$$

$$(\lambda_2 \boldsymbol{I} - \boldsymbol{H}) \begin{bmatrix} \boldsymbol{w}_2 \\ \boldsymbol{v}_2 \end{bmatrix} = \begin{bmatrix} -0.85 & -1 & 0 & 0 \\ 0 & 0.15 & 0 & 0.2 \\ 1 & 0 & -0.85 & 0 \\ 0 & 0 & 1 & -1.85 \end{bmatrix} \begin{bmatrix} 1.57 \\ -1.33 \\ 1.85 \\ 1 \end{bmatrix}$$

が成立するので，

$$\boldsymbol{P} = \begin{bmatrix} 1.53 & 1.85 \\ 1 & 1 \end{bmatrix} \begin{bmatrix} 0.81 & 1.57 \\ -0.43 & -1.53 \end{bmatrix}^{-1} = \begin{bmatrix} 3.1 & 2.26 \\ 2.25 & 1.9 \end{bmatrix}$$

従って，最適フィードバック行列は次式で与えられる．

$$\boldsymbol{K} = r^{-1} \boldsymbol{B}^T \boldsymbol{P} \begin{bmatrix} 0 & 0.2 \end{bmatrix} \begin{bmatrix} 3.1 & 2.26 \\ 2.25 & 1.9 \end{bmatrix} = \begin{bmatrix} 0.45 & 0.38 \end{bmatrix}$$

Matlabが使える場合には，コマンド [K,P,E]=lqr(A,B,Q,R) によって最適系の状態フィードバック行列 K，リッカチ方程式の解 P，およびそのときの根 E が求められる．

8.3.4 最適系の根軌跡

1入力システムに限定して $(\bm{R} = r)$，最適系の根軌跡を考えてみよう．この場合に，式(8.52)を $|-s\bm{I}-\bm{A}^T| = |-s\bm{I}-\bm{A}|$，および $\mathrm{adj}(-s\bm{I}-\bm{A}^T) = [\mathrm{adj}(-s\bm{I}-\bm{A})]^T$ を使って変形すると

$$|s\bm{I}_{2n}-\bm{H}| = |s\bm{I}-\bm{A}|\cdot|-s\bm{I}-\bm{A}|+\frac{1}{r}\bm{B}^T[\mathrm{adj}(-s\bm{I}-\bm{A})]^T\bm{Q}\,\mathrm{adj}(s\bm{I}-\bm{A})\bm{B} = 0$$
(8.55)

と変形できる．これはカルマン方程式 (Karman equation) と呼ばれている．s についての偶数項だけの $2n$ 次の方程式であり，$1/r$ を根軌跡のゲインに見立てると，最適系の根軌跡の方程式となる．

この方程式には，次のような性質がある．

(i) $1/r \to 0$ の根：6.7節で紹介した根軌跡法の，$K \to 0$ の根に相当するものであり，
$$|s\bm{I}-\bm{A}|\cdot|-s\bm{I}-\bm{A}| = 0$$
の根に一致する．これは根軌跡の出発点に当たり，開ループの根とその虚軸に対して対称な根である．しかし，最適フィードバック系で $1/r \to 0$ の根が開ループの根 ($|s\bm{I}-\bm{A}| = 0$) に一致するわけではない．なぜなら，最適系は r の値にかかわらず常に漸近安定なので，閉ループで不安定な根は $1/r \to 0$ でも虚軸に関して折り返された根となる．開ループで安定な場合には，出発点は開ループの根に一致する．

(ii) $1/r \to \infty$ の根：式(8.55)の見かけ上のゼロ点の方程式
$$\bm{B}^T[\mathrm{adj}(-s\bm{I}-\bm{A})]^T\bm{Q}\,\mathrm{adj}(s\bm{I}-\bm{A})\bm{B} = 0$$
のゼロ点の数を $2p$ とすると，$2n$ 個の根のうち $2p$ 個はこのゼロ点へ，残り $2n-2p$ 個は無限遠方に移動する．この移動は，半径 ω_n の同心円上の，いわゆるバターワース型 (Butterworth pattern) で移動する．

8.3. レギュレータ

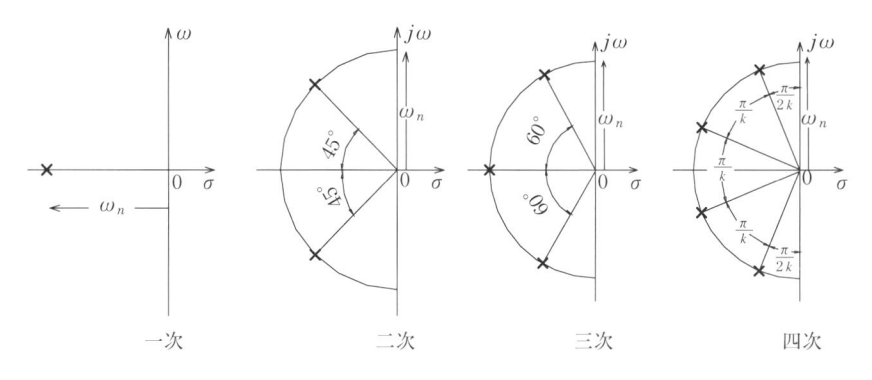

図 8.7: バターワース型の根位置

バターワース型の根パターンを 図 8.7 に示す．バターワースとは，最適フィルタの一種であり，最適フィルタの根がバターワースフィルタの根に漸近することは興味深いことである．この図で示しているのは，安定な $k(=n-p)$ 個の根であり，残り k 個は対称な右半面に存在する．

(iii) 最適系の根軌跡：最適系の根軌跡は，出発点と終点を虚軸に対称に配置すれば，あとは 6.5 節で紹介した根軌跡法がそのまま適用できる．この根軌跡を描き，適切な動特性を与える根配置を選び，最適状態フィードバックを求めることも一つの有力な手法である．

例えば，図 8.2 の機械直動系で，例題 8-4 で与えた根指定は，ほぼ 図 8.6 の最適根軌跡上にある．従って，このフィードバックは

$$Q = \begin{bmatrix} 1 & 0 \\ 0 & 0 \end{bmatrix}, \quad R = r = \frac{1}{4 \times 10^4} = 0.25 \times 10^{-4}$$

なる最適解である．

[例題 8 - 6]：電気回路制御対象 (図 4.16) に対する最適レギュレータを設計してみよう．状態方程式は，例題 4-6 で求められている．第二の方法で求めた式は全状態量が直接 検出できるので，これを取り上げる．

$$A = \begin{bmatrix} -10 & 0 & 0 \\ -1 & 0 & 0 \\ 0 & 20 & -20 \end{bmatrix}, \quad B = \begin{bmatrix} 10 \\ 0 \\ 0 \end{bmatrix}, \quad Q = \begin{bmatrix} 0 & 0 & 0 \\ 0 & 0 & 0 \\ 0 & 0 & 1 \end{bmatrix}, \quad R = r$$

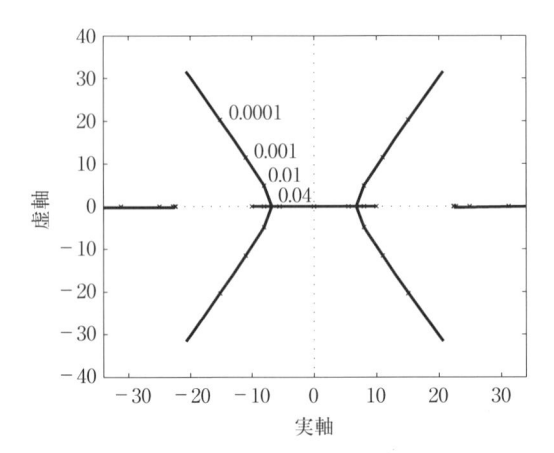

図 8.8: 電気回路制御対象の最適根軌跡

(i) $1/r \to 0$ の根:
$$|s\boldsymbol{I} - \boldsymbol{A}| = \begin{vmatrix} s+10 & 0 & 0 \\ 1 & s & 0 \\ 0 & -20 & s+20 \end{vmatrix} = s(s+10)(s+20) = 0$$

(ii) $1/r \to \infty$ の根:見かけ上のゼロ点の方程式は
$$\boldsymbol{B}^T [\mathrm{adj}\,(-s\boldsymbol{I} - \boldsymbol{A})]^T \boldsymbol{Q}\,\mathrm{adj}\,(s\boldsymbol{I} - \boldsymbol{A})\boldsymbol{B} = 4 \times 10^4$$

従って,図 8.8 の根軌跡を得る.これは Matlab を使って描いたものであるが,付録のアニメーションプログラムの中には,8.3.7 項の方法による定常リッカチ方程式の解法プログラムが収められている.

この図から,適切な根位置を持つ r を選ぶ.そうすると,式 (8.53) および式 (8.48) より,$\boldsymbol{P}$, $\boldsymbol{K}$ が求められる.ここでは,Matlab コマンド [K,P,E]=lqr(A,B,Q,R) を使って求める.例えば,$r = 0.0001$ とすると

$$\boldsymbol{K} = \begin{bmatrix} 3.0255 & -76.0215 & 23.9785 \end{bmatrix}$$

$$\boldsymbol{P} = \begin{bmatrix} 0.0000 & -0.0008 & 0.0002 \\ -0.0008 & 0.0258 & -0.0144 \\ 0.0002 & -0.0144 & 0.0236 \end{bmatrix}$$

$$E = \begin{bmatrix} -30.4075 \\ -14.9235 & +20.8571i \\ -14.9235 & -20.8571i \end{bmatrix}$$

を得る.

8.4 オブザーバ

前節の状態フィードバックは,制御系設計としてはきわめて有力な手法である.全状態量が検出できれば,それにゲインをかけてフィードバックするだけで系を望む動特性に改善できる.残念ながら,全状態量を検出できることはきわめて希である.このような場合には,状態量を推定するオブザーバが使われる.オブザーバを使うことで,測定できない状態量を推定することができる.状態方程式

$$\left. \begin{array}{l} \dfrac{\bm{x}(t)}{dt} = \bm{A}\,\bm{x}(t) + \bm{B}\,\bm{u}(t) \\ \bm{y}(t) = \bm{C}\,\bm{x}(t) \end{array} \right\} \tag{8.56}$$

の変数のうち,操作信号 $\bm{u}(t)$ と出力 $\bm{y}(t)$ のみが観測でき,状態量 $\bm{x}(t)$ は直接観測することはできない.また,系は可制御,可観測条件を満足するものとする.

8.4.1 同一次元オブザーバ

式 (8.56) と同じ特性を持つ数学モデルを作り,それを操作信号 $\bm{u}(t)$ で駆動する.

$$\frac{\hat{\bm{x}}(t)}{dt} = \bm{A}\,\hat{\bm{x}}(t) + \bm{B}\,\bm{u}(t) \tag{8.57}$$

このとき,推定状態量 $\hat{\bm{x}}(t)$ は $\bm{x}(t)$ に一致するような特性を持つであろうか.これは,誤差

$$\bm{e}(t) = \hat{\bm{x}}(t) - \bm{x}(t) \tag{8.58}$$

が 0 に収束するかどうかを考えればよい.式 (8.56) から式 (8.57) を引くことで次の誤差の方程式を得る.

$$\begin{aligned} \frac{d\bm{e}(t)}{dt} &= \frac{d[\hat{\bm{x}}(t) - \bm{x}(t)]}{dt} \\ &= \bm{A}\,\hat{\bm{x}}(t) + \bm{B}\,\bm{u}(t) - \bm{A}\,\bm{x}(t) - \bm{B}\,\bm{u}(t) = \bm{A}\,\bm{e}(t) \end{aligned} \tag{8.59}$$

この推定誤差の動特性は，元のシステムの動特性と同じ振舞いをすることがわかる．例えば，元のシステムが不安定であれば，推定誤差は増加し，状態量の推定は不可能になってしまう．

オブザーバの動特性を改善し推定精度を向上するために，オブザーバの出力 $\hat{y}(t)$ と系の出力 $y(t)$ の差をフィードバックすることを考える．

$$\begin{aligned}\frac{d\hat{x}(t)}{dt} &= A\hat{x}(t) + Bu(t) - L(C\hat{x}(t) - y(t)) \\ &= (A - LC)\hat{x}(t) + Ly(t) + Bu(t)\end{aligned} \quad (8.60)$$

ここで，L $(n \times m)$ はオブザーバのフィードバックゲイン行列である．式 (8.58) と式 (8.59) で求めたように，誤差の動特性を求める．

$$\begin{aligned}\frac{de(t)}{dt} &= \frac{d[\hat{x}(t) - x(t)]}{dt} \\ &= (A - LC)\hat{x}(t) + LCx(t) + Bu(t) - Ax(t) - Bu(t) \\ &= (A - LC)[\hat{x}(t) - x(t)]\end{aligned} \quad (8.61)$$

と変形でき，次式を得る．

$$\frac{de(t)}{dt} = (A - LC)e(t), \quad e(0) = \hat{x}(0) - x(0) \quad (8.62)$$

この解は，

$$e(t) = \exp(A - LC)\,e(0) \quad (8.63)$$

となる．行列 $A - LC$ を安定で収束の速い根を持つようにフィードバック行列 L を決めればよい．このように設定すると，状態量 $\hat{x}(t)$ は，$x(t)$ のよい推定値を与えることになる．同一次元オブザーバの構成を図 8.9 に示す．オブザーバが制御対象のよいモデルになっていることがわかる．

オブザーバは根配置によって設計することができる．$A - LC$ の根配置の考え方は，状態フィードバックの根配置がそのまま使える．$(A - LC)^T = A^T - C^T L^T$ より，レギュレータの根配置における A, B, K とは

$$A \to A^T, \quad B \to C^T, \quad K \to L^T \quad (8.64)$$

とおき換えることに相当する．これは，レギュレータとオブザーバが双対の関係になっていることを示している．

8.4. オブザーバ

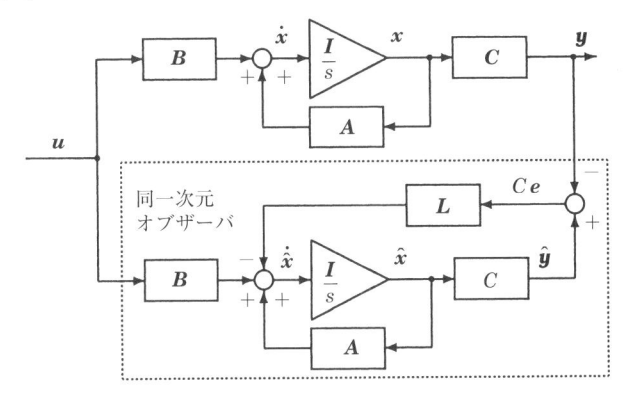

図 8.9: 制御対象と同一次元オブザーバ

[**例題 8-7**]　図8.2に示した機械直動系(例題8-2,例題8-3,例題8-4)を再び取り上げる．この系で 図8.9のオブザーバを作ると

$$A - LC = \begin{bmatrix} 0 & 1 \\ 0 & -1 \end{bmatrix} - \begin{bmatrix} L_1 \\ L_2 \end{bmatrix} \begin{bmatrix} 1 & 0 \end{bmatrix} = \begin{bmatrix} -L_1 & 1 \\ -L_2 & -1 \end{bmatrix}$$

となるので，

$$|sI - A + LC| = \begin{vmatrix} s+L_1 & -1 \\ L_2 & s+1 \end{vmatrix} = s^2 + (L_1+1)s + L_1 + L_2 = 0$$

と計算できる．オブザーバの根を -10 (重根)と設定すれば,

$$(s+10)^2 = s^2 + (L_1+1)s + L_1 + L_2$$

となり, $L_1 = 19$, $L_2 = 81$ とすればよいことがわかる．

Matlab では，レギュレータとオブザーバが双対の関係になっていることを利用し，フィードバック行列は命令 L=acker(a',c',p) によって求めることができる．ここで，a',c' は a,c の転置行列, p は指定する根配置である．

同一次元オブザーバの動作例(推定値がオブザーバフィードバック L によってどのように収束するか)のアニメーションプログラムが，付属プログラムの 8-4 に収められている．

8.4.2　最小次元オブザーバ

通常，観測量 y の中には状態量 x の一部が含まれている．例えば，例題8-7の出力は $y = x_1$ であり，オブザーバの推定量 $\hat{x}_1$ を使うより y を使う方が精度がよい．

$\hat{x}_2$ のみを推定するのでよければ,オブザーバの次数を 1 減らすことができる.

必要最小限の状態量を推定するオブザーバを最小次元オブザーバという.まず最初に 1 入力 1 出力系で,第 1 番目の状態量が観測できるとして,$(n-1)$ 次元のオブザーバが構成できることを示そう.

$$\frac{d\boldsymbol{x}(t)}{dt} = \begin{bmatrix} A_{11} & A_{12} \\ A_{21} & A_{22} \end{bmatrix} \boldsymbol{x}(t) + \begin{bmatrix} B_1 \\ B_2 \end{bmatrix} u(t) \tag{8.65}$$

ここで,A_{11} は (1×1),A_{12} は $[1 \times (n-1)]$,A_{21} は $[(n-1) \times 1]$,A_{22} は $[(n-1) \times (n-1)]$,B_1 は (1×1),B_2 は $[1 \times (n-1)]$ 行列である.今,$\boldsymbol{x}(t) = [y(t) \ \boldsymbol{\xi}(t)]^T$ と分割し,$(n-1)$ 次ベクトル $\boldsymbol{\xi}$ だけを推定することを考える.$\boldsymbol{\xi}$ は

$$\frac{d\boldsymbol{\xi}(t)}{dt} = A_{22}\boldsymbol{\xi}(t) + A_{21}y(t) + B_2 u(t) \tag{8.66}$$

で支配されるので,この方程式で推定しようとするとうまくいかない.出力 $y(t)$ によってフィードバックを作ろうとしても,$y(t)$ と $\boldsymbol{\xi}$ を結び付ける関係式がない.そこで,$\boldsymbol{\xi}$ の代わりに,

$$\boldsymbol{v}(t) = \boldsymbol{\xi}(t) - \boldsymbol{L}\,y(t) \tag{8.67}$$

を推定することを考える.ここで,$\boldsymbol{L}$ は $[(n-1) \times 1]$ 次のベクトルであり,$\boldsymbol{v}(t)$ が推定できたならば,$\boldsymbol{\xi}(t) = \boldsymbol{v}(t) + \boldsymbol{L}\,y(t)$ を用いて $\boldsymbol{\xi}(t)$ を計算できる.これより

$$\begin{aligned}\frac{d\boldsymbol{v}(t)}{dt} &= \frac{d[\boldsymbol{\xi}(t) - \boldsymbol{L}\,y(t)]}{dt} \\ &= A_{22}\boldsymbol{\xi}(t) + A_{21}y(t) + B_2 u(t) - \boldsymbol{L}\,[A_{11}y(t) + A_{12}\boldsymbol{\xi}(t) + B_1 u(t)] \\ &= (A_{22} - \boldsymbol{L}\,A_{12})\boldsymbol{\xi}(t) + (A_{21} - \boldsymbol{L}\,A_{11})y(t) + (B_2 - \boldsymbol{L}\,B_1)u(t) \\ &= \hat{\boldsymbol{A}}\boldsymbol{v}(t) + \hat{\boldsymbol{J}}y(t) + \hat{\boldsymbol{B}}u(t) \end{aligned} \tag{8.68}$$

ここで,

$$\hat{\boldsymbol{A}} = A_{22} - \boldsymbol{L}\,A_{12}, \quad \hat{\boldsymbol{J}} = A_{21} - \boldsymbol{L}\,A_{11} + \hat{\boldsymbol{A}}\boldsymbol{L}, \quad \hat{\boldsymbol{B}} = B_2 - \boldsymbol{L}\,B_1 \tag{8.69}$$

と変形できる.このモデルを使ってオブザーバを構成する.$\boldsymbol{v}$ の推定値 $\hat{\boldsymbol{v}}$ は

$$\frac{d\hat{\boldsymbol{v}}(t)}{dt} = \hat{\boldsymbol{A}}\,\hat{\boldsymbol{v}}(t) + \hat{\boldsymbol{J}}\,y(t) + \hat{\boldsymbol{B}}\,u(t) \tag{8.70}$$

8.4. オブザーバ

によって求めることができる.このとき,推定誤差 $e(t) = \hat{v}(t) - v(t)$ は

$$\frac{de(t)}{dt} = \hat{A}e(t) = (A_{22} - LA_{12})e(t) \tag{8.71}$$

によって支配される.従って,行列 $(A_{22} - LA_{12})$ の固有値すべてを s 平面の左半面で充分に速い点に設定すればよい.このとき,

$$x(t) = \begin{bmatrix} y(t) \\ \xi(t) \end{bmatrix} = \begin{bmatrix} 1 & 0 \\ L & I_{n-1} \end{bmatrix} \begin{bmatrix} y(t) \\ v(t) \end{bmatrix} \tag{8.72}$$

の関係があるので,状態推定量は

$$\hat{x}(t) = \hat{C}\hat{v}(t) + \hat{D}y(t) \tag{8.73}$$

で与えられる.ここで,

$$\hat{C} = \begin{bmatrix} 0 \\ I_{n-1} \end{bmatrix}, \quad \hat{D} = \begin{bmatrix} 1 \\ L \end{bmatrix} \tag{8.74}$$

である.式 (8.70) と式 (8.73) をまとめると,最小次元オブザーバの式が得られる.

$$\frac{d\hat{v}(t)}{dt} = \hat{A}\hat{v}(t) + \hat{J}y(t) + \hat{B}u(t) \tag{8.75}$$

$$\hat{x}(t) = \hat{C}\hat{v}(t) + \hat{D}y(t) \tag{8.76}$$

最小次元オブザーバが構成できる条件は,システム $(\hat{A}_{12}, \hat{A}_{22})$ が可観測のときである.また.根配置は次の対応

$$A \to A_{22}^T, \quad B \to A_{12}^T, \quad K \to L^T \tag{8.77}$$

によって,レギュレータと同じように設計することができる.

測定できる出力が,第一番目の状態量に一致しないとき,およびシステム (C, A) の複数個 (m 個) の状態量が観測可能な場合に拡張可能な手法を紹介する.これは,ゴピナスの設計法として知られ,以下のようにまとめられる.

(手順1) $T^{-1} = \begin{bmatrix} C \\ W \end{bmatrix}$ が正則となるような $(n-m) \times n$ 行列 W を選び,観測可能な状態量が第 m 番目までに入る座標変換を行う.

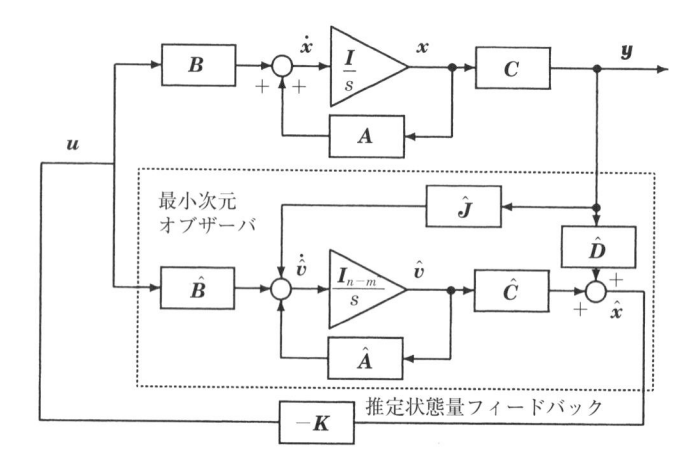

図 8.10: 最小次元次元オブザーバとそれを利用した状態フィードバック

$$\tilde{A} = T^{-1}AT = \begin{bmatrix} A_{11} & A_{12} \\ A_{21} & A_{22} \end{bmatrix}, \quad \tilde{B} = T^{-1}B = \begin{bmatrix} B_1 \\ B_2 \end{bmatrix}, \quad \tilde{C} = CT = \begin{bmatrix} I_m & 0 \end{bmatrix}$$
(8.78)

（手順 2）

$$\hat{A} = A_{22} - LA_{12} \tag{8.79}$$

が安定で充分に速い応答を持つように，$(n-m) \times m$ 行列 L を決定し，$\hat{J}, \hat{B}, \hat{C}, \hat{D}$ を以下のように定める．

$$\hat{J} = A_{21} - LA_{11} + \hat{A}L, \quad \hat{B} = B_2 - LB_1$$

$$\hat{C} = T \begin{bmatrix} 0 \\ I_{n-m} \end{bmatrix}, \quad \hat{D} = T \begin{bmatrix} I_m \\ L \end{bmatrix} \tag{8.80}$$

このように設計された最小次元オブザーバの構成を 図 8.10 の点線で囲んだブロックで示す．

[例題 8-8] 電気回路制御対象

$$A = \begin{bmatrix} -10 & 0 & 0 \\ -1 & 0 & 0 \\ 0 & 20 & -20 \end{bmatrix}, \quad B = \begin{bmatrix} 10 \\ 0 \\ 0 \end{bmatrix}, \quad C = \begin{bmatrix} 0 & 0 & 1 \end{bmatrix}$$

8.4. オブザーバ

に対してゴピナスのアルゴリズムを適用して，最小次元(二次)のオブザーバを設計する．

（手順1）
$$T^{-1} = \begin{bmatrix} C \\ W \end{bmatrix} = \begin{bmatrix} 0 & 0 & 1 \\ 0 & 1 & 0 \\ 1 & 0 & 0 \end{bmatrix}$$

として，

$$\tilde{A} = T^{-1}AT = \begin{bmatrix} -20 & 20 & 0 \\ 0 & 0 & -1 \\ 0 & 0 & -10 \end{bmatrix},$$

$$\tilde{B} = T^{-1}B = \begin{bmatrix} 0 \\ 0 \\ 10 \end{bmatrix}, \quad \tilde{C} = CT = \begin{bmatrix} 1 & 0 & 0 \end{bmatrix}$$

（手順2）
$$\hat{A} = A_{22} - LA_{12} = \begin{bmatrix} 0 & -1 \\ 0 & -10 \end{bmatrix} - \begin{bmatrix} L_1 \\ L_2 \end{bmatrix} \begin{bmatrix} 20 & 0 \end{bmatrix} = \begin{bmatrix} -20L_1 & -1 \\ -20L_2 & -10 \end{bmatrix}$$

これより，特性方程式は次式となる．

$$|sI - \hat{A}| = \begin{vmatrix} s+20L_1 & 1 \\ 20L_2 & s+10 \end{vmatrix} = s^2 + (10+20L_1)s + 200L_1 - 20L_2 = 0$$

ここで，2根を安定で充分に速い応答を持つように選ぶ．例えば，$s_{1,2} = -50$（重根）とすると

$$(s+50)^2 = s^2 + 100s + 2500 = s^2 + (10+20L_1)s + 200L_1 - 20L_2$$

これより，$L_1 = 4.5$，$L_2 = -80$ と求められる．各係数行列は，

$$\hat{J} = A_{21} - LA_{11} + \hat{A}L = \begin{bmatrix} 0 \\ 0 \end{bmatrix} - \begin{bmatrix} L_1 \\ L_2 \end{bmatrix}[-20] + \begin{bmatrix} -20L_1 & -1 \\ -20L_2 & -10 \end{bmatrix}\begin{bmatrix} L_1 \\ L_2 \end{bmatrix}$$

$$= \begin{bmatrix} 20L_1 - 20L_1^2 - L_2 \\ 20L_2 - 20L_1L_2 - 10L_2 \end{bmatrix} = \begin{bmatrix} -235 \\ 6400 \end{bmatrix}$$

$$\hat{B} = B_2 - LB_1 = \begin{bmatrix} 0 \\ 10 \end{bmatrix} - \begin{bmatrix} L_1 \\ L_2 \end{bmatrix}[0] = \begin{bmatrix} 0 \\ 10 \end{bmatrix}$$

$$\hat{C} = T \begin{bmatrix} 0 \\ I_{n-m} \end{bmatrix} = \begin{bmatrix} 0 & 0 & 1 \\ 0 & 1 & 0 \\ 1 & 0 & 0 \end{bmatrix} \begin{bmatrix} 0 & 0 \\ 1 & 0 \\ 0 & 1 \end{bmatrix} = \begin{bmatrix} 0 & 1 \\ 1 & 0 \\ 0 & 0 \end{bmatrix}$$

$$\hat{D} = T \begin{bmatrix} I_m \\ L \end{bmatrix} = \begin{bmatrix} 0 & 0 & 1 \\ 0 & 1 & 0 \\ 1 & 0 & 0 \end{bmatrix} \begin{bmatrix} 1 \\ L_1 \\ L_2 \end{bmatrix} = \begin{bmatrix} L_2 \\ L_1 \\ 1 \end{bmatrix} = \begin{bmatrix} -80 \\ 4.5 \\ 1 \end{bmatrix}$$

手順1の座標変換は無限にあるため，全て自動的には設計できないが，手順1で $\tilde{A}$, $\tilde{B}$, $\tilde{C}$ が求められれば，Matlabのコマンドを使って ex8_8.m のように設計することができる．

最小次元オブザーバを使ったレギュレータの動作例が，付属プログラムの8-5に収められている．

8.4.3 オブザーバを併用したレギュレータ

前項までの議論で，次の2点が明らかとなった．

(1) 系が可制御であれば，状態フィードバックによって閉ループ系を安定化でき，かつ任意の応答特性に改善できる．しかし一般には，全状態量が検出できるとは限らない．

(2) 系が可観測であれば，オブザーバを利用することで全状態量が任意の速さで推定可能である．

では，この二つの方法を組み合わせた制御系を利用することは可能であろうか．図8.10に，オブザーバを併用した状態フィードバックの構成を示す．このとき，推定状態量を使ったフィードバック

$$u(t) = -K\hat{x}(t) \tag{8.81}$$

の系の特性を調べてみよう．式(8.56)と式(8.71)を合わせると

$$\frac{d}{dt}\begin{bmatrix} x(t) \\ e(t) \end{bmatrix} = \begin{bmatrix} A & 0 \\ 0 & \hat{A} \end{bmatrix} \begin{bmatrix} x(t) \\ e(t) \end{bmatrix} + \begin{bmatrix} B \\ 0 \end{bmatrix} u(t) \tag{8.82}$$

と表される．一方，式(8.81)と式(8.73)より

$$u(t) = -K\hat{x}(t) = -K(\hat{C}\hat{v}(t) + \hat{D}y(t)) \tag{8.83}$$

8.4. オブザーバ

なので，$\hat{v} = e + v = e + \xi - Ly$ を代入すると

$$u(t) = -K[\hat{C}\{e(t) + \xi(t) - Ly(t)\} + \hat{D}y(t)] \tag{8.84}$$

$$= -K\hat{C}e(t) - K[-\hat{C}L + \hat{D}, \ \hat{C}]\begin{bmatrix} y(t) \\ \xi(t) \end{bmatrix} \tag{8.85}$$

が，導かれる．ここで，式 (8.80) より

$$[-\hat{C}L + \hat{D}, \ \hat{C}] = \begin{bmatrix} 0 + I_m & 0 \\ -L + I & I_{n-m} \end{bmatrix} = I_n \tag{8.86}$$

と変形できるので，フィードバックは次のように表される．

$$u(t) = -Kx(t) - K\hat{C}e(t) \tag{8.87}$$

このフィードバックを併用した閉ループの状態方程式と出力方程式は

$$\frac{d}{dt}\begin{bmatrix} x(t) \\ e(t) \end{bmatrix} = \begin{bmatrix} A - BK & -BK\hat{C} \\ 0 & \hat{A} \end{bmatrix}\begin{bmatrix} x(t) \\ e(t) \end{bmatrix} \tag{8.88}$$

$$y(t) = \begin{bmatrix} C & 0 \end{bmatrix}\begin{bmatrix} x(t) \\ e(t) \end{bmatrix} \tag{8.89}$$

となる．これは，オブザーバを用いたレギュレータの根が，状態フィードバックの根 ($A - BK$ の固有値) と，オブザーバの根 ($\hat{A}$ の固有値) から成り立っていることを示している．従って，レギュレータとオブザーバは独立に設計でき，この二つを組み合わせることにより系の安定化が図れることになる．レギュレータとオブザーバの根の独立性を ここでは最小次元オブザーバを使って誘導したが，この性質は一般的に成り立つ．

　レギュレータの根とオブザーバの根は，どのように選定すればよいであろうか．一般に使われるのは，図 8.11 に示すように，オブザーバをレギュレータに比べてより速く (オブザーバの根をレギュレータの根よりも左に) 設定するのが望ましい．これが状態空間表現に基づく最も基本的なレギュレータの設計法 (安定化の方法) である．

　図 8.10 の点線で囲まれたオブザーバは，多くの場合ディジタルコンピュータ制御で実現される．そのためには，オブザーバを離散時間状態方程式に変換する必要

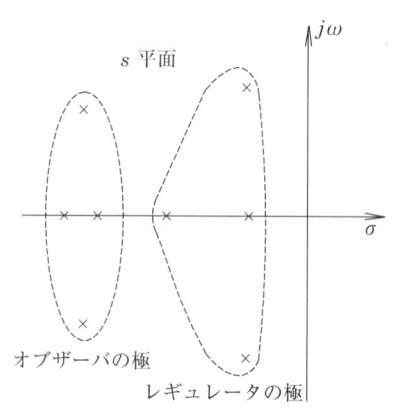

図 8.11: オブザーバを併用したレギュレータの根配置法

がある．ここでは双一次変換 (Pade' 法) を使う．式 (8.15) に従えば，サンプリング周期 τ [s] ごとに離散化したオブザーバは，次式で与えられる．

$$\left.\begin{array}{l} \hat{\boldsymbol{A}}_d = \left(\boldsymbol{I} + \dfrac{\tau}{2}\hat{\boldsymbol{A}}\right)\left(\boldsymbol{I} - \dfrac{\tau}{2}\hat{\boldsymbol{A}}\right)^{-1} \\ \hat{\boldsymbol{B}}_d = \tau\left(\boldsymbol{I} - \dfrac{\tau}{2}\hat{\boldsymbol{A}}\right)^{-1}\hat{\boldsymbol{B}}, \quad \hat{\boldsymbol{J}}_d = \tau\left(\boldsymbol{I} - \dfrac{\tau}{2}\hat{\boldsymbol{A}}\right)^{-1}\hat{\boldsymbol{J}} \\ \hat{\boldsymbol{C}}_d = \hat{\boldsymbol{C}}, \quad \hat{\boldsymbol{D}}_d = \hat{\boldsymbol{D}} \end{array}\right\} \tag{8.90}$$

[**例題 8-9**] 例題 8-6 と例題 8-8 を結合した制御系をパソコン上に実現してみよう．タイマを使いサンプリング周期を 5 ms ($\tau = 0.005$) とし，オブザーバを次のように離散化する．

$$\hat{\boldsymbol{A}}_d = \begin{bmatrix} 0.775 & -0.0025 \\ 4 & 0.975 \end{bmatrix} \begin{bmatrix} 1.225 & 0.0025 \\ -4 & 1.025 \end{bmatrix}^{-1} = \begin{bmatrix} 0.62 & -0.004 \\ 6.32 & 0.94 \end{bmatrix}$$

$$\hat{\boldsymbol{B}}_d = 0.005 \begin{bmatrix} 0.81 & -0.002 \\ 3.16 & 0.97 \end{bmatrix} \begin{bmatrix} 0 \\ 10 \end{bmatrix} = \begin{bmatrix} -0.001 \\ 0.0485 \end{bmatrix}$$

$$\hat{\boldsymbol{J}}_d = 0.005 \begin{bmatrix} 0.81 & -0.002 \\ 3.16 & 0.97 \end{bmatrix} \begin{bmatrix} -235 \\ 6400 \end{bmatrix} = \begin{bmatrix} -1.015 \\ 27.26 \end{bmatrix}$$

$$\hat{\boldsymbol{C}}_d = \begin{bmatrix} 0 & 1 \\ 1 & 0 \\ 0 & 0 \end{bmatrix}, \quad \hat{\boldsymbol{D}}_d = \begin{bmatrix} -80 \\ 4.5 \\ 1 \end{bmatrix}$$

8.4. オブザーバ

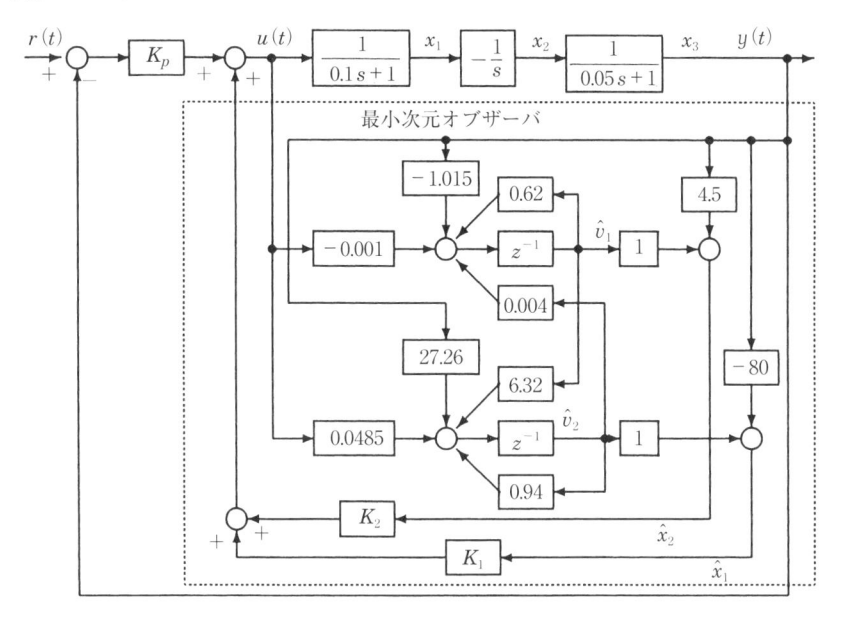

図 8.12: 最小次元ディジタルオブザーバを用いたレギュレータ

このディジタルオブザーバを使ったレギュレータ制御系を 図 8.12 に示す．例題 8-9 のように，積分特性を持っている制御対象に単一フィードバックを施してもステップ応答に定常偏差は生じない．ところが，状態フィードバックを施すと，0 入力での定常状態 ($\boldsymbol{x} = \boldsymbol{0}$) への収束速応性は改善されるが，ステップ応答に定常偏差を生じることが多い．入力の変化に対する追従性能に関しては，次章のサーボ系設計のテーマである．

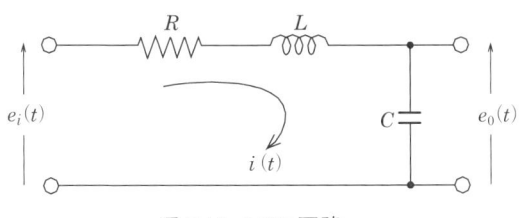

図 8.13: LCR 回路

8.5 演習問題

[演習 8.1] 図 8.13 に示す LCR 回路において，$e_i(t)$ を駆動(入力)電圧，$e_o(t)$ を出力(観測)電圧とする．

(1) 系の運動方程式を導出し，状態方程式と出力方程式を導け．

(2) 設問 (1) で求めた状態方程式は，可観測，可制御であることを示せ．

(3) $L=1$, $R=1$, $C=4$ の場合の固有値を求めよ．また，$\lambda_{1,2} = -5$(重根) となる状態フィードバックを求めよ．

[演習 8.2] 次の伝達関数で与えられる制御対象がある．
$$G(s) = \frac{1}{(0.1s+1)(0.2s+1)(s+1)}$$

(1) この伝達関数の可制御正準形の最小実現(状態方程式と出力方程式)を求めよ．

(2) 設問 (1) で求めた状態方程式に状態フィードバックを加え，特性根を
$$\lambda_1 = -10, \ \lambda_{2,3} = -5 \pm j8.66$$
となるフィードバックゲイン行列を求めよ．

(3) 状態変数を推定するオブザーバを設計し，オブザーバの根が -20(三重根) となる同一次元オブザーバを作成せよ．

[演習 8.3] 図 8.14 の機械振動系において，係数は $m=1$, $c=4$, $k=100$ とする．状態量を変位 $x(t)$ と速度 $v(t)$，入力を $f(t)$，観測量を $y(t) = x(t)$ とする．このとき，次の設問に答えよ．

(1) 系の状態方程式と出力方程式を求めよ．

(2) 設問 (1) で求めた状態方程式から伝達関数を導け．

(3) 評価関数の重みを
$$Q = \begin{bmatrix} 1 & 0 \\ 0 & 0 \end{bmatrix}, \ R = 1, \ 0.1, \ 0.01$$
と変えたときの最適フィードバックを求めよ．

[演習 8.4] 図 8.15 に示す二段 CR 回路において，コンデンサ C_1, C_2 にかかる電圧 $e_1(t)$, $e_2(t)$ を状態量，$u(t)$ を駆動電圧，$y(t) = e_2(t)$ を出力電圧とする．なお，回路係数は図中に与えられてる数値を使うこと．

8.5. 演習問題

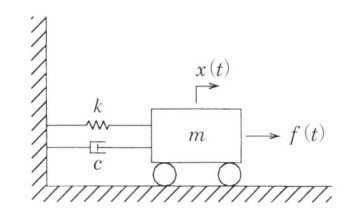

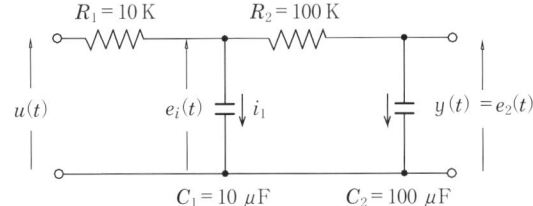

図 8.14: 1自由度機械振動系

図 8.15: 二段 CR 回路

(1) 系の状態方程式と出力方程式を求めよ．

(2) 設問 (1) で求めた状態方程式から伝達関数を導け．

(3) 評価関数の重みを
$$Q = \begin{bmatrix} 1 & 0 \\ 0 & 1 \end{bmatrix}, \quad R = 1, 0.1, 0.01$$
と変えたときの最適フィードバックを求めよ．

(4) $y(t) = e_2(t)$ は検出しているので，$e_1(t)$ のみを推定する最小次元オブザーバを設計せよ．

(5) 上述のオブザーバを併用したレギュレータをサンプリングタイム $\tau = 5\,\mathrm{ms}$ で実現せよ．

[演習 8.5] 演習 8.3 において，$y(t) = x(t)$ は検出しているので，$v(t)$ のみ推定する最小次元オブザーバを設計せよ．

(dSPACE が使えるならば，次の演習を試みよ)

[演習 8.6] 図 4.16 の電気回路を制御対象として状態フィードバック制御を行え．すなわち，出力 $y = e_3$ のみを DAC#4 から取り込むだけではなく，途中の状態量 (電圧) e_1, e_2 を DAC#2, DAC#3 から取り込み，状態フィードバックを作製し，ゲイン K_p, K_1, K_2 を調整して応答を比較せよ．

[演習 8.7] 上記と同じ問題で内部状態量が検出できない場合，演習 8.5 で設計した同一次元オブザーバを実装計し，状態フィードバック制御を行え．

[演習 8.8] 上記と同じ問題で，例題 8.8 で設計した最小次元オブザーバを実装計し，状態フィードバック制御を行え．

第9章　状態フィードバック制御 II

前章の最後に述べたように，状態フィードバック系は安定で，任意の動的特性を持つシステムを作ることができる．しかし，サーボ系では入力信号が変化し，その目標変化に対して，高速かつ高精度で追従しなければならない．例えば，工作機械やロボットの位置決めサーボは，ステップ状の目標変化に追従したり，外乱に対しても定常偏差を生じないことが要求される．不幸にして，状態フィードバック(レギュレータ)は定常偏差を生じる系を作ることがある．

本章では，サーボ系設計の基本的な考え方である内部モデル原理を説明し，サーボ系の設計法を紹介する．また周期的入力信号に追従する繰返し制御を述べる．これと同じことが，外乱相殺制御で実現できることを示す．最後に，簡単なロバスト制御系設計を紹介する．オブザーバ併用制御の問題点は，制御対象を適切にモデル化できるかどうかである．モデルと実プラントに誤差があると不安定化などの問題が発生する．一般に，高周波ではモデル化誤差が増大する．この問題を低域通過フィルタを併用した状態フィードバックで改善できることを述べる．

9.1　サーボ系設計

ここでは，電気回路制御対象を例として取り上げ，レギュレータとサーボ系の違いを明らかにしよう．

9.1.1　内部モデル原理

例題 7-9 でも述べたように，電気回路制御対象の状態フィードバックのブロック線図は 図9.1 に示され，入出力伝達関数は次式で与えられる．

$$\frac{Y(s)}{R(s)} = \frac{-K_p}{0.05\,s^3 + (0.15 + 0.05\,K_1)s^2 + (1 + K_1 + 0.05\,K_2)s + K_2 + K_p}$$

(9.1)

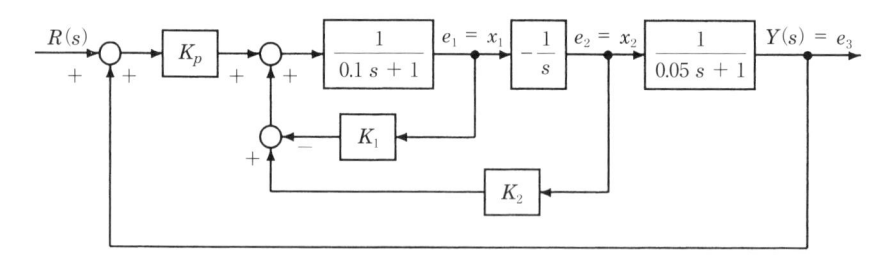

図 9.1: 電気回路制御対象の状態フィードバック制御

分母の特性方程式を見ればわかるとおり，フィードバックゲイン K_p, K_1, K_2 を適切に設定することで任意の極配置が実現できる．また例題 8-6 でも取り上げたように，最適レギュレータとして設計することも可能である．例題 8-6 の結果を利用すれば，$\boldsymbol{K} = [K_1\ K_2\ K_p] = [3.0255\ -76.0215\ 23.9785]$ とすることで，図 8.8 の $r = 0.0001$ に対応した根配置となる．

この手法の最大の問題点は，例題 7-9 でも述べたように，閉ループ系の定常ゲイン $G(s)_{s=0}$ が

$$G(0) = \frac{-K_p}{K_2 + K_p}$$

となり，$K_2 = 0$ でなければ位置定常偏差が残ることである．$K_2 = 0$ としたのでは，完全な状態フィードバックではない．

単なる位置フィードバック K_p のみ ($K_1 = K_2 = 0$) であれば，位置定常偏差は生じない．しかし位置フィードバックのみでは，例題 6-3 で求めたように，$K_p = 30$ で安定限界に達してしまう．応答速度もそれほど期待できない．しかし，この場合の開ループ伝達関数には積分器 ($1/s$) があり，5.4 節で論じた 1 型の制御系なので，位置定常偏差は生じない．ステップ入力のラプラス変換は $1/s$ であるから，ステップ入力に定常偏差なく追従する系は，一巡伝達関数に積分 $1/s$ が含まれなければならない．このことを一般化したものが内部モデル原理である．

内部モデル原理とは，5.4 節で論じた制御系の型数を拡張した概念で「制御系が目標入力に定常偏差なく追従するためには，フィードバックの内部 (一巡伝達関数) に目標信号の発生モデルが含んでいなければならない」というものである．例えば，ステップ状 (またはランプ状) の目標入力に定常偏差なく追従するためには，1

型(または 2 型)の制御系，すなわち開ループで $1/s$ (または $1/s^2$) を含んだ伝達関数でなければならない．

9.1.2 サーボ系の設計 (その 1)

ここでは簡単のために，1 入力 1 出力系に限定して議論する．まず，図 9.2 に示すように，コントローラ $G_c(s)$ を制御対象 $G(s)$ に直列に挿入したフィードバック系について前項の議論を適用する．この系がステップ入力に対して定常偏差を持たないためには，一巡伝達関数 $G_c(s)G(s)$ が積分 $1/s$ を含めばよい．制御対象 $G(s)$ が $1/s$ を持っていれば問題はない．もし持っていなければどうであろうか．この場合，$G(s)$ が $s=0$ にゼロ点を持っていなければ，コントローラ $G_c(s)$ に $1/s$ を持たせればよい．しかし $G(s)$ が $s=0$ にゼロ点を持っていると，$G_c(s)$ に $1/s^2$ を持たせてもうまくいかない．なぜならば，不安定モードである $s=0$ において極ゼロ相殺を生じるので，フィードバックによって漸近安定の条件を満たすことができない．従って，1 型のサーボ系が設計できるためには，制御対象 $G(s)$ が $s=0$ にゼロ点を持たないことである．

1 入力 1 出力系に定常外乱 $\boldsymbol{d}$ が加わった系

$$\frac{d\boldsymbol{x}(t)}{dt} = \boldsymbol{A}\,\boldsymbol{x}(t) + \boldsymbol{B}\,u(t) + \boldsymbol{d} \tag{9.2}$$

$$y(t) = \boldsymbol{C}\,\boldsymbol{x}(t) \tag{9.3}$$

にステップ状の目標入力 $r(t)$ が入ってくる場合のサーボ系設計を考えよう．図 9.3 に示すブロック線図のように積分補償を加えると，制御則は

$$u(t) = -\boldsymbol{K}\,\boldsymbol{x}(t) + K_p v(t) \tag{9.4}$$

$$\frac{dv(t)}{dt} = r(t) - y(t) \tag{9.5}$$

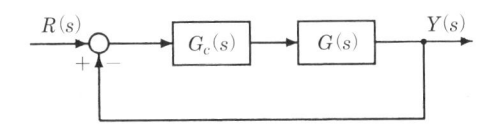

図 9.2: 直列補償フィードバック系

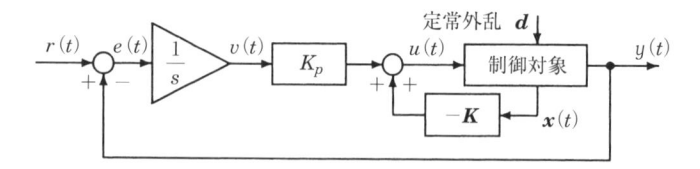

図 9.3: 状態フィードバックを持つ1型サーボ系

と表される. ここで, $(1 \times n)$ ベクトル K とスカラ K_p が設計すべきフィードバックゲインである. 以上の式をまとめると, 拡大系

$$\frac{d}{dt}\begin{bmatrix} x(t) \\ v(t) \end{bmatrix} = \begin{bmatrix} A & 0 \\ -C & 0 \end{bmatrix}\begin{bmatrix} x(t) \\ v(t) \end{bmatrix} + \begin{bmatrix} B \\ 0 \end{bmatrix}u(t) + \begin{bmatrix} d \\ r(t) \end{bmatrix} \qquad (9.6)$$

に状態フィードバック則

$$u(t) = -\begin{bmatrix} K & -K_p \end{bmatrix}\begin{bmatrix} x(t) \\ v(t) \end{bmatrix} \qquad (9.7)$$

を施すことになる. 明らかにこの系は1型で, 定常偏差は0となる. 従って, 閉ループ系

$$\frac{d}{dt}\begin{bmatrix} x(t) \\ v(t) \end{bmatrix} = \begin{bmatrix} A-BK & BK_p \\ -C & 0 \end{bmatrix}\begin{bmatrix} x(t) \\ v(t) \end{bmatrix} + \begin{bmatrix} d \\ r(t) \end{bmatrix} \qquad (9.8)$$

が内部安定であればよい. 閉ループ系の根は, 行列

$$\begin{bmatrix} A-BK & BK_p \\ -C & 0 \end{bmatrix} \qquad (9.9)$$

の固有値であり, この固有値を s 平面の左半面の指定される応答の点に定めるフィードバックゲインを定めればよい. 図9.3の制御対象に加えられる状態フィードバック $-Kx(t)$ は, 状態量 $x(t)$ を測定できない多くの場合, オブザーバフィードバックによっておき換えられる.

[例題9-1] 電気回路制御対象に上述の手法をMatlabによって計算する. これは ex9_1.m に収められている. 例題8-6で計算したレギュレータでは定常偏差が大きくなりすぎるので, 重み $r = 1.0$ の場合のステップ応答を図9.4の点線に示す. これを上述の拡大型に変換し, 最適サーボ系を計算すると同図の実線の応答となる. 定常応答は1となり, 1型のサーボ系となっている.

9.1. サーボ系設計

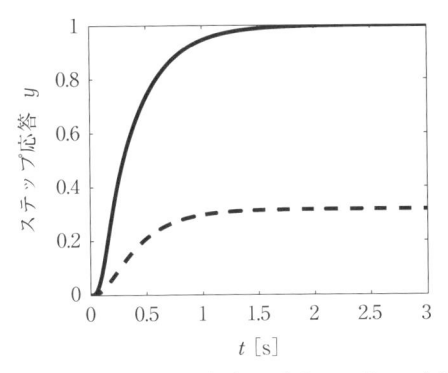

図9.4: レギュレータとサーボ系のステップ応答

例題で計算した積分を追加した状態フィードバックサーボの動作アニメーションは，付属プログラムの 9-1 に収められている．

9.1.3 サーボ系の設計 (その 2)

ここで展開する手法は，制御対象に本来積分特性を持っているサーボ機構にのみ適用可能である．一般のサーボ機構では，モータや流体アクチュエータは，本来 積分特性を持ち，第7章で述べた直列補償伝達関数を適用しても位置定常偏差は残らない．しかし，8.5節で取り上げた図8.12 に示した系のように，サーボ制御対象に状態フィードバックを施すと位置定常偏差が現れてしまう．前節で展開したように，状態フィードバックを施した後に積分特性を入れることは制御系の次数を一つ増やし，安定性や速応性を悪化させる恐れがある．制御対象の積分特性をそのまま生かし，かつ状態フィードバックのよさを使う制御系は作れないものであろうか．

積分制御を含む制御対象で内部状態量が検出できない系に対しては，ここで紹介する最小次元オブザーバを使うことで1型サーボが実現できる．まず，系を次のような状態方程式でモデル化する．

$$\frac{d}{dt}\begin{bmatrix} x_1(t) \\ \bm{x}'(t) \end{bmatrix} = \begin{bmatrix} A_{11}=0 & \bm{A}_{12}=[1\ 0\ \cdots\ 0] \\ \bm{A}_{21}=\bm{0} & \bm{A}_{22} \end{bmatrix} \begin{bmatrix} x_1(t) \\ \bm{x}'(t) \end{bmatrix} + \bm{B}\,u(t) \quad (9.10)$$

$$y(t) = [1\ 0\ \cdots\ 0]\begin{bmatrix} x_1(t) \\ \bm{x}'(t) \end{bmatrix} \quad (9.11)$$

すなわち，状態量 x_1 は出力 y と等しく，x_2 以降は x_1 の微分とその高次状態量に

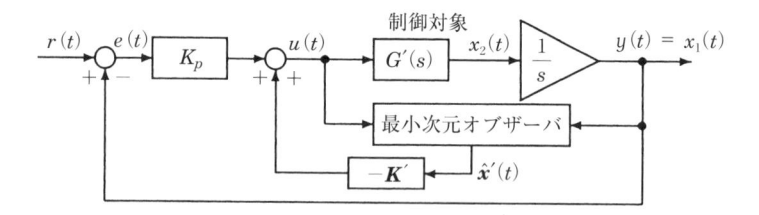

図 9.5: 制御対象の積分特性を利用した1型サーボ系

選ぶ．これにゴピナスの最小次元オブザーバを適用し，状態推定量 $\hat{x}'$ を推定する．この推定状態量と y を用いて，状態フィードバック

$$u(t) = K_p[r(t) - y(t)] - K'\hat{x}'(t) \tag{9.12}$$

を施す．系の構成を 図9.5 に示す．

[例題 9-2]　電気回路制御対象に上述の手法を適用してみよう．式 (9.10) の形に変形するために，制御対象を 図9.6 の制御対象のように考える．もちろん状態量 x_2, x_3 を測定することはできないし，図8.13 の実際の制御対象とは異なる．しかし，操作信号 $u(t)$ と出力 $y(t)$ のみに着目し，伝達関数のみが与えられているのであれば，どちらのモデル化でもよい．図9.6 の制御対象は，

$$\frac{d}{dt}\begin{bmatrix} x_1(t) \\ x_2(t) \\ x_3(t) \end{bmatrix} = \begin{bmatrix} 0 & -1 & 0 \\ 0 & -20 & 20 \\ 0 & 0 & -10 \end{bmatrix} \begin{bmatrix} x_1(t) \\ x_2(t) \\ x_3(t) \end{bmatrix} + \begin{bmatrix} 0 \\ 0 \\ 10 \end{bmatrix} u(t)$$

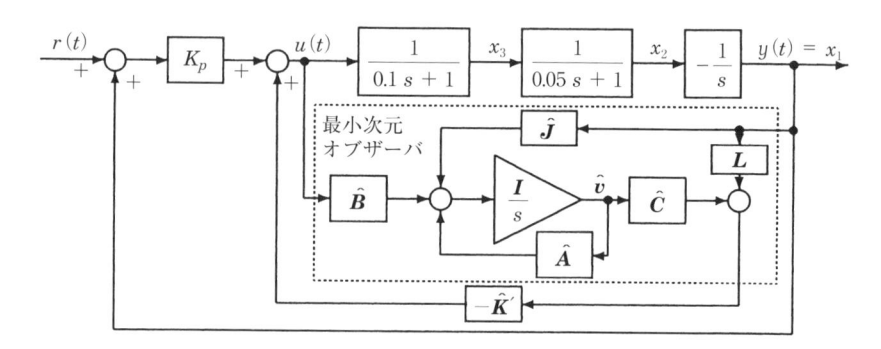

図 9.6: 電気回路制御対象のオブザーバを使ったサーボ系

9.1. サーボ系設計

$$y(t) = \begin{bmatrix} 1 & 0 & 0 \end{bmatrix} \begin{bmatrix} x_1(t) \\ x_2(t) \\ x_3(t) \end{bmatrix}$$

となる.

上の式にゴピナスのアルゴリズムの手順2を適用する.

$$\hat{A} = A_{22} - L A_{12} = \begin{bmatrix} -20 & 20 \\ 0 & -10 \end{bmatrix} - \begin{bmatrix} L_1 \\ L_2 \end{bmatrix} \begin{bmatrix} -1 & 0 \end{bmatrix} = \begin{bmatrix} L_1 - 20 & 20 \\ L_2 & -10 \end{bmatrix}$$

従って,特性方程式は

$$|s\hat{I} - \hat{A}| = \begin{vmatrix} s - L_1 + 20 & -20 \\ -L_2 & s + 10 \end{vmatrix} = s^2 + (30 - L_1)s - 20L_2 - 10L_1 + 200$$

となる.ここで, $s_1, s_2 = -50$ (重根)と選ぶと,

$$(s + 50)^2 = s^2 + 100s + 2500 = s^2 + (30 - L_1)s - 20L_2 - 10L_1 + 200$$

$$L_1 = -70, \quad L_2 = -80$$

と求められる.従って,

$$\hat{A} = \begin{bmatrix} -90 & 20 \\ -80 & -10 \end{bmatrix}, \quad \hat{J} = \hat{A}L = \begin{bmatrix} -90 & 20 \\ -80 & -10 \end{bmatrix} \begin{bmatrix} -70 \\ -80 \end{bmatrix} = \begin{bmatrix} 4700 \\ 6400 \end{bmatrix}$$

$$\hat{B} = B_2 - LB_1 = \begin{bmatrix} 0 \\ 10 \end{bmatrix}, \quad \hat{C} = \begin{bmatrix} 0 & 0 \\ 1 & 0 \\ 0 & 1 \end{bmatrix}, \quad \hat{D} = \begin{bmatrix} 1 \\ L_1 \\ L_2 \end{bmatrix} = \begin{bmatrix} 1 \\ -70 \\ -80 \end{bmatrix}$$

上で計算された最小次元オブザーバを使ったサーボ系は,Matlabのファイルとして,ex9_2.mに収められている.

[例題9-3] ここで,導出した最小次元オブザーバを離散時間系に変換し,コンピュータ制御で実現してみよう.サンプル周期 $\tau = 0.005$ とし,式(8.90)を使って次の行列を得る.

$$\hat{A}_d = \begin{bmatrix} 0.725 & 0.05 \\ -0.2 & 0.975 \end{bmatrix} \begin{bmatrix} 1.225 & -0.05 \\ 0.2 & 1.025 \end{bmatrix}^{-1} = \begin{bmatrix} 0.607 & 0.078 \\ 0.223 & 0.938 \end{bmatrix}$$

$$\hat{B}_d = 0.005 \begin{bmatrix} 0.81 & 0.04 \\ 0.395 & 0.97 \end{bmatrix} \begin{bmatrix} 0 \\ 10 \end{bmatrix} = \begin{bmatrix} 0.0005 \\ 0.05 \end{bmatrix}$$

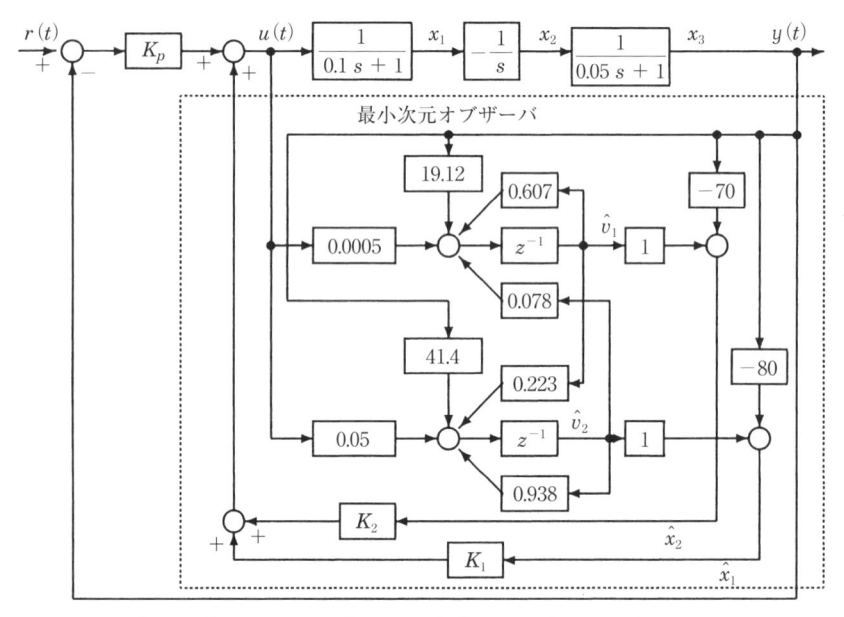

図 9.7: 最小次元ディジタルオブザーバを用いたレギュレータ

$$\hat{\boldsymbol{J}}_d = 0.005 \begin{bmatrix} 0.81 & 0.04 \\ 0.395 & 0.97 \end{bmatrix} \begin{bmatrix} 4700 \\ 6400 \end{bmatrix} = \begin{bmatrix} 19.12 \\ 41.4 \end{bmatrix}$$

$$\hat{\boldsymbol{C}}_d = \begin{bmatrix} 0 & 0 \\ 1 & 0 \\ 0 & 1 \end{bmatrix}, \quad \hat{\boldsymbol{D}}_d = \begin{bmatrix} 1 \\ -70 \\ -80 \end{bmatrix}$$

と求められる．このディジタルコンピュータ制御のブロック線図は，図 9.7 に求められる．

最小次元オブザーバを使ったサーボ系の動作アニメーションは，付属プログラムの 9-2 に収められている．

9.2 繰返し制御

産業用ロボットのプレイバック動作のように，一定周期 L で繰り返す指令信号が入ったり，回転機械の不釣り合い力のように，周期外乱が加わる系はしばしば現れる．このような信号は，図 9.8 に示す信号のように一定周期 L で繰り返す信号であ

9.2. 繰返し制御

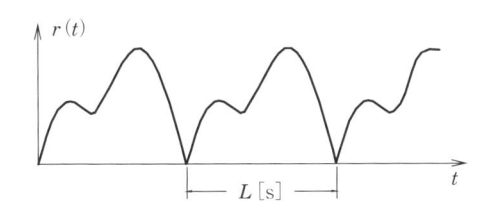

図 9.8: 一定周期 L で繰り返す信号

り，信号の発生モデル(ラプラス変換)には

$$1 + e^{-sL} + e^{-2sL} + e^{-3sL} + \cdots = \frac{1}{1 - e^{-sL}} \tag{9.13}$$

が含まれる．

　内部モデル原理に従えば，このような繰返し信号(あるいは繰返し外乱)に対し，目標入力に定常偏差なく追従するためには，一巡伝達関数に $1/(1 - e^{-sL})$ を含ませればよい．このような制御系を繰返し制御といい，1入力1出力の構成を図9.9に示す．

　繰返し制御系の設計で注意しなければならない点は，フィードバック系が不安定化しやすいことである．これは，5.3節で紹介した制御系の形数の議論で，0型より1型，1型より2型，2型より3型と，型数が増えるほど不安定化しやすいことと対応する．繰返し制御は，繰返し信号の高調波成分に対しても誤差をなくそうとフィードバック信号を作成するため不安定化しやすいのが最大の問題点である．なお，繰返し補償器 $1/(1 - e^{-sL})$ は，アナログ回路で作成することは困難であり，ディジタル制御で実現される．

　電気制御対象にディジタル繰返し制御を適用することを前提に，設計法を紹介しよう．繰返し補償器 $1/(1 - e^{-sL})$ を離散化すると，$1/(1 - z^{-n})$ を得る．ただし，

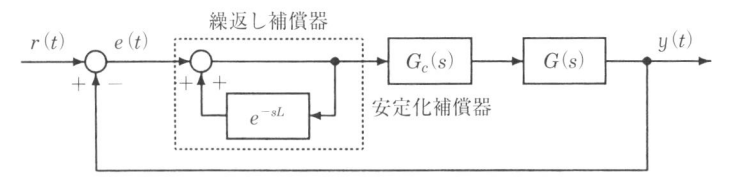

図 9.9: 繰返し制御系

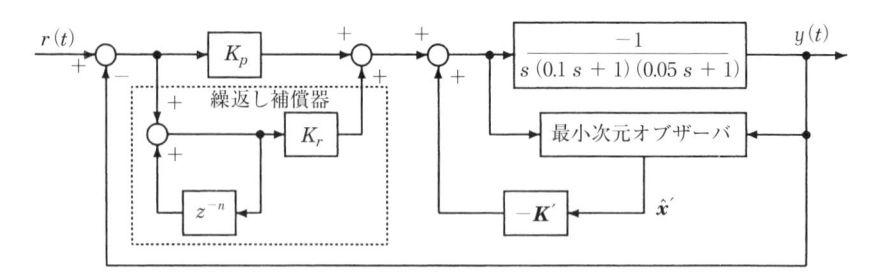

図 9.10: 電気制御対象に対するディジタル繰返し制御系

$L = n\tau$ を満たす繰返し信号が入るものとする．また系の安定化と定常偏差をなくすことを目的に，図 9.7 の制御系に繰返し補償器を追加することとする．系の構成を 図 9.10 に示す．

ディジタル繰返し制御を安定化する目的で，いくつかの補償法が提案されている．ここでは，繰返し補償器の内部状態量を平均化フィルタ法で安定化する方法を紹介する．平均化のフィルタ係数 W_i を次のように定義する．

$$W_i = \frac{\alpha_i}{\alpha_0 + 2\alpha_1 + 2\alpha_2 + \cdots + 2\alpha_k} \tag{9.14}$$

ここで，k はフィルタの次数，α_i は平均化の重み係数で，

$$\left. \begin{array}{l} k = 1 \quad \alpha_0 = 2, \quad \alpha_1 = 1 \\ k = 2 \quad \alpha_0 = 6, \quad \alpha_1 = 4, \quad \alpha_2 = 1 \\ k = 3 \quad \alpha_0 = 20, \quad \alpha_1 = 15, \quad \alpha_2 = 6, \quad \alpha_3 = 1 \\ \cdots \end{array} \right\} \tag{9.15}$$

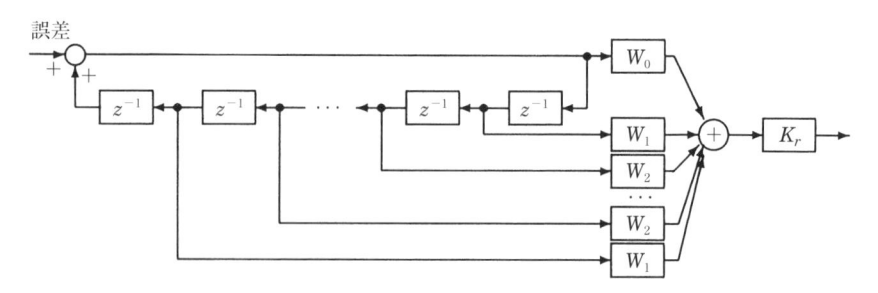

図 9.11: 平均化フィルタを用いた繰返し補償器

の係数がよく使われる．この平均化法を使った繰返し補償器を 図9.11に示す．

平均化フィルタは，ディジタルローパスフィルタとして作動する．平均化フィルタを用いると，繰返し信号の高周波成分には追従しなくなるが，それだけ安定性が改善される．ロボットの繰返し動作や回転機械のアンバランス変動には，極端な高周波成分は含まれない．従って，繰返し補償器の安定化手法としては，平均化フィルタ法は使いやすい手法といえる．

9.3 外乱オブザーバを利用したサーボ系

内部モデル原理を利用したサーボ系は，目標入力のみならず，それと同じタイプの外乱に対しても定常偏差を0とすることができる．これと逆に，外乱オブザーバを利用した外乱相殺制御を行うと，目標入力に対しても定常偏差を0とすることができる．

外乱相殺制御によって1型のサーボ系を作るためには，一定外乱モデル

$$d(t) = 0$$

を考え，これを含む拡大型の状態方程式

$$\frac{d}{dt}\begin{bmatrix} \boldsymbol{x}(t) \\ d(t) \end{bmatrix} = \begin{bmatrix} \boldsymbol{A} & \boldsymbol{B} \\ \boldsymbol{0} & 0 \end{bmatrix} \begin{bmatrix} \boldsymbol{x}(t) \\ d(t) \end{bmatrix} + \begin{bmatrix} \boldsymbol{B} \\ 0 \end{bmatrix} u(t) \tag{9.16}$$

$$y(t) = \begin{bmatrix} \boldsymbol{C} & 0 \end{bmatrix} \begin{bmatrix} \boldsymbol{x}(t) \\ d(t) \end{bmatrix} \tag{9.17}$$

を作る．このような系で，外乱$d(t)$は不可制御であるが可観測である．この拡大型にオブザーバを適用すると，$\boldsymbol{x}(t)$と$d(t)$を推定することが可能である．図9.12に示すように，状態フィードバックに加えて外乱$d(t)$を推定して相殺する制御を併用すると，位置定常偏差を生じない制御系を作ることができる．

繰返し制御と同じように，周期信号に対して定常偏差を生じない外乱相殺制御は，正弦波外乱モデル

$$\ddot{d}(t) + \omega_0^2\, d(t) = 0$$

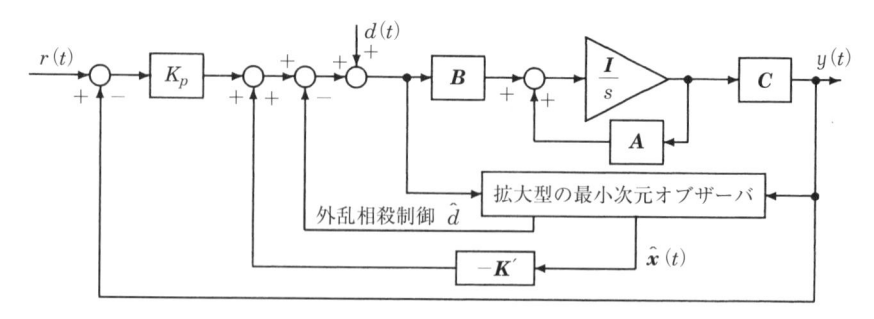

図 9.12: 外乱オブザーバを利用したサーボ系

を仮定し，これを含む拡大方程式

$$\frac{d}{dt}\begin{bmatrix} \boldsymbol{x}(t) \\ d(t) \\ \dot{d}(t) \end{bmatrix} = \begin{bmatrix} \boldsymbol{A} & \boldsymbol{B} & 0 \\ \boldsymbol{0} & 0 & 1 \\ \boldsymbol{0} & -\omega_0^2 & 0 \end{bmatrix} \begin{bmatrix} \boldsymbol{x}(t) \\ d(t) \\ \dot{d}(t) \end{bmatrix} + \begin{bmatrix} \boldsymbol{B} \\ 0 \\ 0 \end{bmatrix} u(t) \quad (9.18)$$

$$y(t) = \begin{bmatrix} \boldsymbol{C} & 0 & 0 \end{bmatrix} \begin{bmatrix} \boldsymbol{x}(t) \\ d(t) \\ \dot{d}(t) \end{bmatrix} \quad (9.19)$$

について同様の手法を適用すればよい．このブロック線図は，オブザーバが変更になるだけで図 9.12 となる．

[例題 9-4] 磁気浮上系に外乱相殺制御を適用してみよう．ここで扱う磁気浮上系は，図 9.13 に示すように浮上物体を電磁石で吸引し，電流 $i(t)$ を操作量として制御し，浮上量を保つ．制御対象は

$$m\frac{d^2 x(t)}{dt^2} = f(t) + f_d(t)$$

図 9.13: 磁気浮上系

9.3. 外乱オブザーバを利用したサーボ系

と表される．また，電磁石は次のような線形近似した力を発生するとする．

$$f(t) = K_f i(t) + k_m x(t)$$

ここで，m：浮上物体の質量 [kg]，$x(t)$：浮上ギャップ [m]，$f(t)$：電磁石の発生する力 [N]，$f_d(t)$：外乱 [N]，K_f：力係数 [N/A]．k_m：電磁石の負の ばね定数 [N/m]，$i(t)$：制御電流 [A] である．

一般的には，変位 $x(t)$ を検出し，それを PID 制御伝達関数に入れて制御電流 $i(t)$ を作り出し，安定化することが広く使われる．

PID 制御と同じ制御が，オブザーバを使った外乱相殺制御で作れることを示す．電磁石の負のばね定数は，それほど大きな値ではない．そこで，これも外乱に加え，全外乱を次のように定義する．

$$f_{dt}(t) = f_d(t) + k_m x(t)$$

これを使って，プラントの方程式は次のように変形できる．

$$m \frac{d^2 x(t)}{dt^2} = K_f i(t) + f_{dt}(t)$$

これを拡大状態方程式に変換する．

$$\frac{d}{dt} \begin{bmatrix} x(t) \\ v(t) \\ f_{dt}(t) \end{bmatrix} = \begin{bmatrix} 0 & 1 & 0 \\ 0 & 0 & 1/m \\ 0 & 0 & 0 \end{bmatrix} \begin{bmatrix} x(t) \\ v(t) \\ f_{dt}(t) \end{bmatrix} + \begin{bmatrix} 0 \\ K_f/m \\ 0 \end{bmatrix} i(t) \tag{9.20}$$

$$y(t) = \begin{bmatrix} 1 & 0 & 0 \end{bmatrix} \begin{bmatrix} x(t) \\ v(t) \\ f_{dt}(t) \end{bmatrix} \tag{9.21}$$

これに最小次元オブザーバを適用すると，外乱 f_{dt} と速度 $v(t)$ が推定可能である．制御対象とオブザーバの構成を 図 9.14 に示す．

制御対象は二階の積分系である．これを安定に浮上させるためには，位置フィードバックと速度フィードバックは不可欠である．通常は，速度信号を近似微分回路で作成するが，オブザーバを使うと速度を推定することが可能である．図 9.14 の系では，速度のみならず外乱も推定しているので，これをフィードバックすること

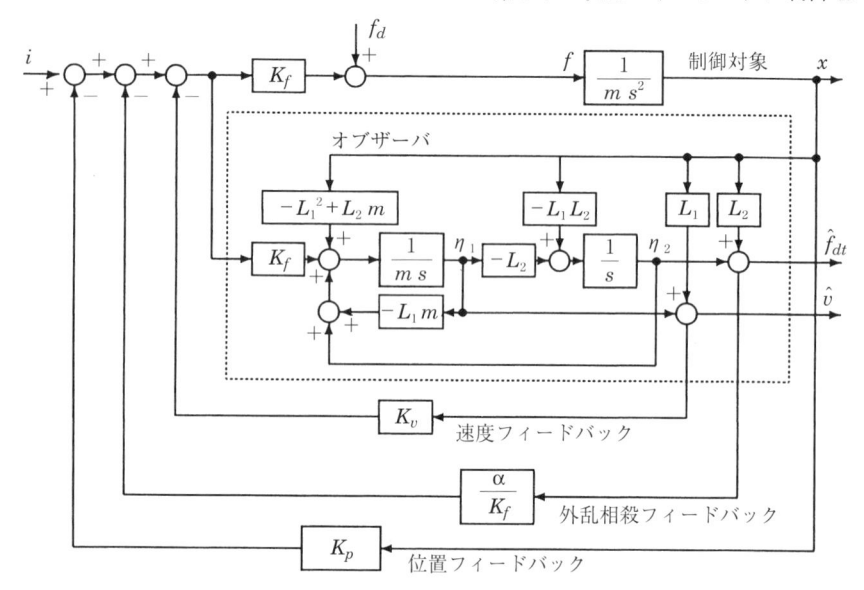

図 9.14: 外乱オブザーバを使った磁気浮上制御系

で積分制御と同じ効果が期待できる．これを明らかとするために，図 9.15 では外乱相殺制御に係数 α $(0 \geq \alpha \geq 0)$ を入れ，α を変えて周波数応答を計算している．

[**例題 9-5**] 上述の磁気浮上系で，$m = 1$, $K_f = 1$ として計算する．ゴピナスの設計法で，手順1は省略できるので，オブザーバは以下のように計算できる．

$$\hat{A} = A_{22} - L A_{12} = \begin{bmatrix} 0 & 1 \\ 0 & 0 \end{bmatrix} - \begin{bmatrix} L_1 \\ L_2 \end{bmatrix} \begin{bmatrix} 1 & 0 \end{bmatrix} = \begin{bmatrix} -L_1 & 1 \\ -L_2 & 0 \end{bmatrix}$$

この固有値を重根 (-50) に定める．

$$\left| s\bm{I} - \hat{\bm{A}} \right| = \begin{vmatrix} s + L_1 & -1 \\ L_2 & s \end{vmatrix} = s(s + L_1) + L_2 = (s + 50)^2$$

これより，$L_1 = 100$, $L_2 = 2500$ を得る．従って，

$$\hat{\bm{J}} = \begin{bmatrix} 0 \\ 0 \end{bmatrix} - \begin{bmatrix} 100 \\ 2500 \end{bmatrix} [\,0\,] + \begin{bmatrix} -100 & 1 \\ -2500 & 0 \end{bmatrix} \begin{bmatrix} 100 \\ 2500 \end{bmatrix} = \begin{bmatrix} -7500 \\ -250000 \end{bmatrix}$$

$$\hat{\bm{B}} = \begin{bmatrix} 1 \\ 0 \end{bmatrix} - \begin{bmatrix} 100 \\ 2500 \end{bmatrix} [\,0\,] = \begin{bmatrix} 1 \\ 0 \end{bmatrix}$$

9.3. 外乱オブザーバを利用したサーボ系

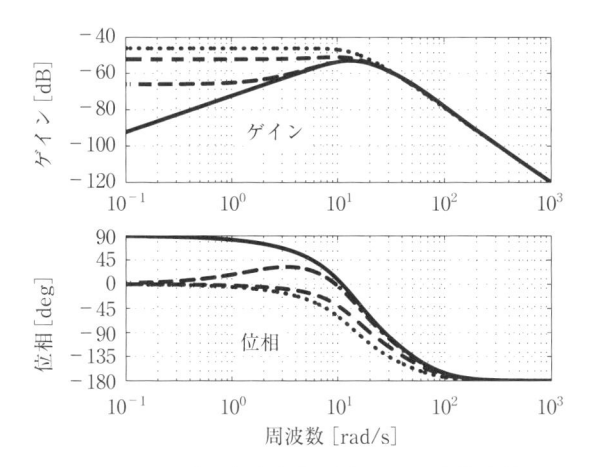

図 9.15: 外乱相殺制御浮上系の周波数応答

$$\hat{C} = \begin{bmatrix} 0 & 0 \\ 1 & 0 \\ 0 & 1 \end{bmatrix}, \quad \hat{D} = \begin{bmatrix} 1 \\ 100 \\ 2500 \end{bmatrix}$$

上述のオブザーバで推定された変数で状態フィードバックを作成する．閉ループの根を $s = -5 \pm j8.66$ とすると，

$$s^2 + K_v s + K_p = s^2 + 10s + 100$$

より $K_v = 10$, $K_p = 100$ を得る．$\alpha = 0, 0.5, 0.9, 1.0$ に対するシミュレーションをファイル ex9_5.m に，また計算結果の外乱に対する変位の周波数応答を 図 9.15 に示す．点線の外乱相殺がない場合から，$\alpha = 0.5$(鎖線), $\alpha = 0.9$(一点鎖線), $\alpha = 1.0$(実線)へと，低周波の外乱抑制効果が現れていることがわかる．

外乱相殺制御磁気浮上系のステップ外乱に対する応答のアニメーションプログラムが，付属プログラムの 9-3 に収められている．プログラムを動作させ，α を 1 に近づけると急速に外乱応答が減少することを確認せよ．

9.4 フィルタを併用した (ロバスト性を考慮した) 状態フィードバック

状態フィードバック制御の大きな問題点の一つに制御対象のモデル化誤差が挙げられる．例えば，前章の最後の磁気浮上系を考えて これを説明する．磁気浮上系のモデルは，質量 m に力が加わるモデルで表される．しかし実際には，構造物の弾性変形で高次の振動が加わったり，センサ内部にはノイズ除去のフィルタ，A/D 変換にはアンチエイリアジングのフィルタがあったり，D/A 変換後にはスムージングフィルタが設置されることが多い．これらモデル化されない遅れやサンプリングの影響は，高次の不安定を引き起こしやすい．

高次のモデル化誤差を考慮した制御手法として，H^∞ 制御をはじめとしたロバスト制御理論が提唱され，応用されている．しかし，ロバスト制御はノミナルモデルが簡単な場合にしか適用できず，しかもコントローラの次数が高くなってしまう欠点がある．ここでは，従来の状態フィードバック理論のままで，制御入力の前にローパスフィルタを入れることで，高次のモデル化誤差にロバスト性を持たせる手法を紹介する．

1 入力 1 出力系の状態方程式を次式とする．

$$\left.\begin{array}{l} \dot{\boldsymbol{x}}(t) = \boldsymbol{A}\boldsymbol{x}(t) + \boldsymbol{B}u(t) \\ y(t) = \boldsymbol{C}\boldsymbol{x}(t) \end{array}\right\} \tag{9.22}$$

通常は，これに状態フィードバック，$u(t) = -\boldsymbol{K}\boldsymbol{x}(t)$ をかける．

高周波のフィードバックを小さくする目的で，操作変数の前にフィルタ

$$\left.\begin{array}{l} \dot{\boldsymbol{x}}_f(t) = \boldsymbol{A}_f\boldsymbol{x}_f(t) + \boldsymbol{B}_f v(t) \\ u(t) = \boldsymbol{C}_f\boldsymbol{x}_f(t) \end{array}\right\} \tag{9.23}$$

を挿入する．このままでプラントのみを前提とした従来の状態フィードバックを掛けたのでは，フィルタの位相遅れのために安定性が補償されない．そこで，プラントとフィルタを加えた拡大形を作成する．

$$\left.\begin{array}{l} \dot{\boldsymbol{z}}(t) = \boldsymbol{A}_t\boldsymbol{z}(t) + \boldsymbol{B}_t v(t) \\ \boldsymbol{z}(t) = \begin{bmatrix} \boldsymbol{x}(t) \\ \boldsymbol{x}_f(t) \end{bmatrix}, \boldsymbol{A}_t = \begin{bmatrix} \boldsymbol{A} & \boldsymbol{B}\boldsymbol{C}_f \\ \boldsymbol{0} & \boldsymbol{A}_f \end{bmatrix}, \boldsymbol{B}_t = \begin{bmatrix} \boldsymbol{0} \\ \boldsymbol{B}_f \end{bmatrix} \end{array}\right\} \tag{9.24}$$

9.4. フィルタを併用した(ロバスト性を考慮した)状態フィードバック

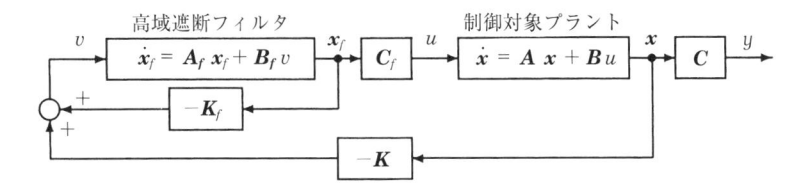

```
         高域遮断フィルタ              制御対象プラント
  v  +  ┌─────────────────┐  x_f  ┌───┐  u  ┌─────────────┐  x  ┌───┐  y
─→(+)──→│ ẋ_f = A_f x_f + B_f v │────→│C_f│────→│ ẋ = A x + B u │────→│ C │────→
   ↑ +  └─────────────────┘       └───┘       └─────────────┘     └───┘
   │              ↑                                      │
   │            ┌────┐                                   │
   └────────────│-K_f│───────────────────────────────────┤
                └────┘                                   │
                        ┌────┐                           │
                ────────│ -K │───────────────────────────┘
                        └────┘
```

図 9.16: 高周波遮断フィルタを導入した最適レギュレータ

この拡大型に対する状態フィードバック

$$v(t) = -(\boldsymbol{K}\boldsymbol{x}(t) + \boldsymbol{K}_f \boldsymbol{x}_f(t)) = -\boldsymbol{B}_t \boldsymbol{P} \boldsymbol{z}(t) \tag{9.25}$$

で構成する．ここで，状態フィードバックを拡大型に対するリッカチ方程式の定常解 $\boldsymbol{P}$ を使って上式のように作成すれば，フィードバック系の安定性は補償される．

評価関数

$$J = \int_0^\infty [\boldsymbol{x}(t)^T \boldsymbol{Q} \boldsymbol{x}(t) + \boldsymbol{u}(t)^T \boldsymbol{R} \boldsymbol{u}(t)] dt \tag{9.26}$$

に対するリッカチ方程式は，次式で与えられる．

$$\boldsymbol{P}\boldsymbol{A}_t + \boldsymbol{A}_t^T \boldsymbol{P} - \boldsymbol{P}\boldsymbol{B}_t \boldsymbol{R}^{-1} \boldsymbol{B}_t^T \boldsymbol{P} + \boldsymbol{Q} = 0 \tag{9.27}$$

このようなロバスト状態フィードバック系のブロック線図を 図 9.16 に示す．

[例題 9-6] 例題 9-4 で取り上げた磁気浮上系を考える．系の状態方程式は，

$$\frac{d}{dt}\begin{bmatrix} x(t) \\ v(t) \end{bmatrix} = \begin{bmatrix} 0 & 1 \\ 0 & 0 \end{bmatrix} \begin{bmatrix} x(t) \\ v(t) \end{bmatrix} + \begin{bmatrix} 0 \\ 1 \end{bmatrix} u(t) \tag{9.28}$$

$$y(t) = [\,1\ \ 0\,] \begin{bmatrix} x(t) \\ v(t) \end{bmatrix} \tag{9.29}$$

これに，振動数 ω_n，減衰率 ζ の二次のローパスフィルタを入れる．フィルタの状態方程式は，

$$\frac{d}{dt}\begin{bmatrix} x_f(t) \\ v_f(t) \end{bmatrix} = \begin{bmatrix} 0 & 1 \\ -\omega_n^2 & -2\zeta\omega_n \end{bmatrix} \begin{bmatrix} x_f(t) \\ v_f(t) \end{bmatrix} + \begin{bmatrix} 0 \\ \omega_n^2 \end{bmatrix} v(t) \tag{9.30}$$

$$u(t) = [\,1\ \ 0\,] \begin{bmatrix} x_f(t) \\ v_f(t) \end{bmatrix} \tag{9.31}$$

$\omega_n = 50, \zeta = 0.5$ として拡大型を作成すると，次のマトリクスを得る．

$$A_t = \begin{bmatrix} 0 & 1 & 0 & 0 \\ 0 & 0 & 1 & 0 \\ 0 & 0 & 0 & 1 \\ 0 & 0 & -2500 & -50 \end{bmatrix}, \quad B_t = \begin{bmatrix} 0 \\ 0 \\ 0 \\ 2500 \end{bmatrix}, \quad C_t = \begin{bmatrix} 1 & 0 & 0 & 0 \end{bmatrix}$$

重みは，フィルタには 0，プラントの変位にのみ 1 とする．

$$Q = \begin{bmatrix} 1 & 0 & 0 & 0 \\ 0 & 0 & 0 & 0 \\ 0 & 0 & 0 & 0 \\ 0 & 0 & 0 & 0 \end{bmatrix}, \quad R = r$$

例えば，$r = 0.0001$ としたときの最適状態フィードバックを Matlab コマンド [K, P, E] = lqr(A, B, Q, R) を使って求める．m ファイルは，ex9_6.m に収められ，以下の結果を得る．

$$K_t = \begin{bmatrix} K & K_f \end{bmatrix} = [100.0000 \quad 16.2815 \quad 0.3254 \quad 0.0057]$$

$$P = \begin{bmatrix} 0.1628 & 0.0133 & 0.0003 & 0.0000 \\ 0.0133 & 0.0019 & 0.0000 & 0.0000 \\ 0.0003 & 0.0000 & 0.0000 & 0.0000 \\ 0.0000 & 0.0000 & 0.0000 & 0.0000 \end{bmatrix}$$

$$E = \begin{bmatrix} -24.9800 + 43.3129i \\ -24.9800 - 43.3129i \\ -7.1415 + 6.9999i \\ -7.1415 - 6.9999i \end{bmatrix}$$

この解析結果からわかるように，フィルタにはほとんどフィードバックがかからずに，主にプラントにフィードバックされている．従って，フィードバック後の根の位置も，フィルタの根はわずかに移動しただけである．しかし，50 rad/s 以上のフィードバックは遮断され，高次のモデル化誤差にロバスト性を持つことができる．

9.5 演習問題

[**演習 9.1**]　制御対象とし二次の伝達関数が与えられる．

$$G(s) = \frac{1}{(0.1s+1)(0.2s+1)}$$

(1) 積分補償を持った拡大型の状態方程式を作成せよ．

(2) 状態フィードバックの根が $s_1 = -10$, $s_{2,3} = -5 \pm 10$ と与えられるサーボ系を設計せよ．

(3) 外乱にステップ入力が加わった場合の応答を求め，これが 0 に収れんすることを示せ．

[**演習 9.2**]　制御対象として積分を含む次の伝達関数が与えられる．

$$G(s) = \frac{1}{s(0.1s+1)(0.2s+1)}$$

(1) 式 (9.10), (9.11) のように，積分器の出力を最初の状態量となるように状態方程式をたてよ．

(2) 出力変数の微分と高次状態量を推定する最小次元オブザーバを設計せよ．

(3) 設計されたオブザーバを使ったサーボ系を作成し，ステップ応答を計算せよ．

[**演習 9.3**]　制御対象として次の伝達関数が与えられる．

$$G(s) = \frac{1}{(0.1s+1)(0.5s+1)}$$

この制御対象に図 9.17 のような外乱オブザーバを使ったサーボ系を設計したい．

(1) 状態変数 y, $\dot{y}=v$ と，一定外乱モデル $\dot{d}=0$ を含めた拡大型の状態方程式を作成せよ．

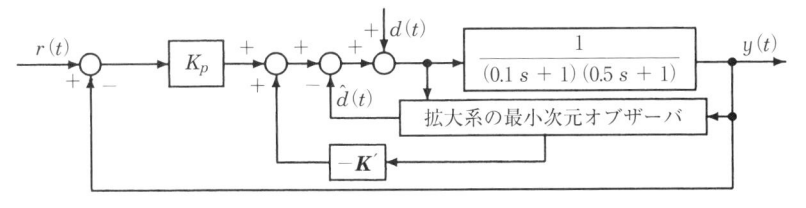

図 9.17: 外乱オブザーバを使ったサーボ系

(2) 外乱と速度 $\hat{d}, \hat{v}$ を推定する最小次元オブザーバを設計せよ.

(3) 推定された状態量フィードバックでサーボ系を作成し, ステップ応答を計算せよ.

(dSPACE が使えるならば, 次の演習を試みよ)

[**演習 9.4**]　図 4.16 の電気回路を制御対象として, 例題 9-1 で設計した 1 型サーボ系を作製してみよう. これを dSPACE に実装し, 第 8 章で作製した状態フィードバックと比較せよ.

[**演習 9.5**]　例題 9-2 で設計した最小次元オブザーバを実装し, 演習 9.4 と同じサーボ系制御が実現できることを示せ.

参考文献

[数学的基礎]

[1] Cannon, R. H. Jr. : Dynamics of Physical Systems, (1959), McGraw-Hill

[2] 山田直平、国枝寿博：ラプラス変換・演算子法、(1959)、コロナ社

[3] E. クライツィグ著、阿部寛治訳：フーリエ解析と偏微分方程式（技術者のための高等数学）、(1987), 培風館

[メカトロニクス関連]

[4] 藤井信生：アナログ電子回路、(1984)、昭晃堂

[5] 宮田武雄：速解論理回路、(1984)、コロナ社

[6] 藤井義一：メカトロニクス概論、(1990)、産業図書

[7] 岡田養二、長坂長彦：サーボアクチュエータとその制御、(1985)、コロナ社

[Matlab関連]

[8] The Math Works Inc., サイバネットシステム(株)訳：Matlab ユーザーズガイド、サイバネットシステム(株)

[9] 野波健蔵、西村秀和：MATLABによる制御理論の基礎、(1998)、東京電機大学出版局

[10] Singh, K. K. and Agnihotri, G. : System Design through MATLAB, Control Toolbox and Simulink, (2000), Springer

[プログラミングおよびコンピュータ制御]

[11] 河西朝雄：Turbo-C 初級プログラミング上・下、(1988)、技術評論社

[12] 渡辺嘉二郎、佐々木雅之：パーソナルコンピュータによる工学解析入門、(1984)、オーム社

[13] 渡辺嘉二郎 ほか2名：パソコンによる制御工学、(1989)、海文堂出版

[制御理論一般]

[14] 渡辺嘉二郎：制御工学、(1988)、サイエンス社

[15] 伊藤正美：自動制御概論上・下、(1975)、昭晃堂

[16] Kuo, B. C.：Automatic Control Systems, (1967), Prentice Hall

[17] 富成 襄、背戸一登、岡田養二：サーボ設計論、(1979)、コロナ社

[現代制御理論]

[18] 小郷 寛、美多 勉：システム制御理論入門、(1979)、実教出版

[19] 加藤寛一郎：最適制御入門、(1987)、東京大学出版会

[20] 白石昌武：入門現代制御理論、(1987)、啓学出版

[21] 美多 勉、原 辰次、近藤 良：基礎ディジタル制御、(1988)、コロナ社

[22] Franklin, G. F. and Powell, J. D.：Digital Control of Dynamic Systems, (1980), Addison Wesley

索 引

0 次ホールド 39
A/D コンバータ 39
AC モータ 59

C 言語 7, 35

D/A コンバータ 37
DC モータ 57
DSP 41
dSPACE 8, 41

FET 16

Matlab 7, 41

Pade' 法 191
PID 制御 170

Simulink 8, 41

Tustin 法 125

アクチュエータ 47
圧力センサ 67
アナログ制御 4
アナロジー 12
安定化 7, 207
安定解析 139
安定性 110, 139, 205

位相遅れ 180

位相交差周波数 147
位相進み 175
位相余裕 149
位置誤差定数 118
一次遅れ 113, 167
インターフェース 36
インパルス 111
インパルス応答 121

エイリアジング 101
エンコーダ 68

遅れ時間 114
オブザーバ 217
オペアンプ 17
重み関数 121

回転-直動変換機構 61
外乱オブザーバ 241
外乱相殺制御 241
開ループ制御 3, 54
カウンタ 28
可観測性 206
重ね合せの原理 73
加算増幅器 19
カスケード接続 91
可制御性 206
可制御正準型 98, 208

加速度誤差定数 119
加速度センサ 67
過渡特性 109, 111

機械運動要素 9
極 77
極ゼロマッピング 190
キルヒホッフの法則 12

空圧サーボ 61
繰返し制御 238

ゲイン交差周波数 147
ゲイン余裕 149
限界感度法 171
減衰率 115
減速機構 60
厳密にプロパー 97, 122, 200

ゴピナスの設計法 221
固有振動数 115
固有値 151
根 77
根軌跡法 150, 187
根指定レギュレータ 210
コントローラ 2
コントローラの実装 162
コントローラの設計 162
コンピュータ 30, 32
コンピュータ制御 1, 5

サーボ機構 4
サーボ系 231
サーボモータ 55
最小次元オブザーバ 220, 235

最小実現 96
最大行き過ぎ時間 114
最大行き過ぎ量 114
最適系の根軌跡 214
最適レギュレータ 210
サンプリング 101
サンプリング定理 101
サンプル周期 101
サンプル値 101

ジーグラ-ニコルスの限界感度法 . 171
シーケンス制御 2
時定数 113
自動制御 6
シフト2進数 37
周波数応答 127, 175
周波数応答による安定判別 146
16進数 30
10進数 30
状態フィードバック 199, 207
状態フィードバック制御 231
状態方程式 95, 199

数体系 30
進み遅れ制御 183
ステッピングモータ 50
スミスの方法 168

制御系設計 161
制御系の型 119
制御用コンピュータ 32
整定時間 114
積分 170
積分器 19

索 引

積分特性 164
z 変換 102
z 変換表 103
ゼロ点 77
遷移マトリクス 123
線形システム 74
センサ 2, 63

双一次変換 191
双一次変換法 125
速度誤差定数 119
速度センサ 66

対角変換 204
ダイナミカルシステム 73
代表根 188
たたみ込み積分 121
多段進み制御 185
立ち上がり時間 114
単位ステップ 112
単一フィードバック系 117

力センサ 67

ディジタルエンコーダ 68
ディジタル制御 4
定常特性 110
定常偏差 114, 117, 134
電気回路要素 10
電磁アクチュエータ 48
伝達関数 88
伝達関数マトリクス 96

同一次元オブザーバ 217
特性根 140

特性根の位置 139
特性根の計算法 150
特性方程式 140
トランジスタ 16

ナイキストの安定判別法 147
内部モデル原理 232

二次遅れ 113
2 進数 30
2 端子回路 11
2 の補数 32

能動回路 14

パーサバルの定理 79
バターワース 214
パラボリック信号 112
パラレル I/O 36
パルス伝達関数 105
パワーオペアンプ 20

微分 170
評価関数 211
比例 170

不安定 7
フィードバック 6, 92
フィードバック制御 1, 3, 161
フィードバック補償 192
フーリエ級数 77
フーリエ変換 77, 80
ブール代数 24
複素関数 75
複素数 75

複素フーリエ級数 78
部分分数展開 84
フィリップフロップ 27
プログラム言語 34
プロセス制御 4
ブロック線図 90

ボード線図 130
ポテンショメータ 64

ムービングコイル直動モータ 56
むだ時間 166

メカトロニクス 5

モデル化 161
モデル化誤差 246

油圧サーボ 62

4端子回路 13

ラウス-フルビッツの安定判別法 . 142
ラプラス変換 75, 81
ラプラス変換表 82
ランプ信号 112

離散時間システム 100
離散時間状態方程式 105
離散状態方程式 122, 202
離散伝達関数 189
リッカチ方程式 211
リニアモータ 56
流体サーボ 61

レギュレータ 207
連続状態方程式 122

ロバスト状態フィードバック 247
論理回路 21
論理信号 21

―― 著者紹介 ――

岡田養二 (おかだようじ)　工学博士
- 1967年　東京都立大学 大学院工学研究科 修士課程修了
- 1967年　東京都立大学 工学部 助手
- 1971年　茨城大学 工学部 講師
- 1973年　工学博士取得 (東京都立大学)
- 1976年　茨城大学 工学部 助教授
- 1982～83年　バージニア大学 客員教授
- 1988年～　茨城大学 工学部 教授

渡辺嘉二郎 (わたなべかじろう)　工学博士, 技術士
- 1972年　東京工業大学 理工学研究科 博士課程修了
　　　　　法政大学 計測制御専攻 助手
- 1975年　法政大学 計測制御専攻 助教授
- 1980年　ミシガン州立オークランド大学 客員助教授
- 1981年　テキサス大学オースチン 客員研究員
- 1983年～　法政大学 計測制御工学科 (名称変更に伴い,
　　　　　現在システム制御工学科) 教授

JCLS	〈㈱日本著作出版権管理システム委託出版物〉

2003	2003年4月10日 第1版発行

メカトロニクスと
制御工学

著者との申
し合せによ
り検印省略

© 著作権所有

本体 4000 円

	著作代表者	岡田 養二
	発 行 者	株式会社 養 賢 堂 代表者 及川 清
	印 刷 者	株式会社 真 興 社 責任者 福田真太郎

発行所　株式会社 養賢堂
〒113-0033 東京都文京区本郷5丁目30番15号
TEL 東京(03)3814-0911 振替00120
FAX 東京(03)3812-2615 7-25700
URL http://www.yokendo.com/

ISBN4-8425-0344-0 C3053

PRINTED IN JAPAN　　　製本所　板倉製本印刷株式会社

本書の無断複写は、著作権法上での例外を除き、禁じられています。
本書は、㈱日本著作出版権管理システム（JCLS）への委託出版物で
す。本書を複写される場合は、そのつど㈱日本著作出版権管理システ
ム（電話03-3817-5670, FAX03-3815-8199）の許諾を得てください。